Das Insider-Dossier:
Consulting Case - Training

30 Übungscases für die Bewerbung
in der Unternehmensberatung

Das Insider-Dossier:
Consulting Case - Training
30 Übungscases für die Bewerbung
in der Unternehmensberatung

www.squeaker.net
www.consulting-insider.com
kontakt@squeaker.net

Herausgeber	Stefan Menden
Autoren	Stefan Menden, Tanja Reineke, Ralph Razisberger u.m.
Redaktion	Jonas Seyfferth, Jennifer Wroblewsky
Buchsatz	Andreas Gräber, MoonWorks media, Tegernsee
Umschlag	Ingo Solbach, i-deesign.de, Köln
Druck	DCM Druck Center Meckenheim GmbH
Bestellung	Über den Fachbuchhandel oder versand-kostenfrei unter squeaker.net und consulting-insider.com.
ISBN	978-3-940345-097

Disclaimer
Die dargestellten Cases sind frei erfunden, werden aber in ähnlicher Form im Bewerbungsprozess bei Unternehmensberatungen zum Einsatz gebracht. Die verwendeten Firmen- und Markennamen sind urheberrechtlich geschützt, ihre Rechte verbleiben bei den jeweiligen Rechteinhabern. Trotz sorgfältiger Recherchen können Verlag und Autoren für die Richtigkeit aller Angaben keine Gewähr übernehmen.

Inhalt

Die Autoren

Der Herausgeber

Stefan Menden ist Gründer von squeaker.net, Herausgeber der erfolgreichen »Insider-Dossier«-Reihe und Autor des marktführenden Buches zur Vorbereitung auf das Case Interview, das »Insider-Dossier: Bewerbung bei Unternehmensberatungen«. Er war drei Jahre **Berater und Mitglied im Kernteam Recruiting bei Oliver Wyman General Management Consulting**. Hier hat er Beratungserfahrung u.a. in den Branchen Handel, Telekommunikation, Automobilindustrie sowie Private Equity gesammelt. Darüber hinaus hat Stefan Menden bei einem Venture-Capital-Unternehmen in London gearbeitet.

Die Autoren

Tanja Reineke war **Senior Associate und Mitglied des Recruiting Teams** bei **DiamondCluster International** (heute **Oliver Wyman General Management Consulting**). Heute berät sie als selbstständige Unternehmensberaterin multinationale Telekommunikationskonzerne zu ihrer Marketing- und Pricing-Strategie. Neben ihrem langjährigen Recruiting-Engagement in der Unternehmensberatung blickt sie zudem auf praktische Erfahrung als Bereichsleiterin (HR sowie Marketing-Positionen) in der Industrie zurück.

Ralph Razisberger kommt auf insgesamt 12 Jahre Berufserfahrung in der Managementberatung. Er war **Partner bei Mercer Management Consulting** (heute **Oliver Wyman General Management Consulting**) und **Manager bei DiamondCluster International** und **Accenture**. Heute ist er Gründer und Geschäftsführer der Managementberatung **C4V Consulting for Ventures**. In dieser Funktion berät er sowohl internationale Großkonzerne der Telekommunikationsindustrie als auch Start-Ups und Gründer in strategischen Fragestellungen. Das Recruiting neuer Mitarbeiter gehört seit über 9 Jahren zu seinen Aufgaben neben der Projekttätigkeit.

Weitere Case-Autoren

Per Breuer ist **Partner und Head of Global Human Resources bei Roland Berger Strategy Consultants**. Er hat an der Universität Hamburg Betriebswirtschaftslehre und an der London School of Economics International Management studiert. Seit 1998 arbeitet er für Roland Berger und hat sich als Berater mit zahlreichen Projekten zu Veränderungsprozessen in Dienstleistungsorganisationen, Aus-, Fort- und Weiterbildung, den Folgen des demographischen Wandels, Vereinbarkeit von Familie und Beruf sowie dem Arbeitsmarkt beschäftigt.

Dr. Thomas Fritz verantwortet seit 2008 als **Director of Recruiting** die Mitarbeitergewinnung für das deutsche Büro der Unternehmensberatung **McKinsey & Company**. Vom Standort Köln aus steuert der 34-Jährige **sämtliche Recruiting-Aktivitäten** und entwickelt das deutsche und österreichische Recruiting weiter. Nach seinem Studium der Wirtschaftswissenschaften an der Universität zu Köln begann Thomas Fritz 2001 seine Karriere bei McKinsey und arbeitete dort bis 2003 zunächst als Fellow. Anschließend promovierte er an der Universität Witten / Herdecke und kehrte 2005 zu McKinsey zurück, um als Projektleiter vor allem Klienten aus der Logistikbranche und der Konsumgüterindustrie strategisch zu beraten.

Martin Holzhacker hat Arbeitserfahrung als Strategieberater bei **Siemens Communications, Oliver Wyman und Deloitte Consulting**. Zurzeit promoviert er am Institut für Management und Controlling der WHU.

Nora-Marleen Müller-Alten hat Arbeitserfahrung bei **The Boston Consulting Group** und **Horváth & Partners Management Consultants**.

Dr. Christian Rebhan ist seit 4,5 Jahren Mitarbeiter der internationalen Strategieberatung **Booz & Company**, wo er als **Projektleiter** im Bereich »Health Care« tätig ist. Dr. Rebhan promovierte am Forschungszentrum des Dr. v. Haunerschen Kinderspitals und absolvierte seinen MBA am **INSEAD** in Fontainebleau und Singapur. Seit 2 Jahren ist er verstärkt in das **Recruiting** neuer Mitarbeiter eingebunden.

Jonas Seyfferth arbeitet als **Berater bei Booz & Company** und ist seit vielen Jahren Mit-Herausgeber der squeaker.net »Insider-Dossier«-Reihe. Er ist Absolvent der Universität zu Köln und des CEMS Master's in International Management Programms.

Einleitung

Wir gratulieren Ihnen zum Kauf des einzigen Übungsbuches speziell für Interview Cases im deutschsprachigen Raum!

Sie haben verstanden, dass der Wettbewerb um die begehrten Jobs bei den namhaften Unternehmensberatungen hart ist und nur die Besten ein Angebot bekommen. Wie auch im Studium und in der Schule, wo Sie sich ausgiebig auf wichtige Klausuren und Examina vorbereitet haben, nehmen Sie auch beim Bewerbungsgespräch Ihr Schicksal in die eigene Hand und verlassen sich nicht allein auf Ihr vorhandenes Talent.

Übung macht den Meister

Consulting Cases kann man üben. Und dieses Buch ist zum Trainieren von Consulting Cases bestens geeignet. Es ist als Ergänzung zu der marktführenden Berater-Bibel »Das Insider-Dossier: Bewerbung bei Unternehmensberatungen« gedacht und bereitet Sie in dieser Kombination am besten vor.

Dieses Buch macht Sie nicht (wesentlich) intelligenter, wortgewandter oder verleiht Ihnen in kürzester Zeit magische analytische Fähigkeiten. Dies ist der Humus aus vorhandenen Fähigkeiten, auf dem Ihre Ambition, sich bei namhaften Beratungen zu bewerben, bereits gewachsen ist. Genau hier setzen wir mit den Büchern der »Insider-Dossier«-Reihe an: Wir helfen Ihnen, durch echtes Insider-Wissen, Branchen-Know-how und vor allem Übung, das zusätzliche Stückchen Gelassenheit und Vorbereitung zu gewinnen, um sich von dem ebenso talentierten Mitbewerberfeld abzuheben.

Von Beratern für zukünftige Berater

Wie alle Bücher von squeaker.net ist auch dieses Buch von echten Insidern geschrieben – nicht von Berufsredakteuren. Die Autoren der Consulting Cases haben alle Erfahrung bei namhaften Unternehmensberatungen, wie McKinsey, Roland Berger, Booz & Company und Oliver Wyman. Die meisten von ihnen sind in führenden Positionen mit vielen Jahren Beratungs- und Recruiting-Erfahrung tätig und kennen das Case Interview sowohl aus der Sicht der Bewerbers als auch der des Interviewers sehr gut. Sie haben ihre Erfahrungen und ihre typischen Cases für dieses Buch aufgeschrieben, um Ihnen ein Tool zur besseren Vorbereitung an die Hand zu geben.

Mit Ihrer Hilfe entwickelt sich dieses Buch weiter ...

... indem Sie Ihre eigenen Erfahrungen aus Case Interviews und die Case-Aufgaben, Brainteaser oder sonstige Tipps als Erfahrungsbericht auf squeaker.net eintragen. Sie profitieren bei Ihrer Bewerbung von den Erfahrungsberichten hunderter squeaker.net-Mitglieder – helfen

Sie umgekehrt auch anderen mit Ihrem Insider-Wissen. Außerdem bauen Sie durch Ihre Beiträge auf squeaker.net Ihr Profil in der Community auf und können neue, wertvolle Kontakte zu den anderen interessanten Personen im Karriere-Netzwerk knüpfen.

Darüber hinaus brauchen wir Ihr Feedback, Lob und Ihre Kritik zu diesem Buch, um es ständig weiter entwickeln zu können. Die Bücher der Insider-Dossier Reihe werden ständig verbessert und neu aufgelegt.

Es liegt in der Natur von Consulting Cases, dass es unterschiedliche Lösungsansätze gibt. Alle Cases dieses Buches wurden mehrmals von Consulting-erfahrenen Menschen auf logische Stringenz und Nachvollziehbarkeit geprüft, um die Lösungen so klar wie möglich zu machen. Dennoch sind die Musterlösungen keine Lösungsschablonen, die automatisch für jeden Bewerber und alle ähnlichen Cases gelten. Wenn Ihnen etwas unklar ist, lassen Sie es uns bitte wissen. Ihre eigenen Ansätze können Sie im Forum von squeaker.net diskutieren.

Bitte senden Sie Ihr Feedback an den Herausgeber und Mit-Autor stefan.menden@squeaker.net.

Wir wünschen Ihnen eine anregende Lektüre und viel Erfolg bei Ihren anstehenden Interviews!

Stefan Menden, Tanja Reineke, Ralph Razisberger
und das squeaker.net-Team

Kapitel 1
Vorbereitung auf das Case Interview

1. Das Case Interview

Unternehmensberatungen verwenden ein spezielles Verfahren zur Auswahl ihrer Mitarbeiter: das Case Interview. Der Grund liegt in den Anforderungen an die Fähigkeiten eines Unternehmensberaters und den Besonderheiten seines Arbeitsumfeldes. Berater müssen sich schnell in komplexe, ihnen bisher unbekannte und für den Kunden hochrelevante Problemstellungen hineinversetzen. Sie arbeiten in häufig wechselnden Teams auf Projekten von wenigen Wochen bis zu 12 Monaten Länge. Sie reisen viel, haben ständigen Kundenkontakt und bewegen sich in einem herausfordernden Umfeld.

Im Bewerbungsverfahren von Unternehmensberatungen – aber auch zunehmend in anderen Branchen, in denen ehemalige Unternehmensberater arbeiten – werden anhand von Fallstudien Ihre Fähigkeiten zur eigenständigen Strukturierung und Analyse von Ihnen bisher unbekannten Problemstellungen sowie die Fähigkeit zur Erarbeitung und Präsentation von deren Lösung geprüft.

Dieses Buch ist als gewinnbringende Ergänzung zum »Insider-Dossier: Bewerbung bei Unternehmensberatungen« gedacht. Wir gehen bei der Bearbeitung der Übungscases in diesem Buch davon aus, dass Sie sich bereits mit den Grundlagen des Case Interviews, den verschiedenen Frameworks zur Strukturierung derselben sowie den zahlreichen Hinweisen zur Bearbeitung von Cases und zum Verhalten im Bewerbungsgespräch auseinandergesetzt haben.

Buchempfehlungen

Zur weiteren Vorbereitung auf die Bewerbung bei führenden Unternehmensberatungen empfehlen wir:

- Die marktführende Bibel für den Beraternachwuchs: »Das Insider-Dossier: Bewerbung bei Unternehmensberatungen«
- Zur Übung von Brainteaser-Aufgaben, wie Sie bei etwa jedem fünften Consulting Interview vorkommen können: »Das Insider-Dossier: Brainteaser im Bewerbungsgespräch«
- Zur Übung von Einstellungstests, wie schriftliche Logik- und Analytiktests, die zunehmend bei Beratungen zum Einsatz kommen: »Das Insider-Dossier: Einstellungstests bei Top-Unternehmen«
- Bei der Spezialisierung auf die Bewerbung in der Corporate Finance Practice oder bei Beratungen mit einem starken Fokus auf Private Equity und den Bankensektor: »Das Insider-Dossier: Die Finance-Bewerbung«

Alle Bücher sind versandkostenfrei in der jeweils aktuellsten Auflage unter → squeaker.net/insider bestellbar. Darüber hinaus haben wir ergänzende Buchtipps zur Optimierung der Bewerbungsunterlagen, zur Strukturierung Ihrer Case-Lösung anhand des »Prinzips Pyramide« sowie zur Karriereplanung unter → squeaker.net/buchtipps zusammengefasst.

2. Typische Interview Cases

Die Interview Cases, die Sie im Bewerbungsverfahren erwarten, stehen inhaltlich oft im Zusammenhang mit der Erfahrung des Interviewers. Bewerben Sie sich z.B. in der Corporate Finance Practice einer Beratung, so werden die meisten Cases einen Finanzhintergrund haben. Bewerben Sie sich als Generalist bei einer Strategieberatung und Ihr Interviewer arbeitet dort in der Automotive Practice, ist die Wahrscheinlichkeit hoch, dass Sie ein Automotive Case erwartet. Es lohnt sich also, die Schwerpunkte des Unternehmens, bei dem Sie sich bewerben, genau zu kennen. Manchmal haben Sie darüber hinaus die Chance, über squeaker.net, XING oder LinkedIn etwas über den Erfahrungshintergrund Ihrer Interviewer herauszufinden, sofern Ihnen die Namen vorher mitgeteilt wurden oder Sie einen Kontakt zu einem anderen Mitarbeiter der Firma aufgebaut haben.

Folgende Übersicht gibt Ihnen einen Eindruck von typischen Interview Cases je nach Beratungsschwerpunkt der Consulting-Firma bzw. Practice Group-Zugehörigkeit des Interviewers. Wir haben bewusst Cases aus möglichst vielen Branchen und Themen sowie unterschiedlichen Aufgabenstellungen zusammengestellt, um Ihnen eine breite Auswahl aufzuzeigen. In der Tabelle haben wir für Sie markiert, welche Cases in diesem Buch oder in dem Hauptbuch »Bewerbung bei Unternehmensberatungen« behandelt werden.

Practice Groups Branchenorientiert	Typische Projektinhalte / Interview Cases
Automotive	Restrukturierung Automobilzulieferer[2] Optimierung Produktentwicklungsprozess[1]
Chemie/Energie	Geschäftsfelderweiterung eines Stromkonzerns[1] Risiko-Management im Rohstoffhandel
Financial Services	Profitabilität von Kundengruppen einer Versicherung[1] Gebührenstruktur einer Kreditkarte[1] Online Aktion für Privatkredite[1]
Pharma/Health Care	Business Case für ein Gesundheitszentrum[2] Markteinführung eines neuen Medikamentes[2]
Retail	Cash Back-System einer Supermarktkette[2] Effekte eines Rabattes im LEH[2] Flagship Store Strategie einer Bekleidungskette[2] RFID Einführung[1]
Consumer Goods	Umsatzrückgang bei Windeln[1] Margenproblem bei einem Hersteller von Süßigkeiten[2]
Telekommunikation	Strategie MVNO Produkteinführung[2] Marketing von VoIP-Telefonanlagen[2] Strategie DSL-Produkte eines Telekommunikationskonzerns[2]
Aviation	Geschäftserweiterung eines Flughafens[1] Geschäftsmodell Low Cost Airline[1]
Travel & Transportation	Call-a-Bike Geschäftsmodell[1] Verkehrsproblem einer Stadt[2]
Tourism & Leisure	Marktpositionierung Fitnesstudio[2] Wachstumsstrategie eines Touristikkonzerns[2]
Logistik	M&A in der Cash Logistics Branche[2] Fall des Postmonopols[1] Restrukturierung einer Spedition[1]
Media	Geschäftsmodell Online Startup[2] Strategische Risiken für Google[2] Bewertung einer TV-Kabel Gesellschaft[1]
IT	IT-Strategie und Aufbauorganisation Prozessdokumentation für SAP-Einführung
Industries	Working Capital Optimierung eines Industrieunternehmens[2] Total Cost of Ownership beim Kauf von Industrieanlagen[2]
Manufacturing	Qualitätsprobleme in der Wertschöpfungskette[2] Gewinnsteigerung bei einem Hersteller von Schreibgeräten[2] Vertriebsstrategie bei einem Batteriehersteller[1]

Aerospace & Defense	Supply Chain Management eines Flugzeugbauers Marktstrategie Rüstungskonzern
Public Sector	Einführung Innenstadtmaut[2] Verkauf einer Brücke[2] Einführung LKW-Maut[1]
Funktionsorientiert	
Corporate Finance	Bewertung von Synergien[1] Bewertung Akquisition einer Bank[1] M&A eines Automobilzulieferers[2]
Marketing	Preisoptimierung bei einem Parfumhersteller[1] Marketingstrategie bei Produktinnovationen[1]
Organisation/HR	Personalstrategie[2] Top-Management-Kompensation
Risk Management	Absicherungstransaktionen gegen Währungsrisiken Asset Management

Legende:

1) Beispiel-Case im Buch »Das Insider-Dossier: Bewerbung bei Unternehmensberatungen«

2) Interaktiver Interview Case zum Üben in diesem Buch

3. Vorgehen zum Trainieren von Cases

In den folgenden beiden Kapiteln erwarten Sie 30 interaktive Übungscases zum Trainieren von typischen Situationen, Fragen und quantitativen Aufgaben im Case Interview. Sie können die Cases alleine oder zu zweit bzw. im Team bearbeiten. Zum Trainieren zu zweit bieten sich speziell die hierfür vorbereiteten Cases im letzten Kapitel an.

Die Reihenfolge der Cases ist dabei vollkommen willkürlich. Suchen Sie sich die Fälle heraus, die Sie am meisten interessieren. Sie sollten jedoch so viele Cases wie möglich konzentriert durcharbeiten, um einen optimalen Übungseffekt zu erzielen.

Zwischenfragen zur Übung

Wie Sie sehen werden, haben wir die Cases – wie in einem realen Case Interview – an signifikanten Stellen mit »Zwischenfragen« versehen. Hier sind Sie gefragt, selber aktiv zu werden und sich Gedanken zu weiteren Lösungsansätzen zu machen. In der Realität ist es darüber hinaus oft so, dass Interviewer den Case-Fluss mit konkreten Detailfragen oder einer kurzen Rechenaufgabe unterbrechen. Auch dem tragen wir Rechnung und haben solche Zwischenfragen ebenso eingebaut. Manchmal gibt es eine »Multiple Choice«-Auswahl zum Ankreuzen.

Geben Sie nicht dem Impuls nach, bei einer Zwischenfrage die vorgeschlagene Lösung zu lesen. Am besten, Sie verdecken den Text nach einer Zwischenfrage zunächst mit einem Blatt Papier. In einigen Fällen haben wir die Lösungen auch in einen Lösungsteil am Ende des Cases platziert. Unsere Empfehlung ist, die Zwischenfragen zu beantworten und vor dem Weiterlesen in das vorgesehene Textfeld stichpunktartig einzutragen. Danach können Sie Ihre Antwort mit der Musterlösung im Text vergleichen.

Der Weg ist das Ziel

Beachten Sie bei der Bearbeitung der Cases, dass es nie nur genau eine Lösung gibt. Es sind immer verschiedene Ansätze denkbar. Die Musterlösung zeichnet den Weg, den der jeweilige Autor des Cases aus seiner Recruiting-Praxis für sinnvoll erachtet. Lassen Sie sich nicht verwirren, wenn Sie mit einem anderen Ansatz oder Annahmen auf ein abweichendes Ergebnis gekommen sind. Vergleichen Sie die Ansätze und ergänzen Sie Ihr Instrumentarium um die in der Lösung verwendete Vorgehensweise.

Es ist nicht unser Anliegen – und zum Meistern des Case Interviews auch keineswegs ratsam – dass Sie Schablonenlösungen auswendig lernen. Dies ist unserer Meinung nach ein grundsätzlicher Fehler und vor allem in amerikanischen Büchern zur Vorbereitung auf die Consulting-Bewerbung zu finden. Andere deutschsprachige Bücher hingegen kratzen inhaltlich nur an der Oberfläche. Zwar ist jede Vorbereitung zunächst eine gute Initiative, um sich mit den Besonderheiten des Case Interviews auseinanderzusetzen, jedoch sollten Sie nicht vergessen, dass es am Ende auf Ihren ganz eigenen und persönlichen Lösungsansatz ankommt.

Einblicke in Branchen und Themen

Einige der folgenden Übungscases behandeln interessante aktuelle Thematiken. Andere blicken in die Besonderheiten einer bestimmten Branche hinein. Beides sind typische Muster für Cases, die aktuell in Bewerbungsgesprächen gefragt werden. Unser Tipp ist, mit offenen Augen durch die Welt zu gehen und aus dem Wirtschaftsgeschehen selber Ansätze für Consulting Cases abzuleiten. Außerdem werden Sie merken, dass viele Cases einen »Knackpunkt« haben. Dieser liegt nicht selten in den Besonderheiten der jeweiligen Branche. Wir haben daher in diesem Buch extra einige Branchenspezifika herausgegriffen und behandelt. Neben der Vorbereitung auf das Case Interview lernen Sie so auch etwas über Ihnen bisher unbekannte »Mikrokosmen« der Wirtschaftswelt.

4. Bewertungsbogen des Interviewers

Üblicherweise hat jede Unternehmensberatung einen standardisierten Bewertungsbogen, den Ihr Interviewer nach dem Gespräch ausfüllen wird. Einen ähnlichen Bogen gibt es bereits von Ihrem Lebenslauf-Screening. Für die Entscheidung, welche Kandidaten in die nächste Runde kommen bzw. ein Angebot erhalten, kommen alle Interviewer zusammen und diskutieren anhand ihrer Notizen die Kandidaten des Tages. Jeder hat eine klare Meinung zu »seinen« Kandidaten und vertritt diese dann in der Runde in Form einer Diskussion. Es wird ein Gesamtbild erstellt und im Falle von Konsens eine positive Entscheidung gefällt. Manchmal haben Partner ein Veto-Recht oder die Entscheidung muss einstimmig sein. Im Zweifelsfall entscheidet man sich gegen Sie, das muss Ihnen bewusst sein. Die Kosten einer Fehleinstellung sind für eine Unternehmensberatung zu hoch. Umso wichtiger, dass Sie gut vorbereitet sind.

Im Folgenden sehen Sie ein Beispiel für einen typischen Bewertungsbogen, wie ihn Ihre Interviewer häufig verwenden. Benutzen Sie ihn, um Ihre eigene Leistung in den Übungscases einzuschätzen oder in den Cases zu zweit, um Ihren Übungspartner zu bewerten.

Der Bogen prüft die für eine Unternehmensberatung relevanten Fähigkeiten ab, sowohl harte als auch weiche. Bei Letzteren geht es um den »Personal Fit«. Die entscheidende Frage ist, ob der Interviewer gerne mit Ihnen im Team zusammenarbeiten würde oder nicht. Für die Bewertung der Faktoren gilt, dass ein »mangelhaft« ein k.o.-Kriterium bedeutet. Für eine positive Entscheidung müssen alle Kreuze in den besten Kategorien liegen – Durchschnitt reicht nicht! Je höher Ihr Einstiegslevel, desto härter die Anforderungen an Sie.

Dieser und der folgende Bewertungsbogen stehen zum Herunterladen und Ausdrucken auf der squeaker.net-Seite für eingeloggte Benutzer zur Verfügung:

→ squeaker.net/consulting-bewertungsbogen

<table>
<tr><td colspan="3">Bewerber Name:</td><td colspan="3">Interviewer:</td></tr>
<tr><td>Einstieg als:</td><td colspan="3">O Praktikant O Analyst
O Consultant O Associate</td><td colspan="2">Datum:</td></tr>
<tr><td>Bewertung</td><td>--</td><td>O</td><td>+</td><td>++</td><td>+++</td></tr>
<tr><td>Quantitative Fähigkeiten</td><td></td><td></td><td></td><td></td><td></td></tr>
<tr><td>Analytische Fähigkeiten</td><td></td><td></td><td></td><td></td><td></td></tr>
<tr><td>Problemlösung, Logik</td><td></td><td></td><td></td><td></td><td></td></tr>
<tr><td>Kreativität, Initiative</td><td></td><td></td><td></td><td></td><td></td></tr>
<tr><td>Kommunikation, Präsentation</td><td></td><td></td><td></td><td></td><td></td></tr>
<tr><td>Auftreten, Reife, Präsenz</td><td></td><td></td><td></td><td></td><td></td></tr>
<tr><td>Führung, Energie, Belastbarkeit</td><td></td><td></td><td></td><td></td><td></td></tr>
<tr><td>Team Fit</td><td></td><td></td><td></td><td></td><td></td></tr>
<tr><td>Gesamteindruck</td><td></td><td></td><td></td><td></td><td></td></tr>
<tr><td colspan="6">Feedback
positiv:</td></tr>
<tr><td colspan="6">Feedback negativ:</td></tr>
<tr><td colspan="6">Kommentare:</td></tr>
<tr><td colspan="6">Legende: -- Mangelhaft O Ausreichend + gut ++ sehr gut +++ über Erwartung
Gesamteindruck: Befürwortung einer Einstellung bei »++« und »+++«</td></tr>
</table>

Feedbackbogen zum Case-Training zu zweit

Während der obige Bewertungsbogen die Sicht des Unternehmens darstellt, empfehlen wir für Ihr Case-Training zu zweit den folgenden Feedback-Bogen zu verwenden, um einen konkreteren Eindruck Ihrer Stärken und Entwicklungsbereiche zu erlangen.

Auch dieser Bogen steht auf squeaker.net für eingeloggte User zur Verfügung:

→ squeaker.net/consulting-bewertungsbogen

Feedbackbogen Case Training

Kriterium	Details	Punkte	Notizen / Feedback
Auftreten (10 Pkt.)	Blickkontakt; selbstbewusstes Auftreten; gut gekleidet; professioneller Eindruck; positive Ausstrahlung; Energie		
Kommunikation, Präsentation (15 Pkt.)	Klare, logische Sätze; guter, professioneller sprachlicher Ausdruck; freundlich; angemessener Einsatz von Mimik, Gestik; Verwendung von visuellen Medien; Zielgerichtetes Fragen nach Informationen; Wiederholung der Kernfragestellung		
Quantitative Fähigkeiten (15 Pkt.)	Schnelles und richtiges Kopfrechnen; Sicherer Umgang mit großen Zahlen, Kommastellen und Prozentzahlen; ggf. schriftliche Rechnung		
Problemlösung (50 Pkt.)	Stringente Argumentation und saubere, nachvollziehbare Analyse; Fokus auf wesentliche Faktoren; Erstellung einer Vorgehensweise; Verfolgen einer Struktur in der Analyse; ggf. zielgerichtete und sichere Anwendung von Frameworks; sichere Anwendung von Fachwissen; Flexibilität; Tiefe der Analyse; Proaktivität		
Fazit und Beurteilung (10 Pkt.)	Präsentation der Zusammenfassung und klare Handlungsempfehlung; Einordnung der Ergebnisse im Gesamtzusammenhang; Sanity Check; Identifikation weiterführender Fragen		
	Summe Punkte (max.: 100)		

Fazit / Feedback

Positive Punkte	
Entwicklungsbereiche	
Entscheidung	O Würde Bewerber einstellen O Würde Bewerber nicht einstellen

Kapitel 2: Übungscases

1. Cashback-System in einer Supermarktkette

Auf einem Flug von London nach Frankfurt sitzen Sie zufällig neben dem Vorstandsvorsitzenden einer großen deutschen Supermarktkette, welcher ein Gespräch mit Ihnen initiiert und sich sehr für Ihre Arbeit bei einer großen Unternehmensberatung interessiert. Als Sie Brüssel überfliegen, fragt Sie Ihr Gesprächspartner: »Glauben Sie, dass es sich lohnt, in Deutschland ein Cashback-System nach britischem Vorbild einzuführen?«

Bei diesem Case geht es darum, in kurzer Zeit mögliche Chancen und Hindernisse bei der Einführung eines solchen Systems zu analysieren und abschließend eine konkrete Gesamteinschätzung abzugeben.

Schritt 1: Klärung des Begriffs »Cashback-System«
Sollte Ihnen nicht klar sein, was das Cashback-System ist, fragen Sie auf jeden Fall Ihren Interviewer. Dieser wird Ihnen antworten, dass sich in England Kunden beim Einkaufen mit einer Debit Card (Bankkarte, ähnlich der in Deutschland) Geld auszahlen lassen können, welches zusätzlich zum Wert ihres Einkaufs abgebucht wird. Wenn ein Kunde einen Einkauf von 20 Pfund tätigt und zusätzlich 20 Pfund in bar ausgezahlt bekommt, wird seine Debitkarte mit genau 40 Pfund belastet. Es entstehen keine weiteren Gebühren. In Deutschland steckt dieser Service noch in den Kinderschuhen, wird aber seit 2009 zunehmend implementiert (siehe Anmerkung am Ende).

Fragen stellen

Es ist kein Zeichen von Ahnungslosigkeit, vor der Bearbeitung des Cases dem Interviewer einige Verständnisfragen zu stellen. Es zeigt, dass man den Sachverhalt genau verstehen möchte, bevor man sich in etwas verrennt. Allerdings sollte es sich wirklich nur um 2-5 Fragen handeln und nicht plötzlich die Frage-Antwort-Situation umkehren. Von einigen Bewerbern wird der Fehler gemacht, Nachfragen als eine Blöße zu sehen, die sie sich nicht geben möchten. In diesem Case ist es fatal, nicht genau zu wissen, was das Cashback-System ist.

Zwischenfrage 1: Multiple-Choice: Sie haben nicht viel Zeit. Welche drei Aspekte wollen Sie in diesem Case unbedingt betrachten?

- ☐ a) Die entstehenden Kosten in den Filialen
- ☐ b) Die zusätzlichen Einnahmen in den Filialen
- ☐ c) Den veränderten Gesamtgewinn im Filialnetz
- ☐ d) Die zu planende Marketingstrategie des Konzerns
- ☐ e) Die Kundensegmentierung der Filialen
- ☐ f) Das Sicherheitssystem der Filialen
- ☐ g) Den Service der Filialen
- ☐ h) Die Mitarbeiter der Filialen
- ☐ i) Die Effektivität der Organisationsstruktur
- ☐ j) Die Konkurrenz

Mit solchen Zwischenfragen können Sie sich aktiv mit der Case-Lösung auseinandersetzen. Nutzen Sie die Möglichkeit, so Ihre Fähigkeiten mit diesem Buch zu trainieren. Die Lösungen folgen am Ende des jeweiligen Cases oder direkt im Anschluss an die Frage im Text. Lesen Sie also erst nach Beantwortung der Fragen weiter.

Dieses Buch ist optimal eingesetzt als ergänzendes Übungsbuch zu dem Insider-Dossier »Bewerbung bei Unternehmensberatungen«. Viele der Trainings-Cases setzen die zahlreichen Hinweise zur Vorgehensweise bei der Case-Lösung aus diesem Buch voraus. Das Buch ist unter squeaker.net/insider erhältlich.

Schritt 2: Die Vorgehensweise

Es bietet sich an, entweder Ihre Argumentation nach Pro und Contra zu strukturieren und nacheinander alle positiven bzw. negativen Punkte verschiedener Themenfelder zu prüfen. Oder Sie analysieren alternativ immer beide Aspekte eines Themenfeldes und ziehen nach jedem ein Zwischenfazit. Da die Zeit vermutlich nicht ausreicht, sämtliche Punkte zu prüfen, empfiehlt sich letztere Herangehensweise, wobei Sie sich auf die wichtigsten Themen konzentrieren. Sie kündigen somit an, zunächst nacheinander die Kosten, den Umsatz und schließlich den Service zu betrachten.

Schritt 3.1: Die Kosten-Einsparpotenziale

Verstecken Sie am besten vor dem Weiterlesen den Text nach den Zwischenfragen mit einem Blatt Papier.

Zwischenfrage 2: Stellen Sie sich die Frage: An welchen zwei Stellen lassen sich durch Einführung das Cashback-Systems die meisten Kosten sparen?

- ☐ a) Weniger Mitarbeiter nötig, da weniger Geld gezählt werden muss
- ☐ b) Weniger Geld auf dem Geschäftskonto
- ☐ c) Weniger Geld, das transportiert werden muss
- ☐ d) Skaleneffekte bei der bargeldlosen Bezahlung

Machen Sie sich, bevor Sie weiter lesen, Gedanken, wie und warum Kosten gespart werden können.

Zunächst können Sie hier das Kosteneinsparungspotenzial durch eine geringere Menge an Bargeld nennen. Dies kann aus zweierlei Sicht vorteilhaft für den Händler sein:

1. Für den Händler ist es sehr teuer den sicheren Transfer der Einnahmen zu gewährleisten: Er muss für ein Sicherheitssystem im Geschäft aufkommen, einen Dienstleister für den Geldtransport engagieren und die Einnahmen zählen lassen. Wenn man einen Stundensatz von 60 Euro für das Sicherheitsunternehmen annimmt und davon ausgeht, dass zweimal am Tag die Einnahmen zur Bank gebracht werden (wobei der Anteil des Transportes für den einzelnen Kunden nicht länger als eine halbe Stunde dauern sollte), sind dies Kosten von 60 Euro am Tag bzw. 1.440 Euro im Monat (bei angenommenen 24 Geschäftstagen; 4 Wochen x 6 Arbeitstage). Würde das Cashback-System die Bargeldmenge so stark reduzieren, dass an jedem zweiten Tag nur einmal das Geld zur Bank transportiert werden muss, ergäbe sich ein Sparpotenzial von 360 Euro im Monat (24 Tage / 2 = 12, 12 x 30 Euro = 360 Euro). Fallen Gebühren für das Zählen des Geldes in der Bank an, sieht die Rechnung ähnlich aus. Wenn Sie davon ausgehen, dass das Zählen etwa eine Viertelstunde dauert und dafür 15 Euro berechnet werden, kann der Händler 180 Euro im Monat sparen (12 Lieferungen entfallen (siehe oben), daher 12 x 15 Euro = 180 Euro).

2. Neben diesen Einsparungspotenzialen kann der Händler zudem seinen Personaleinsatz optimieren. Zwar dauert es nicht sehr lange,

eine Kasse auszuwechseln und das Geld in einem Tresor oder ähnlichem zu verstauen; jedoch könnten gerade in großen Geschäften längere Abstände zwischen den Zeiten zu denen eine Kasse geleert werden muss, zu einer Reduzierung des nötigen Personals führen. Muss auch nur eine Person weniger angestellt werden, kann dies zu Lohneinsparungen von 520 Euro (für eine Beschäftigung auf 400 Euro-Basis und 30 % Lohnnebenkosten) führen.

Insgesamt bietet sich somit ein monatliches Sparpotenzial von 1.060 Euro (360 + 180 + 520).

Schritt 3.2: Die Kosten – Zusätzliche Kosten

Zwischenfrage 3: Überlegen Sie sich, wodurch zusätzliche Kosten durch ein Cash-back-System entstehen. Tragen Sie Ihre Ansätze in das Textfeld ein und vergleichen Sie dann mit der Musterlösung im folgenden Text.

Ihr Ansatz:

Auf der anderen Seite dürfen Sie die zusätzlichen Kosten nicht außer Acht lassen. Die erste Frage, die sich stellen müssen, ist wie genau der Bezahlvorgang aussehen würde. Gesetzt den Fall, dass ohne große technische Umstellung bekannte EC-Karten genutzt werden können, ist mit nur sehr geringen Kosten für die Einarbeitung des Personals zu rechnen. Es ist – erfahrungsgemäß – davon auszugehen, dass nach einer kurzen Eingewöhnungsphase auch der Vorgang des Kassierens genauso lang dauert wie das Zahlen mit Bargeld. Kosten für ein neues Kassensystem fallen auch nicht an, da das bestehende entsprechend modernisiert werden kann.

Allerdings werden bei der Benutzung von EC-Karten für den Händler zusätzliche Gebühren fällig, die 3 % des Umsatzes und bei einem Einkauf von unter 2,70 Euro 8 Cent als Mindestgebühr betragen. Wenn man durchschnittlich von 25.000 Euro Einnahmen pro Tag ausgeht (1.250 Kunden, die im Schnitt 20 Euro ausgeben), muss der Händler vor Einführung des Cash-Back-Systems für etwa 15 % der Kunden, die mit EC-Karte einkaufen, die Gebühren in Höhe von 112,50 Euro pro Tag (25.000 Euro x 0,15 x 0,03 = 112,50 Euro) bzw. 2.700 Euro pro Monat (112,50 Euro x 24 = 2.700 Euro) übernehmen. Sie können hier davon ausgehen, dass die Kunden, die mit EC-Karte bezahlen und unter der Einkaufssumme von 2,70 Euro bleiben für die pauschal 8 Cent Gebühren berechnet werden, zu vernachlässigen sind. Nach der Einführung des Cashback-Systems möchten vielleicht 30 % der Kunden mit EC-Karte zahlen, wodurch sich die Gebühren verdoppeln würden und der Händler im Monat zusätzliche 2.700 Euro (also insgesamt 5.400 Euro Gebühren) bezahlen müsste.

Verrechnet man die möglichen Kosteneinsparungen mit den neu entstehenden Kosten, so ergibt sich ein monatlicher Verlust von 1.640 Euro (1.060 Euro - 2.700 Euro = -1.640 Euro).

Schritt 4: Der Umsatz

Bisher haben Sie gezeigt, wie sich die Kosten bei Einführung eines Cashback-Systems verhalten. Nun sollen Sie erläutern, wie sich der Umsatz entwickeln würde. Dabei können Sie von der Überlegung ausgehen, dass einige Kunden den Supermarkt auch primär anstelle eines Geldautomaten nutzen könnten. Diese Laufkundschaft müsste, um den Cash-Back-Service nutzen zu können, eine Kleinigkeit kaufen, die den Umsatz steigern würde. Wenn man davon ausgeht, dass dies auf 50 zusätzliche Kunden pro Tag zutrifft, die im Durchschnitt Waren im Wert von 2,50 Euro kaufen, wird so der Umsatz pro Tag um 125 Euro bzw. pro Monat um 3.000 Euro gesteigert. Da hier der durchschnittliche Einkaufswert unter dem Mindestwert von 2,70 Euro liegt, unter welchem eine Pauschalgebühr von 8 Cent berechnet wird, können Sie 4 Euro (50 x 0,08 Euro) pro Tag bzw. 96 Euro pro Monat an Gebühren abziehen, so dass der Händler im Endeffekt durch die neu gewonnene Laufkundschaft pro Monat 2.904 Euro mehr an Umsatz hat. Je nach Lage des Supermarktes (etwa bei einer ländlichen Gegend mit einer geringen Automatendichte) kann diese Zahl auch noch höher liegen. Es ist weiterhin möglich, dass der Supermarkt weitere zusätzliche Kunden gewinnen kann, wenn die Kundenzufriedenheit mit dem Service überdurchschnittlich hoch ist.

Schritt 5: Der Service

Zufriedene Kunden sind das A und O im Einzelhandel. Mit Hilfe des Cashback-Systems kann der Händler gegen eine der größten Beschwerdequellen - zu lange Schlangen an den Kassen - vorgehen. Und zwar einerseits dadurch, dass - nach einer kurzen Umgewöhnungsphase - das Bezahlen mit der EC-Karte schneller geht, als das Bezahlen mit Bargeld und andererseits, weil durch weniger Kassenleerungen größere Unterbrechungen beim Kassieren seltener werden. Zudem wird es die Kundschaft zu schätzen wissen, dass sie in diesem Supermarkt einen zusätzlichen Service in Anspruch nehmen könnten. Insbesondere in Städten, in denen ein harter Wettbewerb zwischen den Einzelhändlern herrscht, ist eine solche Service-Differenzierung wichtig. Nicht zuletzt kann der Händler also auch von seinem Image als innovativer Geschäftsmann profitieren, was wiederum attraktiv auf potenzielle Neukunden wirken kann.

Schritt 6: Handlungsempfehlung

Mit Ihrem bisherigen Wissen können Sie dem Vorstandvorsitzenden empfehlen, dieses Geschäftsmodell umzusetzen. Man könnte den Roll-Out in ländlichen Gebieten beginnen. Dort ist nämlich - auf Grund der geringeren Dichte an Geldautomaten - mit deutlich mehr Laufkundschaft zu rechnen, wodurch die zusätzlichen EC-Karten-Nutzungsgebühren in jedem Fall mehr als aufgewogen werden. Die Ergebnisse dieser Filialen lassen dann auch Rückschlüsse über die Akzeptanz der Kunden und die mögliche Anziehungskraft dieser Innovation auf neue Kunden zu.

Cashback in der Realität

Ein solches Cashback-System ist keine reine Zukunftsmusik mehr. Der Kölner Handelskonzern Rewe bietet dies bereits in Deutschland in einigen Filialen an. Dort ist es möglich, sich bei einem Einkauf ab 20 Euro bis zu 100 Euro Bargeld auszahlen zu lassen. Hinzu kommt, dass nach einer Entscheidung der Bundesanstalt für Finanzdienstleistungsaufsicht (BaFin) zukünftig auch ohne Banklizenz ein solches System angeboten werden kann (Rewe hat eine solche Banklizenz). Aus diesem Grund wird erwartet, dass auch andere Supermarktketten in dieses Geschäft einsteigen werden.

Insider-Tipp

Case-Autor
Ralph Razisberger:
»Häufig wird genau dieser Teil, die »Handlungsempfehlung«, vergessen. Beachten Sie Ihr Zeitmanagement, lassen Sie sich immer noch einige Minuten Zeit, um wirklich eine konkrete Empfehlung zu geben und den Interviewer nicht mit einem Zahlensalat alleine zu lassen. Bedenken Sie, dass Sie sich für den Job eines Beraters bewerben, von Ihnen wird immer eine Empfehlung verlangt.«

Lösungen zu den Zwischenfragen

1: Richtig sind a), b) und g)

2: a) und c) sind richtig.

3: Siehe Musterlösung im Text.

2. Bewertung einer Akquisition im Cash-Logistics-Markt

Ihr Kunde ist das marktführende Unternehmen für Geld- und Werttransporte. Der Geschäftsführer zieht in Erwägung einen der Hauptkonkurrenten (EBITDA im letzten Geschäftsjahr -3,7 Mio. Euro), der zum Verkauf steht, zu übernehmen. Der Geschäftsführer bittet Sie daher um Ihre Einschätzung bezüglich der Vorteilhaftigkeit dieser Akquisition.

Zwischenfrage 1: Was ist ein geeigneter Ansatz, um an die Lösung dieser Aufgabenstellung heranzugehen?

Ihr Ansatz:

Da es sich hier um einen klassischen Mergers & Acquisitions (M&A) Case zu handeln scheint, entscheiden Sie sich für das Vorgehen, den Wert des akquirierten Einzelunternehmens auf Basis heutiger Zahlungsströme, zuzüglich Optimierungspotenzialen und Synergien, abzüglich möglicher Restrukturierungskosten zu ermitteln. Diesen Betrag empfehlen Sie als Obergrenze für die Abgabe möglicher Gebote im Rahmen des Verkaufsprozesses zu verwenden.

Der Interviewer zeigt sich mit Ihrem Ansatz einverstanden. Er lässt Sie wissen, dass der Geschäftsführung die Gewinn- und Verlustrechnung (GuV) des Akquisitionsobjektes vorliegt und sie gerne eine Expertenmeinung dazu erhalten möchte. Der Geschäftsführer hat einfach die GuVs der beiden Unternehmen zusammengerechnet, um den jährlichen Gewinn des kombinierten Unternehmens (»NewCo«) zu erhalten. Er kommt dabei auf einen EBITDA von -7 Mio. Euro, da beide Unternehmen derzeit nicht rentabel sind. Um diesen Punkt zu illustrieren und Ihnen gleichzeitig die wesentlichen Informationen zur Verfügung zu stellen, legt er Ihnen eine vereinfachte GuV des kombinierten Unternehmens vor.

Stand-alone Gewinn- und Verlustrechnung von NewCo (in Mio. Euro)

Umsatz	130
Personalkosten Fahrer	
Lohn	41
Lohnnebenkosten	13
Personalkosten Filialen	
Lohn	15
Lohnnebenkosten	5
Personalkosten Verwaltung	13
Fuhrpark	19
Gebäude	10
Versicherung	8
Sonstige Gemeinkosten	13
Summe Kosten	137
EBITDA	**-7**

Sie entgegnen, dass noch Synergien zu berücksichtigen seien, die sich aus dem Zusammenschluss der beiden Unternehmen ergeben. Um zu verstehen, wo mögliche operative Synergien versteckt sein könnten,

Übungscases

versuchen Sie zunächst das Geschäftsmodell eines Werttransportunternehmens zu verstehen und erkundigen sich darüber beim Interviewer. Unternehmen der Cash-Logistics-Branche bewegen Geld oder Wertgegenstände sicher von einem Ort zum anderen. Laut Interviewer gehöre die Abholung von Kassenbeständen inklusive Geld zählen und einzahlen, die Auffüllung von Geldautomaten und der Transport von Wertgegenständen wie z.B. Schmuck für einen Juwelier zum Aufgabenspektrum der Unternehmen. Dafür setzt das Unternehmen zwei wesentliche Wirtschaftsgüter ein – speziell gepanzerte Kastenwägen und Filialen, wo das Geld zwischengelagert und eingezahlt wird. Diese wurden speziell für die Bedürfnisse der Kunden umgebaut und verfügen daher über eine Schleuse und einen Tresor.

Umsatzsynergien nur schwer abzuschätzen

In Hinblick auf Ihr weiteres Vorgehen entscheiden Sie sich zwischen Umsatz- und Kostensynergien zu unterscheiden. Da Umsätze eine Mengen- und eine Preiskomponente haben, sehen Sie zwei wesentliche Hebel auf der Umsatzseite:

- Kann NewCo aufgrund des größeren Marktanteils – mit höherer Filialdichte, weniger Preiswettbewerb – und der damit möglicherweise verbundenen höheren Marktmacht auch höhere Preise am Markt durchsetzen?
- Ist es zu erwarten, dass durch den Zusammenschluss das Auftragsvolumen von NewCo rückläufig ist?

Der Interviewer nickt zustimmend. Laut Auskunft des Interviewers rechne die Geschäftsführung mit keinem signifikanten Anstieg der Preise in dem weiterhin hart umkämpften Markt und veranschlagt konservativ einen Preisanstieg von 3 %. Schwerer wiege dagegen der Verlust von Aufträgen durch den Zusammenschluss zu einem neuen marktdominanten Unternehmen, den die Kunden mit großer Skepsis betrachten. Die Erosion des Kundenstamms soll pauschal mit 10 % veranschlagt werden. Die Summe der jährlichen Umsätze der beiden Unternehmen beläuft sich vor diesen Effekten auf 130 Mio. Euro. Der Interviewer lässt durchblicken, dass sich die umsatzseitigen Effekte nur sehr schwer vorhersagen lassen. Daher sei die Geschäftsführung mit einer simplen Rechnung auf Basis der eigenen Einschätzung zufrieden.

Zwischenfrage 2: Um wie viel Mio. Euro verändern sich also die Umsätze der beiden Unternehmen aufgrund des Zusammenschlusses?

Ihre Lösung:

Daher ermitteln Sie einen Nettoeffekt von -9,5 Mio. Euro (= -130 + 130 Mio. Euro x (1-0,1) x (1+0,03)) um den sich die Umsätze des neuen Unternehmen im Falle eines Zusammenschlusses verändern würden und wenden sich nun den Kostensynergien zu.

Operative Kostensynergien aufdecken

Sie versuchen nun ein Gespür dafür zu bekommen, wie sich die Kosten von NewCo entwickeln. Die wesentlichen Kostenpositionen liegen Ihnen ja bereits in der GuV vor und sollten von Ihnen nun konsequent bearbeitet werden. Die Leistung, die Sie für eine effektive Lösung dieses Cases erbringen sollten, lässt sich auf zwei Fragestellungen reduzieren:

- Was sind die Kostentreiber dieser Kostenblöcke?
- Wie werden sich diese bei NewCo entwickeln?

Sie haben sich den wichtigen Hinweis des Interviewers über das Geschäftsmodell notiert, es gebe zwei wesentliche Assets, die Transporter und die Filialen. Demnach sind also die laufenden Kosten des Fuhrparks und der Gebäude zu betrachten. Weiterhin ist offensichtlich, dass Fahrer für die Transporter eingestellt werden müssen und zudem Gemeinkosten für die Verwaltung anfallen. Sie stellen folgende Frage: »Übernehmen die Fahrer der Transporter die Einlagerung des Geldes im Tresor?« Der Interviewer signalisiert zustimmend, dass Sie hier eine wichtige Frage gestellt haben: Um keine Zeit zu verlieren wird das Geld bei Anlieferung durch die Fahrer ausgeladen und vom Filialpersonal registriert, gezählt und eingelagert. Eine weitere wichtige Kostenposition, die Sie nicht außer Acht lassen sollten, ist die Versicherung für den Verlust oder Beschädigung der transportierten Wertgegenstände.

Bedarf an Transporterfahrern

Sie schlagen vor, die benötigte Anzahl an Fahrern zu ermitteln, die das fusionierte Unternehmen benötigt, um die Nachfrage zu bedienen.

Zwischenfrage 3: Was könnten Gründe für eine Reduktion der Anzahl an benötigten Fahrern sein?

Ihr Ansatz:

Eine Abweichung von der aktuellen Zahl der Fahrer könnte – wie sie dem Interviewer erläutern – folgende Gründe haben:

- Existierende wirtschaftliche Ineffizienzen (z.B. zu lange Pausen, suboptimale Auslastung durch schwache Auftragslage, fehlerhafte Routenplanung etc.)
- Auftragsrückgang durch Kundenabwanderung (siehe oben)
- Effizienzgewinne bei konsolidiertem Filialnetz: Dadurch, dass eine Stadt von einem Unternehmen statt von zweien bedient wird, entstehen mehr Freiheiten bei der Routenplanung. Entsprechend liegen die Stopps näher beisammen, so dass pro Route mit einem geringeren Zeitbedarf zu rechnen ist.

Der Interviewer zeigt sich zufrieden mit Ihrer Analyse und merkt an, dass die wirtschaftlichen Ineffizienzen vorerst nicht zu lösen seien. Um die Einsparungen bei dem Transporterpersonal zu ermitteln ist Ihre Initiative gefordert, diese Informationen einzuholen. Sie sollten Sich also vor Augen führen, welche Informationen sie benötigen.

Die grundsätzliche Frage lautet: Wie viele Fahrer bzw. Transporter werden tatsächlich benötigt?

Zwischenfrage 4: Nach welchen Informationen würde Sie jetzt Ihren Interviewer fragen, um diese Frage beantworten zu können? Tragen Sie Ihre Fragen stichpunktartig ein und vergleichen Sie dann mit der Musterlösung.

Ihre Fragen:

Auf Ihre Detailfragen zur Durchführung der Rechnung teilt Ihnen der Interviewer folgende Daten mit:

- 120.000 Stopps pro Woche für beide Unternehmen
- Bei gegebener Effizienz schafft ein Transporter 3,5 Stopps pro Stunde bei einem Arbeitstag von acht Stunden
- Die Fahrer arbeiten 5,5 Tage die Woche, da auch Samstagvormittags Routen gefahren werden
- Im Schnitt verdient ein Fahrer eines Transporters 2.000 Euro brutto monatlich
- Ein Transporter wird typischerweise mit 2 Fahrern besetzt, wobei man wegen Krankheit und Urlaub einen Sicherheitsaufschlag von 10 % (Fahrer in Bereitschaft) veranschlagen sollte
- Die Effizienzgewinne durch Konsolidierung der Routenführung seien im Falle des Mergers mit 10 % zu beziffern.

Zwischenfrage 5: Versuchen Sie sich nun zuerst selber an der Berechnung der benötigten Anzahl an Transportern, Fahrern und Effizienzen. Tragen Sie Ihre Lösungen ein und vergleichen Sie mit der Musterlösung unten.

Ihr Ansatz:

Sie führen aus: »In einem ersten Schritt werde ich nun zunächst die Ist-Anzahl an Transportern und Fahrern errechnen und im zweiten Schritt gleich darauf die möglichen Effizienzen.«

Aktuelle Anzahl Transporter: 780 (rechnerisch: 779,2)
(= 120.000 / (3,5 x 8 x 5,5))
Aktuelle Anzahl Fahrer: 1.716 (= 780 x 2 x 1,1)

Tipp

Sie punkten, wenn Sie hier gleich daran denken, die Lohnnebenkosten zu berücksichtigen. Damit signalisieren Sie Ihrem Interviewer, dass Sie den erforderlichen Blick für wichtige Details mitbringen und diese gleich kompetent in die Lösung des Cases einbauen!

Über die Berechnung des Rückgangs der Anzahl erforderlicher Stopps lässt sich nun der Bedarf an Fahrern und Transportern ermitteln. Durch den Auftragsrückgang und die Effizienzgewinne ist mit einem Rückgang der wöchentlichen Stoppzahl um 24.000 (= 120.000 x (0,1 + 0,1)) zu rechnen. Entsprechend werden 156 Transporter (= 24.000 / (3,5 x 8 x 5,5)) weniger benötigt. Dadurch können 343 Fahrer entlassen werden, was einer jährlichen Einsparung inkl. Lohnnebenkostenzuschlag von 32 % von 10,9 Mio. Euro (= 343 x 2.000 x 1,32 x 12) entspricht.

Konsolidierung des Filialnetzes

Als nächstes erkundigen Sie sich beim Interviewer, ob die Anzahl an Stopps auch ein wesentlicher Treiber für den Bedarf an Personal im Bereich Cash-Abwicklung ist. Laut Interviewer wäre das der Fall, wenn die Kapazitätsgrenze erreicht würde, dies ist jedoch in keiner der Filialen der beiden Einzelunternehmen zu befürchten. Sie vermuten, dass bei der Cash-Abwicklung bedeutende freie Kapazitäten herrschen, so dass bei der Zusammenlegung zweier regionaler Filialen durch Schließung einer Filiale Abwicklungspersonal eingespart werden kann. Sie legen dem Interviewer dar, dass sie gerne das Filialnetz konsolidieren würden und deshalb wissen müssten, wie hoch der Anteil der Filialen ist, die geschlossen werden können. Sie suggerieren, jeweils eine von zwei Filialen zu schließen, falls diese in der gleichen Region operieren.

Der Interviewer bekräftigt ihre Vermutung. Da beide Unternehmen prinzipiell bundesweit arbeiten und in den meisten Ballungsräumen operieren (28 bzw. 22 Filialen je Unternehmen), können laut Interviewer 20 redundante Filialen geschlossen werden.

Um das Vorgehen abzukürzen schlägt der Interviewer Ihnen ein Einsparungspotenzial von 30 % beim Abwicklungspersonal von 700 FTEs bei einem Durchschnittsbruttolohn von 1.800 Euro (auch hier wieder plus Lohnnebenkostenzuschlag von 32 %) vor, das auf die geringere Auftragsmenge (10 %) und geringere Leerlaufzeiten beim Abwicklungspersonal (20 %) zurückzuführen ist.

FTE

= Full Time Equivalents
= das Äquivalent von vollzeitbeschäftigten Mitarbeitern. Ein gängiger Beraterbegriff.

Zwischenfrage 6: Berechnen Sie zur Übung die jährlichen Synergien im Bereich Personalkosten der Abwicklung mit den vorliegenden Daten.

Ihre Lösung:

Die jährlichen Synergien im Bereich Personalkosten der Abwicklung belaufen sich folglich auf 6,0 Mio. Euro (= 700 x 0,3 x 1.800 x 1,32 x 12).

Die Zusammenlegung einzelner Filialen hat folglich auch Auswirkungen auf die Verwaltungsgemeinkosten, die mit dem Betrieb der Filialen einhergehen. Durch die Schließung einzelner Filialen, so vermuten Sie, kann ein Großteil des Verwaltungspersonals eingespart werden. Der Interviewer bestätigt dies: Bei den geschlossenen Filialen kann mit einem Einsparungspotenzial von 100 % gerechnet werden. Die gesamten Personalkosten der Verwaltung der beiden Einzelunternehmen belaufen sich auf 13 Mio. Euro.

Zwischenfrage 7: Wie hoch sind die Personalkosteneinsparungen in Mio. Euro bei der Verwaltung?

Ihre Lösung:

Sie errechnen, dass entsprechend 5,2 Mio. Euro (= 20 / 50 x 13 Mio. Euro) eingespart werden können, da der Interviewer Ihnen ja die Information gegeben hatte, dass 20 von 50 Filialen geschlossen werden könnten.

Fuhrpark, Gebäude und Versicherung

Im nächsten Schritt Ihrer Analyse kommen Sie von den Personalkosten zu den Kosten für Fahrzeuge. Diese sind ähnlich wie die Anzahl der Fahrer getrieben vom Auftragsvolumen. Den Bedarf an Fahrzeugen, den Sie zuvor ermittelt haben, hat sich aufgrund des Auftragsrückgangs und der Effizienzgewinne bei der Routenplanung um 156 Transporter reduziert. Die Kosten für den Betrieb eines Transporters belaufen sich auf 1.000 Euro monatlich, zuzüglich 1.000 Euro

Leasinggebühren. Unter der Annahme, dass Leasingverträge auslaufen bzw. in naher Zukunft gekündigt werden können, ließen sich also durch Rückgabe der Fahrzeuge 3.7 Mio. Euro (= 156 x 12 x 2.000 Euro) pro Jahr sparen.

Durch die Konsolidierung des Filialnetzes kann auch die Miete für die geschlossenen 20 Filialen eingespart werden. Bei 10 Mio. Euro an jährlichen Gebäudekosten (Kaltmiete, Nebenkosten, laufende Kosten etc.) rechnen Sie vor, dass man mit jährlichen Einsparungen von 4 Mio. Euro (= 10 x 20 / 50) rechnen kann.

Bezüglich der Versicherungskosten kann Ihnen der Interviewer keine genaueren Angaben machen, da erst noch die Verhandlungen mit dem Versicherer abgewartet werden müssen. Da aber grundsätzlich keine Veränderung des Verlustrisikos des Transportguts zu erwarten ist, kalkulieren Sie konservativ mit Null Synergieeffekten.

Restrukturierungskosten nicht vergessen

Es verleiht Ihrer Analyse noch mehr Glaubwürdigkeit, wenn Sie kritisch darauf hinweisen, dass sich die berechneten Synergien nicht kostenlos realisieren lassen, sondern Sie insbesondere im ersten Jahr der Akquisition mit erheblichen Restrukturierungskosten rechnen müssen. Zudem stellt sich die Frage, ob die Integrations- und Restrukturierungskosten gleich im Jahr des Zusammenschlusses aktiviert oder über Jahre abgeschrieben würden. In jedem Fall führen Sie im Folgenden aus, welche einmaligen Kosten auf das Unternehmen zukommen könnten:

Zwischenfrage 8: Überlegen Sie: Welche Kosten der Restrukturierung könnten anfallen? Lesen Sie dann die Musterlösung im Text.

Ihr Ansatz:

- Abfindungszahlungen für Mitarbeiter: Um Mitarbeiter zu kündigen, müssen Abfindungszahlungen geleistet werden, die sich nach der Betriebszugehörigkeitsdauer richten können. Wenn man bedenkt, dass eine Abfindungszahlung sich im Bereich mehrere Monatsgehälter bewegt, so kann dies die Kostensynergien für Personaleinsparungen im ersten Jahr beträchtlich reduzieren.
- Verbleibende Leasingzahlungen für Transporter: Die Einsparungen der Leasinggebühren werden erst wirksam, sobald der Leasingvertrag abgelaufen ist. Daher ist angeraten, die Fahrzeuge mit den

bald auslaufenden Verträgen stillzulegen. Die verbleibenden Leasingraten sind als Restrukturierungskosten zu betrachten.

- Kündigungsfrist für Miete und Rückbauverpflichtungen: Es ist davon auszugehen, dass für die Anmietung von Geschäftsräumen eine Kündigungsfrist von mindestens 6 Monaten besteht. Dies würde bedeuten, dass sich im ersten Jahr maximal die Hälfte der veranschlagten Mietsynergien aufgrund von Standortschließungen realisieren lassen. An dieser Stelle korrigiert Sie der Interviewer: »Um die hohen Investitionen in den Umbau des Mietobjektes zu sichern wurden mehrjährige Mietverträge geschlossen, so dass ein beträchtlicher Teil der Miete teilweise noch über einige Jahre entrichtet werden muss. Weiterhin bestehen Rückbauverpflichtungen, damit der Vermieter die Einrichtung an die Allgemeinheit vermieten kann. Konkret bedeutet dies die Beseitigung des Tresors.«
- Transaktionskosten: Kosten für juristische und betriebswirtschaftliche Beratung, die die Transaktion begleitet.

Fazit:

Zwischenfrage 9: Haben Sie noch den Überblick? Fassen Sie noch mal alle Ergebnisse zusammen. Überlegen Sie sich, wie Sie die Analyseergebnisse grafisch in einer Folie für den Kunden darstellen könnten. Wie beurteilen Sie angesichts der Ergebnisse die Übernahme?

Ihr Ansatz:

Subsumierend halten Sie fest, dass sich durch eine Übernahme jährliche Synergien von voraussichtlich 20,3 Mio. Euro realisieren lassen. Damit würden Sie einen positiven EBITDA generieren. Dies sagt aber per se nichts über die Vorteilhaftigkeit der Investition aus, da die Synergien ins Verhältnis zum Kaufpreis gesetzt werden müssen. Wenn Sie den EBITDA stellvertretend für den Cash Flow des Unternehmens verwenden, generieren Sie durch die Akquisition einen inkrementellen Zahlungsüberschuss von 16,6 Mio. Euro (= Synergien im Wert von 20,3 Mio. Euro + Stand-alone-Ergebnis der zu übernehmenden Firma -3,7 Mio. Euro).

EBITDA der beiden Einzelunternehmen	-7,0 Mio.
Umsatzsynergien	-9,5 Mio.
Kostensynergien	
Personalkosten – Fahrer	10,9 Mio.
Personalkosten – Abwicklung	6,0 Mio.
Personalkosten – Verwaltung	5,2 Mio.
Fahrzeugkosten	3,7 Mio.
Gebäudekosten – Miete & Nebenkosten	4,0 Mio.
Versicherung	-
Gesamtsynergien	20,3 Mio.
EBITDA NewCo	13,3 Mio.

Die ausgewiesenen Synergien stehen jedoch grundsätzlich unter Vorbehalt, da Restrukturierungskosten vor allem im ersten Jahr anfallen und so Personal-, Fahrzeug- und Mietsynergien erheblich reduzieren können. Des weiteren sollten Sie noch daran erinnern, dass Ihre Analyse auf Annahmen beruht, die wiederum von Unsicherheit geprägt sind (bspw. der Rückgang des Auftragsvolumens oder die Durchsetzung von höheren Preisen am Markt). Hier bestünde die Notwendigkeit, eine detaillierte Sensitivitätsanalyse durchzuführen, um zu ermitteln, wie robust der positive EBITDA gegen eine Veränderung der Annahmen ist. Die detaillierte Ermittlung der Restrukturierungskosten erfordert des Weiteren die Untersuchung der Leasing-, Miet- und Arbeitsverträge im Detail.

Zwischenfrage 10: Berechnen Sie als Anhaltspunkt für die Kaufpreisverhandlung den NPV der Akquisition mit einem Diskontfaktor von 10 % und einen Zeitraum von 5 Jahren.

Ihre Lösung:

NPV

= Net Present Value = Nettobarwert

$$NPV = -I_0 + \frac{I_1}{(1+r)} + \frac{I_2}{(1+r)^2} + \frac{I_3}{(1+r)^3} + \dots\dots\dots + \frac{I_n}{(1+r)^n}$$

Dieser Case prüft im Wesentlichen Ihr Verständnis einer GuV und Ihren Business Sense, der Ihnen dabei hilft, die wichtigen Stellschrauben der Profitabilität zu identifizieren. Außerdem erfordert er eine gewisse Vorkenntnis in Hinblick auf die übliche Herangehensweise an Mergers & Acquisitions Cases. In diesem Umfang wird er jedoch in ein 30-45 minütiges Case Interview nicht reinpassen. Der typische Interviewer wird nur Teilaspekte bearbeiten lassen.

Lösungen zu den Zwischenfragen

1: -9,5 Mio. Euro

2 - 8: Siehe Musterlösung im Text

9: Siehe Berechnung im Text. Eine gute Darstellung wäre ein so genanntes »Waterfall-Chart«, wie wir es im »Insider-Dossier: Bewerbung bei Unternehmensberatungen« bei M&A-Cases vorstellen.

10: Die ermittelten Synergien und der Stand-alone EBITDA sind wichtige Informationen bei möglichen Verhandlungen im Rahmen des Verkaufsprozesses. Der Barwert der zu erwartenden Zahlungsströme aus Stand-alone EBITDA und Synergien sollte dabei die Obergrenze eines möglichen Kaufpreises markieren. Deshalb rechnen Sie vor, dass der Obergrenze des Kaufpreises Akquisition unter den vereinfachten Annahmen konstanter Zahlungsströme über einen Fünf-Jahres-Zeitraum und eines Kapitalkostensatzes von 10 % maximal 62,9 Mio. Euro ($16{,}6/1{,}1 + 16{,}6/1{,}1^2 + 16{,}6/1{,}1^3 + 16{,}6/1{,}1^4 + 16{,}6/1{,}1^5$) betragen darf. Hier bietet sich dann noch mal ein Sanity Check an. Z.B. kann man den Kaufpreis mit vergleichbaren Transaktionen vergleichen.

3. Die Kölner Kaffeebar

Sie kriegen einen überraschenden Anruf von einem alten Freund aus der Schulzeit, der von Ihrer Beratungstätigkeit gehört hat. Sie haben ihn schon immer für seinen unternehmerischen Mut bewundert und auch diesmal berichtet er Ihnen von einer neuen Geschäftsidee. Er überlegt, eine Kaffeebar in der Kölner Innenstadt zu eröffnen und möchte hierzu Ihren Rat hören. Sie haben nicht viel Zeit, da Sie noch zu einem Kunden fahren müssen, wollen sich aber die Zeit nehmen die wichtigsten Größen und Problemstellungen zu betrachten.

Bevor Sie mit der Fallstudie beginnen, wird Sie Ihr Interviewer informieren, dass Sie sich bei diesem Case auf das Geschäftsmodell konzentrieren sollten. Nun sollten Sie mit der Grundstruktur beginnen und zunächst die relevanten Aspekte identifizieren. Ein gutes Vorgehen wäre, folgende Analyseschritte vorzugeben und dann Schritt für Schritt durchzuarbeiten:

- Konzept des Ladens (mit seiner Zielgruppe, sowie einer Einschätzung der Konkurrenz und des Kundenpotenzials),
- Kosten (unterteilt in fixe und variable Kosten),
- Umsatz und somit der resultierende Gewinn sowie mögliche zusätzliche Umsatzquellen.

Am Ende sollte – wie immer – eine Handlungsempfehlung für Ihren Freund stehen.

Anmerkung: Der folgende Case ist – im Vergleich zu einer Fallstudie wie sie typischerweise in einem Case Interview besprochen wird – wesentlich detaillierter. Dies dient dazu, die Fähigkeiten des Bewerbers, hinsichtlich des Treffens von sinnvollen und realistischen Abschätzungen, zu trainieren. Außerdem sollen die vielen Facetten eines solchen Cases aufgezeigt werden, auch wenn im Interview meist nur einige von diesen aufgegriffen werden.

Häufigster Fehler in diesem Case ist, sofort mit den Berechnungen anzufangen. Häufig führt das dazu, dass entscheidende Punkte vergessen werden. Nehmen Sie sich die Zeit, die Annahmen zu verstehen und teilweise zu ergänzen, wo Ihnen noch Daten fehlen. Das zeugt von einer überlegten, strukturierten Vorgehensweise.

Schritt 1: Das Konzept des Ladens

In einem ersten Schritt sollten Sie die Annahmen die dem Business Plan zugrunde liegen zusammenstellen. Dies beinhaltet einerseits, die durch den Interviewer zur Verfügung gestellten Informationen, andererseits aber auch Daten die es erst noch zu berechnen gilt. So ergibt sich letztendlich das Gerüst für alle weiteren Schritte und insbesondere können Annahmen (beispielsweise über die Ausstattung der Bar) sinnvoll hergeleitet werden. Gleichzeitig können Sie Ihre eigene Vorstellung des Geschäfts mit der intendierten Positionierung des Klienten (der alte Schulfreund bzw. der Interviewer) abgleichen und ggf. anpassen.

Zwischenfrage 1: Überlegen Sie sich, welche drei Fragen Sie in dieser Phase an den Interviewer stellen würden.

- ☐ a) Geplante Finanzierung des Vorhabens
- ☐ b) Konkurrenzsituation
- ☐ c) Verhandlungsmacht der Lieferanten
- ☐ d) Lage der Geschäftsräume
- ☐ e) Weitere Markteintritte
- ☐ f) Geplante Marketingaktivitäten
- ☐ g) Variable Kosten
- ☐ h) Fixkosten
- ☐ i) Zielgruppen, Leistungsversprechen und Annahmen zu Kunden

Auf Ihre Rückfragen gibt Ihnen der Interviewer Auskunft.

Das Geschäft

Der sehr zentral gelegene Coffee-Shop in der Innenstadt verfügt über eine Ladenfläche von 130 m^2 inklusive Lagerräumen und Toiletten und wird sechs Tage die Woche von 9 bis 20 Uhr geöffnet haben.

Die Zielgruppe und die Konkurrenz

Eine moderne Kaffeebar mit ihrem umfassenden Sortiment an verschiedenen Kaffeesorten und -variationen, die sich durch ihr Ambiente und ihr zusätzliches Snack-Angebot auszeichnet, richtet sich an ein breites Publikum. Kaffee-Liebhaber jeden Alters, die sich mit dem vermittelten Lifestyle identifizieren und die ungezwungene Atmosphäre genießen, werden potenzielle Kunden eines solchen Geschäfts sein. Da das Café in der Innenstadt lokalisiert ist, werden Laufkundschaft inklusive Touristen ebenso wie das Stammklientel aus umliegenden Büros oder Läden wichtige Treiber des Tagesgeschäfts sein. Gerade in den letzten Jahren hat sich in Anlehnung an die amerikanische Kaffeehauskette Starbucks ein Hype um Kaffeebars entwickelt. Mittlerweile gibt es eine Vielzahl nachahmender Geschäfte, die ebenfalls von diesem neuartigen Konzept profitieren wollten. Demnach ist die Konkurrenz in dieser Sparte vergleichsweise hoch, weshalb es schwierig ist, sich über die Produkte zu differenzieren. Diese sind in allen Kaffeebars sehr ähnlich, da eben diese auch einen hohen Beliebtheitsgrad bei den Kunden genießen. Eine Abgrenzung gegenüber der Konkurrenz könnte folglich über eine besondere Marketingstrategie erfolgen.

Das Kundenpotenzial

Darauf aufbauend sollten Sie als nächstes die ungefähre Kundenzahl pro Stunde schätzen. Dies wird Ihnen später bei der Berechnung der Kosten, sowie nicht zuletzt bei der Herleitung wichtiger Annahmen helfen. Die Anzahl der Kunden, die in das Geschäft kommen, wird allerdings davon abhängig sein, um welche Tageszeit es sich handelt und daher stündlich variieren. Man kann den täglichen Betrieb daher in Haupt- und Nebenzeit gliedern. Da sich das Geschäft mitten in der Innenstadt befindet, gibt es bestimmte Stoßzeiten am Morgen, zur Mittagspause der umliegenden Büros und Läden, sowie am Abend kurz nach Feierabend. Sie könnten so vorgehen:

- 11 h Öffnungszeiten am Tag (9 - 20 Uhr)
- davon Stoßzeiten: 2 h morgens, 2 h mittags, 1,5 h abends
- Summe Stoßzeiten = 5,5 h, Nebenzeiten = 5,5 h oder jeweils 50 %

Wenn wir zu Stoßzeiten einen Wert von einem Kunden pro zwei Minuten annehmen, kämen wir auf 30 Kunden in der Stunde. In den Nebenzeiten, wo der Verkauf etwas abflacht, kann man mit der Hälfte der Kunden rechnen. Für unsere späteren Berechnungen können wir daher von einem Mittelwert von 23 Kunden in der Stunde ausgehen (aufgerundetes arithmetisches Mittel aus 30 und 15 Kunden pro Stunde, da über den Tag verteilt etwa genauso viele Stunden in Stoßzeiten wie in Nebenzeiten liegen).

Werden Sie sich vor einem Bewerbungsgespräch darüber klar, dass Sie rechnen müssen - und zwar im Kopf! Sollten Sie generell schwach im Kopfrechnen sein, sollten Sie vorher üben und im Case immer wieder runden, um nicht mit allzu krummen Zahlen rechnen zu müssen. Dann wird Ihr Interviewer zwar sofort wissen, dass Sie kein allzu starker Kopfrechner sind, aber das ist immer noch besser, als sich im Datenwust zu verheddern, nervös zu werden und die Struktur zu verlieren.

Schritt 2: Die Kosten

Nachdem Sie die obigen Vorüberlegungen und Annahmen getroffen haben, wären als nächstes die Kosten an der Reihe. Diese teilen sich in viele Stellen auf, versuchen Sie die wichtigsten zu benennen. Da wären zunächst die Gründungskosten sowie Fixkosten wie Miete, Personal, Internetzugang und Unterhalt.

Investitionen und Fixkosten für Personal, Miete und Unterhalt

Beginnen Sie damit, die Kosten für die Ausstattung des Ladens inklusive der Gerätschaften, Geschirr, Mobiliar und Beleuchtung zu bewerten.

Da der Laden wie oben beschrieben eine Größe von 130 m² besitzt, können Sie vermuten, dass nicht mehr als zehn Tische à vier Stühlen von der Stellfläche her gesehen in die Kaffeebar passen.

Für die Ausstattung mit Tischen, Stühlen, Beleuchtung, Regalen und Dekorationsartikeln bedeutet dies, dass ungefähr 6.000 Euro angesetzt werden können (300 Euro pro Tisch, 200 Euro für einen Satz aus vier Stühlen, sowie weitere 1.000 Euro für Beleuchtung, Regale und Accessoires); vorausgesetzt man verwendet nicht die exklusivsten Möbel.

Darüber hinaus benötigen Sie eine Theke, Thekenmobiliar und Kühlschränke sowie weitere Elektrogeräte:

- Theke und Thekenmobiliar: 5.000 Euro
- Elektrogeräte: 1.000 Euro

In Summe also weitere 6.000 Euro.

Legt man die Kundenanzahl von 30 pro Stunde zu Stoßzeiten zugrunde und nimmt weiter an, dass die Zubereitung eines Kaffees 3 Minuten dauert, so ist es notwendig, dass die Kaffeebar zwei Kaffeemaschinen besitzt, die parallel bedient werden können (30 x 3 = 90, also mindestens 1,5 Kaffeemaschinen).

Nur so kann ein guter Service ohne Wartezeiten – gerade in der Mittagspause der umliegenden Büros und Läden – gewährleistet werden. Eine solche Maschine für den professionellen Gastronomiegebrauch kostet circa 12.500 Euro in der Anschaffung. Allein für Kaffeemaschinen muss also mit ungefähr 25.000 Euro gerechnet werden. Für das Geschirr bestehend aus Tassen, Bechern, Tellern und Besteck für diejenigen, die nicht nur »To-Go« Kunden sind, können wir annehmen, dass wir alles 50 Mal vorhalten wollen, damit es zu keinem Geschirrmangel kommt. Wenn ein Set 30 Euro kostet, wären dies weitere 1.500 Euro (50 x 30). Ein Kassensystem für das Geschäft ist auch unbedingt notwendig und kostet ungefähr 600 Euro. Schließlich wollen Sie Ihren Kunden außerdem einen kostenlosen WLAN-Anschluss fürs Surfen in der Kaffeebar, sowie eine professionelle Website bieten. Für die Einrichtung des WLAN-Anschlusses können Sie mit 150 Euro und für die Website mit 1.500 Euro (Design und Programmierung) rechnen. Zusammen ergeben sich demnach Investitionen von 40.750 Euro.

Abhängig von der zur Verfügung stehenden Zeit und Ihren Rechenfähigkeiten kann man hier beliebig »kleinteilig« werden. In dieser Darstellung wird sehr ins Detail gegangen, meist reicht Ihnen die Zeit aber nur für grobe Rechnungen. Viele Bewerber vergessen allerdings dann dazu zu sagen, was sie alles bewusst weggelassen haben. Das kommt nicht gut an.

Fahren Sie im Anschluss an die Investitionsausgaben damit fort, eine realistische Einschätzung der Mietkosten pro Monat vorzunehmen.

Zwischenfrage 2: Wie hoch schätzen Sie die Kaltmiete pro m²?

- ☐ a) 1,20 Euro
- ☐ b) 12 Euro
- ☐ c) 120 Euro
- ☐ d) 1.200 Euro

Das Geschäft befindet sich wie anfangs erwähnt in der Innenstadt, wo mit hohen Mietpreisen pro Quadratmeter gerechnet werden muss. Mit einem geschätzten Quadratmeterpreis von 12 Euro im Zentrum und der bereits bekannten Größe des Geschäfts in der Ladenzeile von 130 m², ergibt dies eine Kaltmiete von 1.560 Euro im Monat. Geht man davon aus, dass ein durchschnittlicher

4-Personen-Haushalt für Nebenkosten (Wasser, Strom, Heizung und sonstige Kosten wie z.B. Müllabfuhr) ca. 250 Euro im Monat aufwenden muss, können Sie schätzen, dass für die Bar hier mit etwa 400 Euro im Monat gerechnet werden kann. Alternativ könnte man sich auch bei Lokalen in der Nachbarschaft nach ihren Nebenkosten informieren. Für den Internetzugang können Sie nochmals 30 Euro im Monat und für die Homepage 4 Euro im Monat berechnen.

Als letzten Bestandteil der Fixkosten ist das Personal zu bewerten. Wie bereits oben erwähnt, wird der Coffee Shop sechs Tage die Woche von 9 bis 20 Uhr geöffnet haben, was insgesamt elf Stunden Arbeitszeit ergibt. Es müssen durchgehend drei Leute in dem Laden arbeiten, um den Kaffee zuzubereiten, die Bestellungen entgegenzunehmen, die Tische regelmäßig abzuwischen und die Kasse zu bedienen. Dies wären z.B. zwei Barista hinter der Theke und ein Kellner. Der Einfachheit halber differenzieren wir hier nicht nach Stoßzeiten und Nebenzeiten. Diese Mitarbeiter könnten in 5 ½ -Stunden-Schichten unterteilt werden. Pro Stunde verdient ein Angestellter einen Durchschnittslohn von 8 Euro, demnach betragen die Personalkosten 24 Euro in der Stunde. Auf den Tag gerechnet sind dies Kosten von 264 Euro und im Monat, wenn man Feiertage noch berücksichtigt, folglich dann 6.336 Euro (264 Euro x 24

Tage) für die Beschäftigung der Mitarbeiter. Dazu kommen noch Lohnnebenkosten (z.B. für die Sozialversicherung), die in Deutschland etwa 30 % des Lohns ausmachen. Die gesamten Lohnkosten inklusive Lohnnebenkosten betragen somit im Monat etwa 8.240 Euro.

Insgesamt belaufen sich die Gründungsinvestitionen auf 40.750 Euro für die Gerätschaften und die Einrichtung, sowie die monatlichen Fixkosten für das Personal, Miete usw. auf 10.234 Euro (8.240 + 1560 + 400 + 34). Schreibt man die Gründungskosten linear über drei Jahre ab, betragen diese im Monat rund 1.130 Euro. Das wären zusammengenommen mit dem Personal und der Miete etc. Kosten von 11.364 Euro monatlich.

Variable Produktkosten für Kaffee, Milch, Softdrinks und »To-Go«-Getränke

Im nächsten Schritt müssen die variablen Produktkosten bestimmt werden. Aus unseren früheren Berechnungen wissen wir, dass im Schnitt 23 Kunden pro Stunde in das Geschäft kommen werden.

Zwischenfrage 3: Bevor Sie weiter lesen, versuchen Sie sich selber daran, die variablen Kosten zu strukturieren und eigene Abschätzungen zu machen. Welche Kosten gibt es? Wovon hängen sie ab?

Ihr Ansatz:

Übungscases

Angenommen 90 % dieser Kundschaft trinkt Kaffee (der Rest trinkt eventuell nur Wasser oder Softdrinks), sind es also etwa 20 Leute, die das unterschiedliche Kaffeeangebot ausnutzen. Der Einfachheit halber nimmt man ein Produktsortiment von Latte Macchiato, Cappuccino, Café Solo, Milchkaffee und Espresso an. Diese Produkte können in zwei Größen, einmal in 0,2 l und in 0,4 l erworben werden. Hierfür rechnen wir also mit einem Mittelwert von 0,3 l.

Es muss jetzt abgeschätzt werden wie viel Kaffee stündlich verbraucht wird. Für die Zubereitung von Latte Macchiato, Espresso und Cappuccino werden jeweils 10 Gramm gemahlener Kaffee aus Espressobohnen benötigt. Für schwarzen Kaffee und Milchkaffee sind 15 Gramm Kaffee notwendig.

Geht man nun davon aus, dass jeder Gast nur ein Getränk zu sich nimmt und trifft die weiteren Annahmen, dass 40 % der 20 Kaffeetrinker Milchkaffee oder schwarzen Kaffee trinken, sind dies acht Personen in der Stunde und somit 120 Gramm Kaffeebohnen pro Stunde, 1,32 kg pro Tag und 31,68 Kilogramm Kaffeebohnen im Monat. (0,12 kg/h x 11 h/Tag = 1,32 kg/Tag; dies mal 24 Geschäftstage ergibt 31,68 kg im Monat). Die restlichen 12 Personen entscheiden sich für Latte Macchiato, Cappuccino oder Espresso, was ebenfalls einen Verbrauch von 120 g Espressobohnen pro Stunde und somit 31,68 Kilogramm Espressobohnen pro Monat zur Folge hat.

Im Großhandel bezahlt man für ein Kilo Kaffeebohnen 6,50 Euro - der Preis unterscheidet sich bei Espresso und Kaffeebohnen nur geringfügig. Nach den obigen Berechnungen hat die Kaffeebar einen monatlichen Bedarf von 63,36 kg an Kaffee, was 411,84 Euro entspricht.

Neben dem Kaffeeverbrauch, gibt es einen hohen Bedarf an Milch für die Mischvariationen.

Nimmt man an, dass von den 12 Leuten, die ein Espressogetränk wählen, 80 % (10 Gäste) Latte Macchiato oder Cappuccino mit einem Durchschnittswert von 175 ml Milch pro Getränk (250 ml für Latte Macchiato, 100 ml für Cappuccino) trinken, ergibt das 1,75 Liter in der Stunde. Von den übrigen 8 Personen, die sich für Kaffee entscheiden, trinken schätzungsweise vier Personen Milchkaffee, wofür 250 ml Milch verwendet werden. Das ergibt einen Liter in der Stunde. Insgesamt werden für alle Variationen 2,75 Liter Milch stündlich und 30,25 Liter täglich verbraucht. Auf den Monat gerechnet, sind dies 726 Liter Milch. Beim Großhändler wird ein Liter Milch um die 30 Cent kosten - da er im Einzelhandel schon für 50 Cent erworben werden kann. Für 726 Liter Milch werden pro Monat also 217,8 Euro Ausgaben anfallen. Für Milch und Kaffee sind dies monatlich 629,64 Euro an variablen Kosten.

Gerade in einer Kaffeebar werden zusätzlich in der Regel noch verschiedene Sirupvarianten angeboten, mit denen man gegen Aufpreis sein Kaffeegetränk verfeinern kann. Bevor Sie hier jedoch ins Detail gehen können, wird Ihr Interviewer Sie unterbrechen und Ihnen mitteilen, dass Sie für den Sirup eine Pauschale von 50 Euro im Monat ansetzen können. Hierdurch steigen die bisherigen variablen Kosten auf 679,64 Euro an.

Unsere Rechnungen basieren darauf, dass 90 % der stündlichen Kunden Kaffee konsumieren. Die anderen drei Personen entscheiden sich unseren Annahmen nach für einen Softdrink. Auch für diese fallen natürlich Kosten an. Stündlich werden drei, demnach pro Tag 33, in der Woche 198 und im Monat 792 Getränke benötigt. Zur Auswahl stehen Wasser und verschiedenste Limonaden in 330 ml Flaschen, was bei 792 Getränken einem Wert von 261,4 Litern Flüssigkeit entspricht. Im Einkauf kostet ein Liter Wasser circa 35 Cent und Limonaden wie etwa Cola circa 65 Cent. Man kann also mit einem Durchschnittswert von gut 50 Cent rechnen, was im Monat 130,7 Euro bedeuten würde. Addiert man diese Ausgaben zu den vorherigen variablen Kosten, müssen 810,34 Euro kalkuliert werden.

Zuletzt sollten Sie noch eine Schätzung der zusätzlich zu erwartenden Kosten durch den Verkauf von To-Go-Getränken abgeben. Gerade in der Innenstadt ist damit zu rechnen, dass einige Kunden es vorziehen, ihren Kaffee nicht in der Kaffeebar zu trinken sondern ihn mitzunehmen. Erfahrungsgemäß sind dies etwa 20 % der Kunden. Bei dem angenommen Mittelwert von 23 Personen pro Stunde sind dies also etwa 5 Personen, die in jeder Stunde ihr Getränk mitnehmen. Die Preise für einfache Kaffee-To-Go-Becher betragen im Großhandel etwa 7 Cent für einen 0,1 l Espressobecher, 6 Cent für einen 0,2 l Becher und 10 Cent für einen 0,4 l Becher. Der Einfachheit halber kann man hier von einem Durchschnittspreis von 8 Cent pro verkauftem Getränk zum Mitnehmen ausgehen. Pro Stunde wären dies demnach 32 Cent, pro Tag 3,52 Euro und pro Monat 84,48 Euro. Zusammen genommen ergeben sich also variable Kosten von gerundet 895 Euro im Monat.

> In dieser Übung wurden die variablen Kosten sehr detailliert berechnet. Es kann schon mal vorkommen, dass der Interviewer Ihre Aufmerksamkeit für das Detail prüfen will. Meistens gilt allerdings die Regel, dass man mit gröberen Annahmen (z.B. Durchschnittsmargen) arbeiten kann.

Sie könnten noch auf weitere Kosten wie zusätzlichen Zucker oder Kekse zu den Heißgetränken eingehen. Ihr Interviewer wird hier jedoch abwinken, da bereits jetzt das Detailniveau beträchtlich ist.

Gesamte Kosten

Alle bisher ermittelten Fix- und variablen Kosten zusammen ergeben demnach monatliche Kosten von 12.259 Euro, wovon der größte Anteil die Anschaffung der teuren Geräte ausmacht. Als Alternative könnten die Kaffeemaschinen auch nur geleased werden, was die monatlichen Kosten erheblich reduzieren würde.

Schritt 3: Berechnung des Umsatzes

Den Kosten sind als nächstes die Einnahmen gegenüber zu stellen. Auch hier können Sie natürlich davon ausgehen, dass jeder Kunde, der in das Kaffeegeschäft kommt, nur ein Getränk zu sich nimmt.

Zwischenfrage 4: Auch hier sollten Sie sich zur Übung erstmal selber Gedanken machen. Stellen Sie Ihre eigene Rechnung auf und vergleichen Sie diese mit der Lösung.

Ihr Ansatz:

Als erstes sind die Preise für die unterschiedlichen Getränke zu bestimmen. Sie beginnen zunächst mit den Softdrinks, da diese nur einen geringen Anteil ausmachen. Ein Wasser kostet schätzungsweise 1,80 Euro und Limonade 2,20 Euro. Hier können Sie also mit einem Mittelwert von 2 Euro rechnen. Pro Stunde sind das aufgrund der erwähnten drei Personen, die ein solches Getränk zu sich nehmen, 6 Euro an Einnahmen. Das entspricht 1.584 Euro Umsatz im Monat.

Es fehlt jetzt noch der Hauptbestandteil des Umsatzes, der schließlich durch den Kaffeeverkauf entsteht. Wir haben vorher angenommen, dass 12 Personen der gesamten Kaffeetrinker Latte Macchiato, Cappuccino oder Espresso trinken. Die Hälfte der Personen wird den beliebten Latte Macchiato trinken und von den übrigen sechs Personen trinken schätzungsweise vier Cappuccino und zwei einen Espresso. Bis auf den Espresso werden die Getränke in zwei Größen angeboten. Für einen 400 ml Latte Macchiato kann man einen Erfahrungswert von 3,50 Euro ansetzen und für die kleinere Größe kann 2,80 Euro verlangt werden. Man kann also mit einem Mittelwert von 3,15 Euro für Latte Macchiato rechnen. Für sechs Stück macht das also 18,90 Euro in der Stunde. Trifft man die Annahme, dass der kleine Cappuccino 2,50 Euro und der große 3,20 Euro kostet, nimmt man mit einem Mittelwert von 2,85 Euro in der Stunde 11,40 Euro ein. Der Espresso ist nur in einer Größe und für 1,80 Euro zu erstehen – demnach kann durch ihn ein stündlicher Umsatz von 3,60 Euro erzielt werden. Zusammengerechnet hat der Coffee Shop für die auf Espresso basierenden Getränke Einnahmen von 33,90 Euro in der Stunde.

Es bleibt noch, die Einnahmen durch den Milchkaffee und den Kaffee zu bestimmen. Insgesamt acht Personen entscheiden sich für eines dieser beiden Getränke, wovon vier – wie vorher bei den Berechnungen für die Milch festgelegt – einen Milchkaffee trinken. Der Milchkaffee ist in der kleinen Größe für 2,60 Euro und in der großen Größe für 3,30 Euro zu erhalten und bringt mit einem arithmetischen Mittel von 2,95 Euro in der Stunde 11,80 Euro ein. Die übrigen 4 Personen wählen einen Kaffee Solo, der für 0,2 l 2 Euro und für 0,4 l 2,50 Euro kostet. Bei einem Mittelwert von 2,25 Euro ergibt dies 9 Euro Umsatz. Diese Getränke bringen also 20,90 Euro in der Stunde.

Häufig wird von Bewerbern vergessen, am Ende einer Berechnung die Einheiten vergleichbar zu machen. Also beispielsweise alles auf eine Monatssicht zu kalkulieren. Stattdessen wird dann ein Monatswert mit einem Tages- oder Wochenwert verglichen. Das führt zu einer falschen Schlussfolgerung und dementsprechend falschen Empfehlung.

Viele Bewerber würden die Aufgabe hier beenden. Aber genau hier kann man sich von anderen abheben. Add-on-Umsätze einzukalkulieren und alle Rechnungen letztlich zu einer sinnvollen Handlungsempfehlung zu verdichten sind wichtige Differenzierungskriterien.

Wie oben errechnet kommt bei 22 Getränken pro Tag bzw. 528 Getränken im Monat ein zusätzlicher Umsatz durch einen Aufschlag für den Sirup im Getränk hinzu. Dieser beträgt wie auch bei der Konkurrenz etwa 40 Cent, wodurch zusätzliche Einnahmen von 0,80 Euro pro Stunde bzw. 211,20 Euro pro Monat entstehen.

Insgesamt gesehen werden pro Stunde 61,60 Euro Umsatz generiert (6 Euro + 33,9 Euro + 20,9 Euro + 0,8 Euro). Pro Tag sind das also 677,60 Euro und im Monat 16.262,40 Euro.

Verrechnet man den Umsatz anschließend mit den Kosten von 12.217,62 Euro im Monat, ergibt dies einen Gewinn von 4.044,78 Euro monatlich.

Schritt 4: Snacks als Add-on

Damit hätten Sie die Aufgabe schon fast vollständig gelöst. Allerdings bleibt als ein weiterer umsatzbringender Punkt, der bisher in den Berechnungen vernachlässigt wurde, der Verkauf von Snacks in der Kaffeebar. Stellt man die These auf, dass jeder dritter Kunde, der in das Geschäft kommt, zusätzlich zu seinem Getränk noch etwas zum Essen kauft, wären das circa acht Personen in der Stunde. Um den Rechenweg hierfür etwas abzukürzen, nimmt man bei einem durchschnittlichen Verkaufspreis von 2 Euro eine Marge von 50 Cent pro Artikel an. Somit können pro Stunde zusätzlich noch 4 Euro Gewinn gemacht werden, was einem Gesamtwert von 1.056 Euro pro Monat entspricht. Der Gewinn würde sich somit auf 5.100,78 Euro pro Monat erhöhen.

Schritt 5: Handlungsempfehlung

Da die Zeit drängt, möchte der Interviewer von Ihnen an dieser Stelle eine vorläufige Empfehlung für Ihren alten Schulfreund hören.

Nach den obigen Berechnungen hat sich herausgestellt, dass unter den getroffenen Annahmen der Coffee Shop für Ihren alten Schulfreund durchaus eine lukrative Geschäftsidee darstellt und Sie ihm empfehlen, seinen Plan zu verwirklichen. Allerdings muss er darauf achten durch spezielle Marketingmaßnahmen, über die noch zu sprechen ist, dafür zu sorgen, dass die Menschen seinen Kaffee bzw. seine Kaffeebar aus der breiten Masse des Angebots auswählen.

Lösungen zu den Zwischenfragen

1: Um das Konzept des Ladens zu verstehen, würden wir nach der Lage der Geschäftsräume, der Konkurrenzsituation und den Zielgruppen fragen. Also sind b), d) und i) richtig.

2: b) ist plausibel

3 – 4: Siehe beispielhafte Musterlösung im Text.

Ergänzende Frage zum Training

- Stellen Sie sich vor, Ihr Freund ist Ihrem Rat gefolgt und hat seinen Coffee-Shop eröffnet. Nach einem erfolgreichen Jahr wird das Ladenlokal direkt gegenüber an Starbucks vermietet. Jetzt kommt er wieder zu Ihnen und bittet Sie um Ihren Rat, wie er reagieren solle.

4. Wurstwaren-Produktion

Ein Produzent von Wurstwaren für Lebensmittel- und Feinkostgeschäfte wendet sich an Sie mit dem Auftrag, den Grund für den kürzlich erfahrenen Rückgang seines Marktanteils zu untersuchen. Der Kunde bittet Sie des Weiteren, einen Aktionsplan zu erstellen, mit dem Ziel den Grund des Rückgangs auszuräumen.

Der Interviewer gibt Ihnen folgende weitere Informationen zur Ausgangssituation:

»Die Firma stellt in Plastik verpackte geschnittene Wurstwaren aller Preiskategorien (einfaches Produkt, Produkt im mittleren Preissegment sowie in der Premium-Kategorie) her. Der Verlust des Marktanteils musste hauptsächlich in der Premium-Kategorie hingenommen werden. Alle Wurstwaren tragen eine bekannte Marke.

Zur Preisgestaltung: Die Premium-Produkte haben einen höheren Preis und eine etwas höhere Gewinnspanne. Obwohl eine Preisreduktion einen Marktanteilszuwachs zur Folge hätte, haben alle Wettbewerber ihre Preise in der Zeit, in der der Marktanteilsverlust stattgefunden hat, stabil gehalten.«

Zwischenfrage 1: Welche weiteren Informationen würden Sie noch von Ihrem Interviewer erfragen?
Wie würden Sie Ihren Lösungsansatz strukturieren? Tragen Sie ihre Ansätze in das Feld ein und vergleichen Sie dann mit der beispielhaften Musterlösung.

Ihr Ansatz:

Die Struktur

Der Interviewer hat Ihnen bereits Informationen zu den Stichpunkten »Produkte« und »Preise« des Kunden gegeben und darauf hingewiesen, dass die Wettbewerber ihre Preise stabil gehalten haben. Um die Ausgangslage ganz zu verstehen, können Sie den klassischen »4P« Ansatz wählen, d.h. noch nach »Place« und »Promotion« fragen. Erst wenn Sie wissen, ob in der Distribution der Produkte des Kunden oder in der Werbelandschaft Veränderungen stattgefunden haben, können Sie analysieren, wo das Problem liegen könnte. Sollte nämlich z.B. einer der Wettbewerber plötzlich eine starke Werbekampagne für sein Premium-Produkt gefahren haben, wäre das sicherlich ein möglicher Grund für die Veränderung der Marktanteile.

Der Interviewer nickt auf Ihre Frage nach den fehlenden zwei »P« und antwortet mit den folgenden weiteren Informationen:

Das Produkt wird in Lebensmittel- und Feinkostgeschäften verkauft. Eine Marktforschungsstudie des Unternehmens hat ergeben, dass die Lebensmittelgeschäfte nichts am Regalplatz für die genannten Produkte verändert haben. Im Klartext: Der Marktanteilsverlust ist nicht auf Veränderungen in der Regalauslage und auch nicht auf veränderte Verkaufsanreize von Wettbewerbern für deren jeweilige Produkte zurückzuführen. Werbung und sonstige Marketingaktivitäten aller Wettbewerber inklusive unseres Kunden waren in der Zeit des Marktanteilsverlustes ebenso unverändert.

Damit haben Sie jetzt noch keine Antwort auf die Frage: Was hat die negative Entwicklung ausgelöst?

Zwischenfrage 2: Welche weiteren Informationen brauchen Sie, bzw. welche nächsten Arbeitsschritte würden Sie in einem solchen Projekt für uns sehen?

- ☐ a) Wettbewerbsanalyse
- ☐ b) Marktforschung zum Thema Kundenzufriedenheit / Kundenpräferenzen
- ☐ c) SWOT-Analyse
- ☐ d) 5-Forces: Wettbewerber, Abnehmer, Substitutionsprodukte, Lieferanten, Branchenwettbewerb
- ☐ e) Veränderung in der Kostenstruktur
- ☐ f) Marktforschung zum Thema Kundenzufriedenheit / Kundenpräferenzen
- ☐ g) Veränderungen im Wettbewerbsrecht

Die Analyse

Sie antworten: »Um den Markt besser zu verstehen, möchte ich Sie bitten, mir Informationen über die Struktur des Marktes zu geben. In einem Projekt müssten wir uns wahrscheinlich Folgendes ansehen: Wie viele Wettbewerber gibt es und wie teilen diese sich den Markt auf? Ist möglicherweise ein neuer Wettbewerber aufgetreten?«

Der Interviewer stellt wieder folgende Informationen bereit: »Es gibt drei weitere Wettbewerber, die jeweils 20 % Marktanteil haben – keiner von ihnen ist neu. Unser Kunde selbst hat 40 %. Der Markt wächst in allen drei Segmenten, in denen unser Kunde aktiv ist. Eine weitere Information: Für die Distribution nutzen alle Wettbewerber die gleichen Kanäle.

Auch aus diesen Informationen lässt sich nicht ableiten, warum der Marktanteil zurück gegangen sein könnte. Sie lassen sich nicht beirren und fahren fort, ein weiteres Element zu untersuchen: »Möglicherweise hat sich in den Präferenzen der Konsumenten etwas geändert. Liegen unserem Kunden neuere Marktforschungsergebnisse vor?«

Zwischenfrage 3: Der Interviewer antwortet: »Angenommen, es liegen keine aktuellen Marktforschungsdaten vor. Welche Art von Marktforschung würden Sie beauftragen und welche Ergebnisse suchen Sie?«

- ☐ a) Demographische Veränderungen
- ☐ b) Informationen zu Kundensegmenten (Käuferschicht)
- ☐ c) Veränderung im Kaufverhalten
- ☐ d) Veränderungen in der Kundenzufriedenheit
- ☐ e) Neukundenzuwachs bei Konkurrenten

Sie müssen kein Marktforschungsexperte sein, um hier eine gute Antwort zu liefern. Ein paar Grundbegriffe sollten Sie allerdings kennen. In jedem Fall sollten Sie erstmal überlegen, welche Erkenntnisse Sie brauchen und dann legen Sie fest, durch welche Art von Marktforschung Sie diese Ergebnisse bekommen könnten.

Sie beginnen: »Um zu verstehen, warum die Produkte der Premium-Kategorie sich schlechter verkaufen, muss ich drei Fragestellungen in Bezug auf Kundenpräferenzen beantworten:

- Hat sich die Käuferschicht für die Produkte unseres Kunden geändert, so dass weniger der teuren Produkte gekauft werden?
- Haben bestehende Kunden ihre Präferenzen geändert und substituieren möglicherweise das Premium Produkt mit einem günstigeren Produkt?
- Hat sich die Kundenzufriedenheit negativ entwickelt, so dass – obwohl alle Wettbewerbsfaktoren gleich geblieben sind – die Kunden eher Produkte von Wettbewerbern bevorzugen?

Um diese Fragen beantworten zu können, könnte man eine Kombination aus quantitativer Marktforschung und qualitativer Marktforschung wählen, da es zunächst darum geht, zahlenmäßige Verschiebungen in den Käufergruppen auszumachen oder auszuschließen. Anschließend könnte man Kunden im Detail zu ihrer Zufriedenheit befragen, z.B. in kleineren Fokusgruppen, in denen die Kunden dann ihre Erfahrungen berichten können.«

Sie enden mit den Worten: »Sollten unserem Kunden ältere Marktforschungsstudien zu den genannten Fragestellungen vorliegen, wäre dies sicher vorteilhaft, weil man die Entwicklung der Faktoren über die Zeit ablesen könnte. Relative Veränderungen in der

Kundenzufriedenheit ließen sich dann einfacher feststellen. In jedem Fall wird die Ausgestaltung der Marktforschungsanstrengungen davon abhängen, wie viel Zeit und welches Budget zur Verfügung stehen.«

Der Interviewer nickt zustimmend und gibt Ihnen zu verstehen, dass Sie dabei sind, dem Problem auf den Grund zu kommen: »In der Tat haben wir bei diesem Projekt die Kunden befragt und festgestellt, dass die Kunden darüber unzufrieden waren, dass die Produktqualität des Premium-Produkts zuweilen schwankte. Manchmal war das Produkt besser als das des Wettbewerbs, manchmal nicht. Aufgrund der daraus entstehenden Unsicherheit entschieden sich Konsumenten für Produkte des Wettbewerbs.«

Analyse der Ursache der Qualitätsschwankungen

Nun wissen Sie, wo das Problem zu suchen ist. Da die Produktqualität vom Herstellungsprozess oder möglicherweise auch vom anschließenden Logistikprozess abhängt, müssen Sie diese genauer untersuchen und die Ursache der Qualitätsschwankungen finden. Der von Ihnen zu erstellende Aktionsplan muss dann die Ursache für Qualitätsschwankungen ausräumen.

Zwischenfrage 4: Welche Struktur schlagen Sie für die Analyse der Qualitätsschwankungen vor?

- ☐ a) Analyse der GuV des Unternehmens
- ☐ b) Analyse der Wertschöpfungskette
- ☐ c) Analyse der Bilanz des Unternehmens
- ☐ d) Analyse des Organigramms des Unternehmens
- ☐ e) Analyse des Produktlebenszyklus
- ☐ f) ABC-Analyse

Übungscases

Tipp

Diese BWL-Basics werden in dem »Insider-Dossier: Bewerbung bei Unternehmensberatungen« wiederholt.

Um eindeutig analysieren zu können, an welcher Stelle des Prozesses die Qualitätsschwankungen entstehen, müssen Sie sich diesen im Detail ansehen. Dafür könnten Sie sich entlang der Wertschöpfungskette und damit in chronologischer Reihenfolge des Produktionsprozesses vorarbeiten. Dies sagen Sie Ihrem Interviewer und beginnen mit der Auflistung der Prozessschritte: »Zulieferer der Rohstoffe für die Produktion, Verarbeitungsprozess und Verpackung, Lagerung, dann Logistik«. Der Interviewer nickt zustimmend und sagt: »Damit haben Sie Recht. Allerdings verrate ich Ihnen aus Zeitgründen, worin im gegeben Fall die Ursache für die Qualitätsschwankungen, die so stark ausfallen, dass Konsumenten diese wahrnehmen, begründet sind: Fokussieren Sie sich bitte auf die Rohstoffe als Input in den Produktionsprozess.«

Analyse der Rohstoff-Inputs

Zwischenfrage 5: Was sind zielführende Fragen, um dem Problem auf den Grund zu gehen?

- ☐ a) Wie setzt sich der Materialeinsatz für das Premium-Produkt zusammen?
- ☐ b) Welcher ist der wichtigste Bestandteil des Endprodukts?
- ☐ c) Kommt dieser von einem oder mehreren Lieferanten?
- ☐ d) Wie wird die Qualität der zugelieferten Rohstoffe kontrolliert?
- ☐ e) Wie haben sich die Kosten der Rohstoffe des Premium-Produktes über die Zeit des Marktanteilsverlustes entwickelt?
- ☐ f) Welche alternativen Rohstoffe gibt es?

Sie stellen Ihrem Interviewer die folgenden Fragen: »Wie setzt sich der Materialeinsatz für das Premium-Produkt zusammen? Welcher ist der wichtigste Bestandteil des Endprodukts? Kommt dieser von einem oder mehreren Lieferanten?« Die Antwort lautet: »Der bedeutendste Bestandteil des Endproduktes ist Fleisch – im Premium-Produkt mit einem Anteil von über 80 %. Das Fleisch bezieht unser Kunde von einem einzigen Lieferanten, an den er über einen Langzeitvertrag gebunden ist.«

Sie wittern eine gewissen Abhängigkeit von diesem Lieferanten und bohren weiter: »An welche Qualitätskriterien muss dieser Lieferant sich halten?« Ihr Interviewer antwortet: »Der Lieferant liefert das Fleisch in Wannen, die jeweils einem Durchschnittswert genügen müssen. Gehen Sie von einer Skala von 1 bis 100 aus, wobei 100 für höchste Qualität steht. Die Wannen entsprechen jeweils einer Qualitätsstufe von 30, 60 oder 90.«

Da Sie auf der Suche nach der Ursache der Qualitätsschwankungen sind, ist Ihnen das entscheidende Wort in den Ausführungen Ihres Gegenübers nicht entgangen: Durchschnittswert. Sie haken also nach: »Da Sie von Durchschnittswert sprachen: heißt das, dass einzelne Inhalte der Wannen vom erforderlichen Durchschnittswert abweichen können, die Wanne als Ganze jedoch die Qualitätsprüfung bestehen kann?«

Insider-Tipp

Case-Autorin Tanja Reineke: »Genaues Zuhören ist hier – wie so oft – der Schlüssel zum Erfolg. In der Praxis habe ich es oft erlebt, dass Kandidaten die entscheidende Information (Durchschnittswert) überhört haben und dann länger im Dunkeln tappten. Die Ursache des »Überhörens« war übrigens oftmals eine vorgefertigte Hypothese des Kandidaten, der dann leider nicht in der Lage war, diese Hypothese im Hinblick auf jede neue Information zu hinterfragen.«

Der Interviewer ist zufrieden mit der Tatsache, dass Sie der Sache genau auf den Grund gehen und klärt Sie auf: »In der Tat: Für das Premium-Produkt werden hauptsächlich Wannen der Qualitätsstufe

90 verwendet. Allerdings reicht die Bandbreite der Qualität der darin enthaltenen Fleischstücke von 80 bis 95. Es ist tatsächlich so, dass die Qualitätsschwankungen des Premium-Produktes auf die Variabilität der Fleischzutaten innerhalb der Wannen mit dem Qualitätsrating 90 zurückzuführen ist.«

Sie sind also auf die Ursache des Problems gestoßen. Der Vollständigkeit halber führen Sie dennoch an, welche weiteren möglichen Ursachen in Frage kämen:

- Grundsätzlich fehlende Qualitätskontrollen bei Warenanlieferung und damit verbundene bestehende Qualitätsschwankungen der Inputs
- Mangelhafte Auszeichnung der angelieferten Waren, die zur Verwechslung der unterschiedlichen Qualitäten führt
- Fehlende Kontrolle über die Verwendung der angelieferten Rohstoffe im Produktionsprozess und damit verbundene falsche Verwendung

Tipp

Wenn Sie Ihre richtigen Ideen knapp auf den Punkt bringen, können Sie an dieser Stelle zusätzlich punkten, da Sie dem Interviewer demonstrieren, dass Sie weiter denken!

Der Interviewer gibt Ihnen zu verstehen, dass Sie – da Sie ohne Umschweife auf die Lösung gekommen sind – darauf verzichten können, den Produktionsprozess weiter zu beleuchten. Vergessen Sie aber nicht, dass der Kunde auch noch einen Aktionsplan haben wollte.

Zwischenfrage 6: Welche Ansatzpunkte für einen Aktionsplan sehen Sie?

Ihr Ansatz:

Aktionsplan

Sie könnten mit dem einfachen Framework »Interne – Externe Faktoren« die Maßnahmen für Ihren Aktionsplan strukturieren. Folgende Maßnahmen bieten sich zum Beispiel an:

1) Externe Maßnahmen:
   a. Da der Wurstwarenproduzent an den einen Lieferanten gebunden ist, kann er möglicherweise mit diesem verhandeln, die Variabilität innerhalb der Wannen zu reduzieren.
   b. Eine mögliche Alternative wäre, den Zulieferer über ein System von (finanziellen) Belohnungen und Bestrafungen zu einer homogeneren Rohstoffqualität zu bewegen.
   c. Schließlich kann man versuchen, einen alternativen Lieferanten zu finden oder aufzubauen, um die Abhängigkeit zu reduzieren.

2) Interne Maßnahmen:
  a. Der Kunde könnte außerdem die Inhalte der Wannen in seiner eigenen Fabrik sortieren.
  b. Der Kunde könnte durch Qualitätstests der Fertigprodukte die minderwertigen Premiumprodukte für eine niedrigere Qualitätsstufe etikettieren.

Inwieweit sich die externen Optionen umsetzen lassen, hängt unter anderem von der Beziehung zum Lieferanten ab. Ist der Wurstwarenfabrikant ein wichtiger Kunde? Wie lange läuft der Vertrag noch und was wären Vertragsstrafen? Wie schwierig ist es, einen alternativen Lieferanten zu finden. Die internen Optionen lassen sich in jedem Fall umsetzen, führen aber zu zusätzlichen Kosten und damit einer reduzierten Gewinnspanne sowie einer möglichen Verlangsamung des Produktionsprozesses.

Fazit:
»Nachdem ich mir das Wettbewerbsumfeld angesehen und die Kundenpräferenzen analysiert habe, war das Problem »Qualitätsschwankung« im Premium-Produkt als Grund für den Marktanteilsrückgang identifiziert. Die Analyse der Ursache der Qualitätsschwankungen hat gezeigt, dass diese bei dem Rohstoff-Zulieferer zu suchen ist. Die entwickelten Maßnahmen zielen alle darauf ab, die Variabilität der Fleischzutaten zu reduzieren. Um hieraus einen Aktionsplan zu erstellen, würde ich im nächsten Schritt die Maßnahmen nach Kosten und Nutzen priorisieren und die geeignetsten auswählen.

Der Interviewer beendet an dieser Stelle das Gespräch. Allerdings hätte er Sie beispielsweise zudem noch bitten können, zu diskutieren, welche Faktoren einen Einfluss auf die verschiedenen Aktionen haben könnten bzw. wovon der Erfolg des Aktionsplans maßgeblich abhängen könnte.

Lösungen zu den Zwischenfragen

1: Siehe Musterlösung im Text

2: Wir würden uns auf zwei wesentliche Punkte beschränken und eine Wettbewerbsanalyse sowie eine Marktforschung zum Thema Kundenzufriedenheit / Kundenpräferenzen beauftragen. Also sind a) und f) richtig.

3: Hier würden wir den Schwerpunkt auf b), c) und d) setzen.

4: Die Wertschöpfungskette bietet sich als strukturierendes Framework an. b) ist also richtig.

5: a), b), c) und d) sind gute Fragen, da sie auf die Isolierung der wesentlichen Einflussfaktoren (hier der Hauptrohstoff Fleisch und die Abhängigkeit von einem Lieferanten) abzielen.

6: Siehe Musterlösung im Text

Ergänzende Fragen zum Training

- Berechnen Sie basierend auf Ihren Annahmen die Kosten und den Nutzen der Qualitätskontrolle und eventuellen Umetikettierung am Ende des Produktionsprozesses.
- Marktgrößen-Abschätzung: Erstellen Sie die Struktur zur Abschätzung der Marktgröße für die beschriebene Art von Premium-Wurst und führen Sie dann die Berechnung durch.

5. Autobahnnetz

Passen alle in Deutschland zugelassenen Pkw auf das landesweite Autobahnnetz?

Dies ist ein typischer Abschätzungs-Case. Bei diesem Case gilt es für Sie als Bewerber, wesentliche Aussagen zu zwei Parametern zu treffen und diese dann in Bezug zueinander zu setzen. Da es sich hierbei um einen Schätz-Case handelt, ist es für Sie nicht nötig die exakten Zahlen zu ermitteln. Der Interviewer erwartet von Ihnen demnach nur eine möglichst realistische Herleitung und Einschätzung der notwendigen Kennzahlen. Etwaige, geringfügige, Abweichungen von den tatsächlichen Zahlen führen zu keiner schlechteren Einschätzung Ihrer Leistung.

Zwischenfrage 1: Welche der folgenden Informationen brauchen Sie unbedingt, um die Fallstudie zu lösen?

- ☐ a) Die Zahl der Autobahnen
- ☐ b) Die Länge des Autobahnnetzes
- ☐ c) Die Zahl der Autobahnkreuze
- ☐ d) Die Zahl der Auffahrten auf die Autobahnen
- ☐ e) Die Länge eines Durchschnitts-Autos
- ☐ f) Die Zahl der Autos in Deutschland

Diese ganz kurze Erläuterung der Vorgehensweise - am besten sogar noch gepaart mit einer schematischen Darstellung - hilft dem Interviewer zu verstehen, wie der Bewerber vorgeht. Wer so eine Art der Strukturierung voranschickt hinterlässt bereits einen guten Eindruck.

Schritt 1: Schätzung der in Deutschland zugelassenen Pkw

Im Wesentlichen geht es also darum, die Zahl der zugelassenen Pkw, die Autobahnkilometer in Deutschland und die durchschnittliche Länge eines Wagens zu schätzen, um eine passende Antwort für diese Fallstudie zu finden.

Zunächst sollte die Zahl der in Deutschland zugelassenen Pkw ermittelt werden. Hierfür gibt es verschiedene Herangehensweisen. Eine Möglichkeit wäre, die Einwohnerzahl in Deutschland als Ausgangswert zu betrachten. Bei einer Einwohnerzahl von ca. 82 Mio. Menschen in der Bundesrepublik Deutschland und der Altersstrukturverteilung bzw. der demographischen Entwicklung hierzulande mit überwiegend älteren Personen, sind geschätzt ca. 75 % der Menschen im zulassungsfähigen Alter für ein Auto. Dies könnte man z.B. plausibilisieren, wenn man den Anteil der Bürger in bestimmten

Alterssegmenten abschätzt (15 % unter 18 Jahren, 10 % über 75 Jahren). Außerdem können Sie schätzen, welchen Anteil man abziehen muss, um der Tatsache Rechnung zu tragen, dass sich nicht jeder ein Auto leistet oder leisten kann. Überlegen Sie, wie viele Ihrer Bekannten kein eigenes Auto besitzen. Wir nehmen 25 % aller Bundesbürger im zulassungsfähigen Alter an. Somit kommen Sie auf 46,1 Mio. Pkws (82 Mio. x 80 % x (1-25 %) = 46,1)

Alternativ kann auch von der Anzahl der Privathaushalte als Basis ausgegangen werden. Von diesen gibt es etwa 40 Mio. in Deutschland. Pro Haushalt könnte man einen Erfahrungswert von 1,2 Autos annehmen, da es viele Haushalte gibt, die gar kein Auto besitzen aber auch ca. jeder fünfte Haushalt mehr als einen Wagen zugelassen haben. Dabei kommt dann ein Wert von ca. 48 Mio. heraus. Der tatsächliche Wert liegt bei ca. 46,6 Mio. zugelassenen Fahrzeugen im Jahr 2008 - mit den geschätzten Werten liegen Sie also im richtigen Bereich. In den weiteren Betrachtungen gehen wir der Einfachheit halber von 45 Mio. in Deutschland zugelassenen Pkw aus.

Schritt 2: Schätzung der Autobahnkilometer in Deutschland

Zwischenfrage 2: Bevor Sie weiter lesen: Auf welche Ansatzpunkte kommen Sie, die Autobahnkilometer in Deutschland selber herzuleiten?

Ihr Ansatz:

Im nächsten Schritt sollte die Gesamtlänge der deutschen Autobahnen ermittelt werden. Beginnen Sie mit der Ausdehnung Deutschlands in allen Himmelsrichtungen. Von Norden nach Süden sind es gut 850 Kilometer und die Ost-West Strecke ist an der weitläufigsten Stelle circa 600 Kilometer breit. Im Norden und Süden Deutschlands fällt die Kilometerzahl für diese Strecke aufgrund der geographischen Form Deutschlands selbstverständlich geringer aus.

In Deutschland gibt es neun große Autobahnen, wovon sich fünf (die mit den ungeraden Zahlen: A1, A3, A5, A7, A9) von Norden nach Süden und die restlichen vier von Ost nach West erstrecken. Allerdings verlaufen diese Autobahnen nur teilweise parallel und größtenteils hintereinander weg und werden zudem meist durch kürzere Autobahnen mit zwei oder drei Ziffern verbunden. Sie müssen die Länge der Autobahnstrecke also anders schätzen.

Insider-Tipp

Case-Autor Ralph Razisberger:
Ich bin bei diesem Case oft gefragt worden, warum man denn Geographie-Kenntnisse für den Beraterberuf mitbringen müsse. Ich bin der Meinung, dass es als Berater unerlässlich ist, ein breites Allgemeinwissen mitzubringen, denn das letzte, was ein Projektmanager über sein Team vom Kunden gesagt bekommen möchte ist: »Fachlich ist der Kollege sehr gut, doch man sollte sich sonst über nichts mit ihm unterhalten«.

Eine Vorgehensweise wäre, über die Abschätzung der Anzahl der unterschiedlichen Verbindungen zwischen den größten Städten Deutschlands die Gesamtstrecke der Autobahnen zu bestimmen. An dieser Stelle können Sie Ihre Geographiekenntnisse nutzen. Nehmen Sie sich hierzu ein Blatt Papier und zeichnen Sie grob den Umriss Deutschlands. Als nächsten versuchen Sie die zehn größten Städte des Landes einzuzeichnen und diese miteinander von Ost nach West beziehungsweise von Nord nach Süd zu verbinden. Im Norden des Landes wären das etwa Hamburg und Hannover, im Osten Berlin und Dresden, im Süden München, Nürnberg und Stuttgart und im Westen Frankfurt, Köln und Düsseldorf.

Wenn Sie nun die Verbindungen ziehen, sollten Sie grob auf sechs Nord-Süd und sechs Ost-West Achsen kommen. Das ergibt eine Strecke von 5.100 Kilometern für die Nord-Süd-Verbindungen (6 x 850 Kilometer) und eine Strecke von 6.000 Kilometern (10 x 600 Kilometer) für die Autobahnkilometer von West nach Ost.

Wenn man davon ausgeht, dass jede Stadt mit mindestens 300.000 Einwohnern über ein eigenes Stadtautobahnnetz von im Schnitt rund 50 Kilometern verfügt, so wären dies ca. zwanzig Städte. Insgesamt wären dies noch mal zusätzliche 1.000 Kilometer, die zusammengenommen mit den vorangehenden Werten 12.100 Kilometer Gesamtlänge des Autobahnnetzes in Deutschland ergeben. Dieser Wert liegt ziemlich nah an dem tatsächlichen Wert von 12.500 Autobahnkilometern in Deutschland.

Schritt 3: Wie viel Prozent der deutschen Pkw passen auf das Autobahnnetz?

Nachdem die Länge der Autobahnen in Deutschland ermittelt wurde, ist im letzten Schritt festzustellen, wie viele Pkw auf diese Strecke passen.

Für die Länge eines Autos wird ein Durchschnittswert von vier Metern angenommen, dies entspricht den Maßen eines typischen Mittelklasse Wagens wie denen eines VW Golfs - eines der am weitesten verbreiteten Automodelle in Deutschland. Dividiert man die 12,5 Mio. Meter Autobahnnetz durch vier Meter pro Auto, so passen dann auf eine Spur 3,125 Mio. Fahrzeuge.

Trifft man die Vermutung, dass eine Autobahn in Deutschland im Schnitt acht Spuren (inklusive Standstreifen in jeder Richtung) aufweist, gibt es zwei Möglichkeiten weiter zu rechnen. Entweder man multipliziert den Wert für eine Spur mit acht oder multipliziert die 12.500.000 Streckenmeter gleich zu Beginn mit acht und teilt diese anschließend durch die vier Meter Autolänge. Auf beide Arten lässt sich ermitteln, dass 25 Mio. Fahrzeuge auf dem Streckennetz Platz finden.

Demnach reichen die Autobahnkilometer in Deutschland für nur ca. 56 % (25.000.000 / 45.000.000 = 0,556) der in Deutschland zugelassenen Pkw aus.

Einen Pluspunkt bei Ihren Berechnungen könnte es geben, wenn Sie den Abstand zwischen den Autos berücksichtigen. Wenn man einen Minimalabstand von zehn Zentimetern zwischen jedem Pkw unterstellt, kann man die 12,5 Mio. Meter durch 4,10 Meter teilen und den Wert von 3.048.781 mit acht Spuren multiplizieren. Bei einer achtspurigen Autobahn ergibt dann sich eine Anzahl von 24,4 Mio. Fahrzeugen. Die Autobahnkilometer reichen nun also für rund 54 % der in Deutschland zugelassenen Pkw (24.390.000 / 45.000.000 = 0,542).

Zwischenfrage 3: Berechnen Sie zur Übung, wie viele Autobahnkilometer in Deutschland nötig wären, damit alle Pkw einen Platz finden. Die Lösung folgt im Text.

Ihre Lösung:

Wir haben vorher festgestellt, dass ein Auto im Durchschnitt vier Meter lang ist und dass es circa 45 Mio. zugelassene Pkw in Deutschland gibt. Berücksichtigt man einen Abstand von zehn Zentimetern, sowie die 8 Spuren pro Autobahn, müssten in Deutschland rund 23.000 km Autobahnnetz zur Verfügung stehen (45.000.000 x 4,1 = 184.500.000; dies geteilt durch 8 ergibt 23.062.500 Meter bzw. 23.062,5 Kilometer). Da diese Kilometeranzahl sehr hoch gegriffen ist, wenn Ihnen die Ausdehnung der Nord-Süd-, sowie der Ost-West-Achsen bekannt ist, könnten Sie gleich antworten, dass die Pkw nicht auf das Streckennetz passen. Es könnte jedoch bei diesem Ansatz jederzeit sein, dass Ihr Interviewer auch diesen Ansatz detaillierter ausformuliert hören möchte.

Es kommt im Case-Interview mitunter gut an, wenn man von sich aus einen Sanity-Check macht oder eine solche weitere Fragestellung löst. Proaktivität ist eine gerngesehene Beratereigenschaft.

Lösungen zu den Zwischenfragen

1: b), e) und f) sind richtig.

2: Siehe Musterlösung im Text

3: Siehe Musterlösung im Text

Ergänzende Fragen zum Training

- Berücksichtigung von fahrenden Autos (mehr Abstand etc.)
- Berücksichtigung von Lkw
- Anzahl an Auffahrten / Ausfahrten
- Benzinverbrauch in Liter auf den deutschen Autobahnen an einem gewöhnlichen Montag
- Mauteinnahmen pro Jahr
- Kaufpreis für Autobahnnetz bei Privatisierung
- Anzahl der Fläche des Landes die die Autobahnen in Anspruch nehmen
- Menge an Asphalt (in Tonnen) die beim Bau der Autobahnen verwendet wurden

6. Golden Gate Bridge

(zur Verfügung gestellt von McKinsey & Company)

Ich möchte mit Ihnen gern eine Fragestellung aus dem öffentlichen Sektor erörtern. Wie viele öffentliche Haushalte, steht auch die Stadt San Francisco unter erheblichem finanziellen Druck. Ein Weg, diesen Druck zu mindern, wäre die Privatisierung von öffentlicher Infrastruktur. So hat der City Council in Erwägung gezogen, die Golden Gate Bridge an einen privaten Investor zu veräußern. Als Zielerlös schwebt den Stadtoberen 800 Mio. US-Dollar (USD) vor.

Interviewer: Ich möchte nun mit Ihnen diskutieren, ob ein Preis von 800 Mio. USD für die Golden Gate Bridge ein realistischer Zielanspruch ist.
Bewerber: Um das entscheiden zu können, müsste ich verstehen, mit welchen zukünftigen Erlösen ein Investor rechnen könnte. Diese Erlöse würde ich dann über den Investmenthorizont hochrechnen. Zur Abschätzung der Erlöse muss ich verstehen, wie sich Umsatz- und Kostenseite der Golden Gate Bridge darstellen. Wenn Sie einverstanden sind, fange ich mit der Umsatzschätzung an.

Ein strukturiertes Vorgehen zeichnet sich auch im Kleinen dadurch aus, dass zunächst die relevanten Umsatzhebel benannt werden, bevor der Kandidat beginnt den offensichtlich größten abzuschätzen.

Interviewer: Einverstanden.
Bewerber: Der Hauptumsatz resultiert wahrscheinlich aus einem Mautsystem. Daneben gibt es evtl. noch Einnahmen aus Tourismus und Besichtigungen. Der größte Umsatztreiber scheint mir aber das Mautsystem zu sein.

Interviewer: Das klingt plausibel. Lassen Sie uns damit anfangen.
Bewerber: Die Einnahmen errechnen sich aus der Anzahl der Fahrzeuge multipliziert mit der Mautgebühr. Um die Anzahl der Fahrzeuge zu schätzen, müsste ich wissen, wie viele Einwohner es in San Francisco und der näheren Umgebung gibt.

Interviewer: In San Francisco leben etwa 800.000 Einwohner, in der Greater Bay Area sind es 4,2 Mio.
Bewerber: Die Frage ist, wie viele Einwohner regelmäßig die Brücke nutzen. Vielleicht täglich 10 %? Oder vielleicht 30 %? Hinzu kommen noch die Pendler aus der Umgebung, die täglich in die Stadt fahren müssen. Gibt es dazu nähere Informationen?

Interviewer: Hierzu gibt es leider keine genaueren Angaben. Ich stimme aber mit Ihnen überein, dass es schwierig ist, realistische Annahmen über die Brückennutzung pro Einwohner zu treffen. Außerdem wären zusätzliche Effekte, beispielsweise aus dem Tourismusverkehr, zu berücksichtigen. Ich selbst bin auch schon mal über die Brücke gefahren ...
Bewerber: Es gäbe noch einen anderen Ansatz, um zu bestimmen, wie viele Autos täglich die Brücke passieren. Ich könnte die Auslastung abschätzen – also wie viele Fahrzeuge sich zu den einzelnen Tages- und Nachtzeiten auf der Brücke befinden. Dabei würde ich annehmen, dass sich die Auslastung in verschiedenen Phasen – z.B. Rush Hour, Tag und Nacht – unterscheidet.

Interviewer: Sehr gute Idee.
Bewerber: Zuerst die Rush Hour: Wenn die Golden Gate Bridge 3 km lang ist und ein amerikanisches Auto ca. 5 m misst, dann passen bei einem Abstand von einer Autolänge (auf Grund der geringen Geschwindigkeit in Stoßzeiten) 3.000 m ÷ 10 m = 300 Autos hintereinander auf die Brücke. Bei einer Geschwindigkeit von 15 km/h braucht jedes Auto 12 Min., um die Brücke zu passieren. Das macht in einer Stunde 60 Minuten ÷ 12 Minuten x 300 = 1.500 Fahrzeuge. Bei durchschnittlich zwei Stunden Berufsverkehr täglich sind das 3.000 Autos.

Interviewer: Erscheint Ihnen das realistisch?
Bewerber: 3.000 Autos auf der Golden Gate Bridge im Berufsverkehr klingt ein bisschen wenig!?

Interviewer: Haben Sie eine Idee, woran das liegen könnte?
Bewerber: Vielleicht beträgt die Stoßzeit in San Francisco eher vier Stunden, morgens zwei und abends zwei? Andererseits gibt es auch Wochenenden und Feiertage... Jetzt weiß ich, woran es liegt: Meine Berechnung berücksichtigte ja nur eine Richtung bzw. sogar nur eine Fahrspur! Wie viele Spuren hat die Golden Gate Bridge?

Interviewer: Stimmt. Die Brücke hat sechs Spuren. Der Einfachheit halber können Sie von gleicher durchschnittlicher Belastung stadtein- und -auswärts ausgehen.
Bewerber: Also nicht 3.000, sondern sechsmal so viele, das macht täglich 18.000 Autos während der Rush Hour.

Insider-Tipp

Case-Autor
Dr. Thomas Fritz:
»Hier versuchen viele Kandidaten sehr lange das Standardvorgehen einer Abschätzung ausgehend von der Bevölkerungszahl durchzuhalten und lassen sich bisweilen auch nicht auf Hinweise des Interviewers ein. Neben einer gewissen Hartnäckigkeit bei der Problemlösung testen die Cases aber auch die geistige Flexibilität des Bewerbers.«

Interviewer: Das klingt schon besser.
Bewerber: Dann berechne ich jetzt dasselbe für die Nebenzeiten: Schneller, aber auch mit mehr Fahrzeugabstand und daher im Endergebnis mit weniger Autos pro Stunde:

	m/Auto	Max. Autos	km/h	Min./ Auto	Autos/h	h/Tag	Autos/ Tag	6 Spuren
Spitzenzeit	10	300	15	12,0	1.500	2	3.000	18.000
Normalzeit	40	75	50	3,6	1.250	12	15.000	90.000
Ruhezeit	300	10	70	2,6	233	10	2.333	14.000
Summe					**2.983**	**24**	**20.333**	**122.000**

Da die zentralen Treiber – Geschwindigkeit und Abstand – direkt proportional zum Verkehrsaufkommen sind, gibt es auch einen deutlich eleganteren Weg. Bevor man solche Zahlenkolonnen erzeugt, sollte man zunächst den Interviewer fragen, ob dies gefordert ist.

Bewerber: Insgesamt fahren meiner Schätzung nach täglich ca. 120.000 Fahrzeuge über die Golden Gate Bridge. Im Jahr sind das um die 44 Mio. Das klingt glaubhaft. Wie hoch ist die Maut pro Fahrzeug?
Interviewer: San Francisco nimmt stadteinwärts ca. 5 USD Maut für die Golden Gate Bridge. Mehrachsige Fahrzeuge sind etwas teurer und für Barzahler gibt es einen Aufschlag. Das wird durch eine Mautbefreiung für Pkws mit mehr als drei Insassen zu Stoßzeiten wieder ausgeglichen. Fahrten stadtauswärts sind grundsätzlich kostenfrei.

Bewerber: Wenn sich die Preisschwankungen ungefähr ausgleichen und eine Richtung kostenfrei befahren werden kann, liegt demnach die durchschnittliche Maut bei ca. 2,50 USD?

Der Interviewer weiß es in der Regel sehr zu schätzen, wenn Kandidaten vor mutigen und vereinfachenden Annahmen, kurz nach deren Zulässigkeit fragen. Da solche jedoch durchaus positiv aufgenommen werden, kann dies dem Kandidaten im weiteren Verlauf einige etwas genauere Rechnungen ersparen.

Interviewer: Ja. Mit dieser Annahme können Sie weiterarbeiten.
Bewerber: Gut, also macht die Golden Gate Bridge ca. 120.000 x 2,50 USD = 110 Mio. USD Mautumsatz pro Jahr. Davon müsste ich jetzt noch die Kosten abziehen.

Interviewer: Welche Kosten fallen bei einer solchen Brücke an?
Bewerber: Es entstehen Kosten für die Wartung der Brücke und für das Mautsystem.

Interviewer: Und was glauben Sie, sind dort jeweils die größten Kostenblöcke?
Bewerber: Das dürften in beiden Fällen Material- und Personalkosten sein. Wahrscheinlich bilden sogar die Personalkosten den größten Block. Hinzu kommen dann noch Steuern, Versicherungen und je nach Finanzierung der Brücke Zinsen und Abschreibungen...

Interviewer: Gut. Wir könnten das jetzt im Detail berechnen. Mit Rücksicht auf die Zeit wollen wir hier nicht zu genau werden und annehmen, dass die Gesamtkosten der Brücke inklusive Mautsystem jährlich 65 Mio. USD betragen.
Bewerber: Dann bleibt dem Brückenbetreiber ein Jahresgewinn von 110 - 65 = 45 Mio. USD. Für diesen müsste ich jetzt die Entwicklung im Zeitablauf abschätzen, z.B. durch Inflation, und die zukünftigen Werte geeignet diskontieren. Allerdings: Selbst wenn man von einer ewigen Rente von 45 Mio. USD ausgeht, ergibt sich bei einem Zinssatz von 10 % gerade mal ein Wert von 450 Mio. USD. Die Erwartung von 800 Mio. USD scheint also auf den ersten Blick unrealistisch. Wobei, bislang haben wir nur auf die Mauteinnahmen geschaut.

Insider-Tipp

Case-Autor Dr. Thomas Fritz: »Vor allem von Bewerbern ohne wirtschaftswissenschaftlichen Hintergrund erwarten wir an dieser Stelle keine detaillierten Kenntnisse über die Berechnung von Gegenwartswerten. Dennoch sollten auch solche Kandidaten über alternative Wege zur Bestimmung des Werts einer Investition, wie z.B. einen Amortisationszeitraum, nachdenken können.«

Interviewer: Die weiteren Einnahmen machen ehrlich gesagt zurzeit auch wenig aus. Sehen Sie denn Möglichkeiten, wie ein privater Betreiber das Jahresergebnis der Brücke verbessern könnte? Sie dürfen ruhig auch ungewöhnliche, kreative Ideen nennen.
Bewerber: Man kann auf der Kosten- oder auf der Umsatzseite ansetzen. Um die Umsätze zu erhöhen, könnte der Betreiber neue Geschäftsideen realisieren und z.B. Gastronomie bei den Mauthäuschen ansiedeln - Würstchenbuden etwa oder besser noch Drive-Ins und natürlich Verkaufsstände mit Erfrischungsgetränken.

Diese Frage ist eine klare Aufforderung zum Brainstorming. Auch hier sollte man jedoch eine gewisse strukturierte Denkweise zeigen und die Ideen ins Verhältnis zu den gewonnen Erkenntnissen setzen, z.B. das Thema Umsatzverlust bei Sperrung der Brücke für Events berücksichtigen.

Interviewer: Glauben Sie, dass dies die Gewinne der Brücke spürbar in die Höhe treiben könnte? Ich würde eher vermuten, dass die Leute so schnell wie möglich an den Mautstellen vorbei wollen.
Bewerber: Ja, vermutlich. Alternativ könnte der Betreiber touristische

Angebote entwickeln, wie die Besteigung der Golden Gate Bridge. Er könnte Werbetafeln anbringen oder die Brücke an Werbepartner vermieten. Zum Beispiel könnte er die Brücke ab und zu für Veranstaltungen freigeben. Dafür müsste er sie allerdings sperren, wahrscheinlich lohnt sich das angesichts der Mautausfälle nicht?

Interviewer: Möglicherweise nein. Das sind alles gute Ideen, aber Sie haben Recht: Wahrscheinlich wird bei unseren Größenordnungen keine davon einen signifikanten Effekt haben. Was glauben Sie, wäre der größte Hebel zur Steigerung der Umsätze?
Bewerber: Der größte Hebel wäre sicher eine Preiserhöhung. Man könnte die Maut zum Beispiel von 5 auf 8 USD erhöhen oder die Befreiung für die Fahrten stadtauswärts aufheben. Wenn ich mich recht entsinne, besteht für die Autofahrer ja auch keine echte Alternative zur Nutzung der Brücke.

Interviewer: Sehr gut. Bleibt nur die Frage, was die Stadt von einer Preiserhöhung zu Lasten der Bevölkerung halten würde. Welche regulatorischen Maßnahmen müsste die Stadt Ihrer Meinung nach ergreifen, wenn sie die Brücke tatsächlich privatisieren wollte?
Bewerber: Die Stadt würde die Mauthöhe sicher beschränken wollen. Wenn sie eine Erhöhung überhaupt zulässt, sollte sie vorher eine Obergrenze festlegen oder vom Betreiber zumindest eine sozial verträgliche Preisstruktur verlangen, mit günstigen Sondertarifen für Niedrigverdiener.

Interviewer: Das wäre sicher sinnvoll. Fallen Ihnen weitere Bereiche ein, in denen die Freiheiten eines privaten Brückenbetreibers eingeschränkt werden sollten?
Bewerber: Bauliche Veränderungen zum Beispiel. Die Brücke ist ein Wahrzeichen der Stadt und eine Touristenattraktion. Ihr charakteristisches Aussehen muss sie in jedem Fall behalten – bis hin zur Farbe. Keinem Betreiber sollte es erlaubt sein, die Brücke in seinen Unternehmensfarben zu streichen oder sie mit Logos zu versehen.

Das Thema Werbung hätte der Bewerber auch schon als Idee zur Umsatzsteigerung nennen können.

Interviewer: Unter derartigen Bedingungen wäre eine Privatisierung sicherlich sozial tragbar und für die Stadt akzeptabel. Bitte fassen Sie abschließend Ihren Vorschlag für den City Council zusammen.
Bewerber: Die Erwartung von 800 Mio. USD für die Privatisierung der Brücke erscheint auf den ersten Blick unrealistisch. Für den Fall, dass die Brücke auch bei niedrigerer Erlöserwartung zum Verkauf gestellt wird, sollte die Stadt ein klar umrissenes Vertragswerk aufsetzen. Hierbei sollte sie dem Käufer einen gewissen Freiheitsgrad für Umsatzsteigerungsmaßnahmen lassen, um zusätzlichen Spielraum in den Preisverhandlungen zu gewinnen. Alles, was aus Sicht der Stadt

nicht akzeptabel ist, sollte allerdings vertraglich klar geregelt und im Zweifel ausgeschlossen werden.
Interviewer: Vielen Dank. Das ist eine gute Lösung.

Über McKinsey & Company

McKinsey & Company ist als weltweit führendes Beratungsunternehmen darauf spezialisiert, in enger Zusammenarbeit mit seinen Klienten praxisnahe Lösungen für aktuelle Herausforderungen der Führungsspitze zu entwickeln und deren Umsetzung zu begleiten. Das Spektrum an Klienten reicht von internationalen Spitzenunternehmen über Regierungsstellen zu öffentlichen, privaten und sozialen Organisationen.

Unser Ziel ist es, die Leistungsfähigkeit der von uns beratenen Unternehmen und Organisationen nachhaltig zu verbessern und weit reichende Veränderungsprozesse in Gang zu setzen. Strategie- und Organisationsstudien sowie Studien zu den Themen Wachstum und Aufbau neuer Geschäfte machen daher rund die Hälfte der Beratungsprojekte aus.

Weitere zentrale Tätigkeitsfelder innerhalb der Beratung von Unternehmen sind funktionsbezogene Aufgaben in Marketing und Vertrieb, Produktion und Logistik, Corporate Finance und Informationstechnologie. Öffentliche Institutionen unterstützt McKinsey bei Zukunftsaufgaben und berät diese in strategischen Fragen. Wir entwickeln beispielsweise gemeinsam mit Kommunen, Ländern und Bund Ideen und Handlungsprogramme, um durch regionale Wirtschaftsförderung ein deutliches Mehr an Wachstum und Beschäftigung zu erzielen – oder, wie in der vorgestellten Fallstudie, neue Geschäftsmodelle zu entwickeln. In die Arbeit für öffentliche Organisationen fließen Erfahrungen ein, die in der Beratung von Großunternehmen der Privatwirtschaft gesammelt wurden.

Seit der Gründung durch James O. McKinsey 1926 in Chicago, USA, wuchs McKinsey bis heute auf mehr als 90 Büros in 50 Ländern und beschäftigt rund 9.300 Berater und Beraterinnen. In Deutschland und Österreich ist McKinsey mit acht Büros und 1.300 Beratern vertreten.

squeaker.net Tipp

Weitere Informationen, Insider-Berichte und mehr zu McKinsey unter squeaker.net/McKinsey

7. Risiken für Google

Sie beraten Larry Page und Sergei Brin. Die Google-Gründer wollen wissen, welche Risiken für die Dominanz ihres Unternehmens in der Zukunft existieren.

Die Ermittlung der Risiken, denen sich ein Unternehmen ausgesetzt sieht, kann im Sinne einer Marktbeurteilung als klassische Aufgabenstellung eines Strategie-Cases verstanden werden. Die Funktionsweise des zu beurteilenden Marktes, auf dem Google aktiv ist, dürfte dagegen nicht allen Kandidaten im Detail bekannt sein, ist aber notwendig, um mögliche Risiken abschätzen zu können. Da der Kandidat abhängig von der Vorkenntnis möglicherweise nicht mit dem Google Geschäftsmodell vertraut ist, ist es sinnvoll im Zweifelsfall dem Interviewer gezielte Fragen zu stellen.

> Interview Cases handeln häufig von aktuellem Wirtschaftsgeschehen, neuen Technologien und neuen Geschäftsmodellen. Mit solchen Cases wird einerseits ihr unternehmerisches Denkvermögen, Interesse an wirtschaftlichen Themen allgemein und Fähigkeit, sich in unbekannte Themen hineinzudenken, geprüft. Überlegen Sie vor Ihren Case-Interviews, welche aktuellen Themen noch Stoff für einen guten Consulting-Case geben könnten und bereiten Sie sich darauf vor.

Das Google-Geschäftsmodell

Hier kann es nicht schaden, wenn sich der Kandidat etwas Zeit nimmt, um die eigenen Gedanken zu ordnen und sich zu fragen, was er eigentlich über Google weiß. Selbst dem technikfremdesten Kandidaten wird nicht entgangen sein, dass Google sich zum dominanten Anbieter für Internet-Suchen und -suchapplikationen im Internet (16,6 Mrd. USD Jahresgeschäftsumsatz, der hauptsächlich mit Internet-Werbung per Googles proprietärer AdWords-Technologie gemacht wird) entwickelt hat. Mit einem dominierenden Marktanteil bei Internet-Suchanfragen (ca. 75 % gemessen in Suchanfragen) ist Google seinen stärksten Wettbewerbern Yahoo (ca. 18 %) und Microsoft (ca. 5 %) so deutlich überlegen, dass es auch sprachlich ein Synonym für die Websuche geworden ist. Darüber hinaus hat Google das eigene Produktportfolio in vielfältiger Hinsicht erweitert und bietet zahlreiche Services wie spezialisierte Suchen (GoogleMaps für Routenplanung, GoogleScholar für die Suche nach wissenschaftlichen Publikationen, Youtube für die Suche nach Videos), Blogging (Blogger) oder Bildverwaltung (Picasa), Google Docs und Apps für Office-Anwendungen an, und mit ChromeOS und Android sogar eigene Betriebssysteme. Eine solche Analyse kann von einem Kandidaten, der das wirtschaftliche Tagesgeschehen verfolgt, erwartet werden. Eine besonders gelungene Analyse würde herausstellen, dass Google auf einem zweiseitigen Markt operiert. Dort stellt Google seine Services den Nutzern meist kostenlos zur Verfügung, um einen enormen Traffic zu erreichen, als Standard akzeptiert zu werden und somit andere Wettbewerber zu verdrängen. Es ist zentral für den Kandidaten zu erkennen, dass Google auf der anderen Seite des Marktes, nämlich der zahlungskräftigen Geschäftskundschaft, seine Umsätze durch die Schaltung von Anzeigen, die auf das Suchverhalten der Nutzer zugeschnitten sind, erzielt.

Nach dieser anfänglichen Analyse fordert Sie der Interviewer nun auf zu erklären, wodurch das Geschäftsmodell zukünftig gefährdet werden könnte.

Zwischenfrage 1: Überlegen Sie kurz, wie Sie eine solche Analyse strukturieren würden. Sie können – müssen aber nicht – als Strukturierungshilfe ein betriebswirtschaftliches Framework heranziehen. Welches der folgenden bietet sich an?

- ☐ a) BCG-Matrix
- ☐ b) Ansoff-Matrix
- ☐ c) Porter's Five Forces
- ☐ d) Erfahrungskurve
- ☐ e) SWOT-Analyse

Tipp: Das Buch »Das Insider-Dossier: Bewerbung bei Unternehmensberatungen« stellt diese und zahlreiche weitere Frameworks vor.

Um die Risiken zu skizzieren bietet sich eine Vorgehensweise anhand von Porter's Five-Forces-Modell mit den Punkten Käufer, Lieferanten, Substitute & komplementäre Produkte bzw. Dienstleistungen, neue Wettbewerber und Wettbewerbsintensität an. Im ersten Schritt wenden Sie sich also den Kunden zu.

Kundenseite

Zwischenfrage 2: Notieren Sie mindestens drei Punkte, die Risiken für Google auf der Kundenseite darstellen.

Ihre Lösung:

Da Google auf einem zweiseitigen Markt - quasi als Intermediär - agiert, bringt es im Wesentlichen zwei verschiedene Gruppen zusammen: Nutzer und Unternehmen, die für kundenspezifische Werbung in den Suchergebnissen eine leistungsabhängige Gebühr entrichten. User bedeuten Traffic, und davon braucht Google viel. Google registriert das Suchverhalten und somit, welche Anzeigen häufig im Zusammenhang mit einer Websuche geklickt werden. Dies bedeutet, dass Google sehr viel über seine User in Erfahrung bringen kann. Der Kandidat untermauert dies mit Beispielen aus dem wirtschaftlichen Tagesgeschehen:

- Bei Google Latitude kann man das Mobiltelefon von Freunden orten. Google führt somit Informationen über deren Aufenthaltsort.

- Durch eine rechtliche Auseinandersetzung - ausgelöst durch die Applikation Street View, die Bilder von Straßen und Gebäuden speichert und zeigt - hat Google bereits den Groll von Datenschützern auf sich gezogen und benötigt nun die Genehmigung der Gemeinden bei der Veröffentlichung der Bilder - zumindest in Deutschland.
- Durch die Lockerung der Datenschutzbestimmungen, z.B. bei der Social-Networking-Plattform Studivz.net, ist es bereits zu einer weitreichenden Reaktanz bei den Usern und zur öffentlichen Kritik durch Datenschützer und Politiker gekommen. User könnten daher ihrem Protest gegen die »Datenkrake« Google durch einen Wechsel zu anderen verfügbaren Suchmaschinen für Ihre Websuche Gehör verschaffen. Der damit verbundene Traffic-Rückgang hätte aufgrund der werbungsbasierten Einnahmen einen unmittelbar negativen Einfluss auf den Gewinn des Unternehmens.
- Des Weiteren drohen Google Klagen aufgrund von Eigentumsverletzungen wie z.B. der Musikindustrie gegen Youtube, das keine Musikvideos mehr anzeigen darf, oder von Autoren / Verlagen gegen die Veröffentlichung von Inhalten bei Google BookSearch.
- Google News hat unlängst zahlreiche juristische Auseinandersetzungen zur Verwendung und Verlinkung von Artikeln auf Nachrichtenseiten austragen müssen.

Der Kandidat verweist in diesem Zusammenhang sinnigerweise auf Microsoft, das wohl das prominenteste Beispiel für ein IT-Unternehmen darstellt, welches nach einem beispiellosen Aufstieg bei der Kundschaft in Misskredit geraten ist. Als weltweit etablierter Standard für Betriebssysteme und Büro-Standardsoftware war Microsoft dauerhaft Objekt allgemeinen Misstrauens und der Untersuchung der Regulierungsbehörden, die das Unternehmen zu mächtig wähnten.

Interne Perspektive

Zwischenfrage 3: Notieren Sie mindestens drei Punkte, die interne Risiken für Google darstellen.

Ihre Lösung:

Die grundsätzliche Frage, die im Vordergrund angesichts des dramatischen Umsatzwachstums (durchschnittlich verdoppeln sich zurzeit etwa die Umsätze von Google jedes Jahr) steht, ist, in wie weit Google das Wachstum in Zukunft mit den gegebenen Ressourcen weiterhin aufrechterhalten kann. Hier fasst der Kandidat die Zuliefererperspektive der klassischen Five Forces bewusst etwas weiter und wandelt sie nach seinem Bedarf ab. Der Kandidat führt folgende denkbare Probleme der effizienten Ressourcennutzung und -beschaffung auf:

- Die Rekrutierung von Top-Talenten ist wie für viele Unternehmen ein kritischer Erfolgsfaktor. Durch das bedeutende Wachstum entsteht für Google die Gefahr, interne bürokratische Strukturen eines Großunternehmens zu entwickeln, die auf einige Manager und wertvolle Mitarbeiter eher abschreckend wirken. Somit droht Google, das »hippe« Flair eines eher interpersonell gemanagten Web-Start-Ups und somit einen entscheidenden Vorteil im Kampf um die besten Talente zu verlieren. Dies sieht man bereits daran, dass viele der Gründerteams, die Google sich durch Akquisitionen von Start-Ups einverleibt hat, das Unternehmen nach kurzer Zeit wieder verlassen.
- Der Einfluss des Top-Managements hat einen bedeutenden Einfluss auf die Entwicklung des Unternehmens. Mit zunehmender Größe nehmen die Schwierigkeit der exakten Strategieumsetzung und die Notwendigkeit der Delegation zu. Durch einen Ausstieg oder einen Unfall der Top-Manager könnte außerdem ein Strategievakuum entstehen, das nur sehr schwer zu füllen wäre.
- Die Akquisition anderer Unternehmen ist bedeutender Teil der Geschäftsstrategie Googles. So hat Google in der Vergangenheit Unternehmen wie DoubleClick oder Youtube akquiriert, um jenseits des organischen Wachstums (etwa durch selbstentwickelte Dienstleistungen) einen Zugang zu mehr Traffic bzw. einer breiteren Kundenbasis zu bekommen. Zukünftige Akquisitionen können aufgrund einer Reihe von Gründen scheitern. So kann sich die Integration der Prozesse und Kulturen der beteiligten Unternehmen bekanntermaßen als sehr schwerfällig erweisen und viele Ressourcen verschlingen. Darüber ist mit zunehmender Marktmacht eine kartellrechtliche Intervention wahrscheinlicher, was z.B. 2008 zum Abbruch der Gespräche zwischen Yahoo und Google in Hinblick auf einen möglichen Zusammenschluss geführt hat.
- Technisch gesehen sind Betriebsstörungen möglich und können zu schwerwiegenden Imageverlusten führen. In 2009 ereigneten sich im ersten Quartal bereits zwei Aussetzer des Google-Emailservers Gmail.

Substitute und Wettbewerber:
Risiko durch völlig neuartige Innovationen

Der Kandidat führt an, dass das Marktumfeld, in dem sich Google bewegt, sehr wechselhaft ist. Dies untermauert der Kandidat mit dem Beispiel derjenigen Unternehmen, die in jüngerer Vergangenheit durch einen Technologiesprung verdrängt worden sind. Dazu gehört beispielsweise die Suchmaschine Altavista (verdrängt von Google), Friendster (Pre-Facebook-Plattform) oder etwa AOL. Der Interviewer möchte hier die Kreativität des Kandidaten testen und fordert Sie auf, mögliche Zukunftsszenarien zu entwickeln. Hier soll also ein wenig über das Marktumfeld der Zukunft spekuliert werden

Zwischenfrage 4: Nennen Sie drei Unternehmen, die eine ernsthafte Bedrohung für Google darstellen könnten und begründen Sie kurz Ihre Wahl.

Ihre Lösung:

- Twitter: Twitter ist der Prototyp des Microbloggings und erlaubt seinen Benutzern, mit Hilfe von Kurznachrichten über aktuelle Ereignisse zu berichten – schneller als das teilweise bei Nachrichtenagenturen der Fall ist (z.B. bei der Notlandung eines Passagierflugzeugs im Hudson River im Frühjahr 2009). Durch die Möglichkeit, die usergenerierten Microblogs von Nachrichtenagenturen, Freunden und Prominenten zeitnah zu verfolgen, ergibt sich eine sehr hohe soziale Relevanz. Gepaart mit der Einrichtung einer Suchfunktion, die sich an durch User bestimmte Kennwörter orientiert, könnte Twitter auf Kosten Googles beträchtlichen Traffic generieren. Entsprechend kursierten immer wieder Gerüchte über eine Übernahme durch Google.
- Apple: Die Partnerschaft zwischen Apple und Google, die die serienmäßige Ausstattung mit der Google Search Engine beim Apple Browser Safari und beim iPhone vorsieht, ist von strategischer Bedeutung für Google. Die Entwicklung einer proprietären Apple-Suchmaschine würde den Zugang zu einer jungen, trafficintensiven Kundengruppe (Mac-User, iPhone User) erheblich erschweren. Apple ist durch seinen Erfolg mit dem iPhone inzwischen ein wertvolleres Unternehmen an der Börse als Google geworden.
- Microsoft: Ein bedeutender Teil der Google-Umsätze entspringt dem AdSense-Programm. Dort können sich Betreiber einer Webseite eintragen um Anzeigen, die von Google generiert und

verwaltet werden, auf ihrer eigenen Webseite darstellen zu lassen, wofür dem Webseiten-Betreiber dann ein gewisses Entgelt für den generierten Traffic zusteht. Google verwendet dabei einen langfristig bewährten Anreizmechanismus, der nicht die meistbietende Anzeige, sondern diejenige Anzeige auswählt, welches den meisten Traffic generiert. Die Entwicklung einer wettbewerbsfähigen Konkurrenztechnologie durch Microsoft und der Aufbau eines vergleichbaren Werbenetzwerkes könnten Google auf Dauer gefährlich werden. Microsoft hat erst kürzlich erfolgreich mit Bing einen Google-Wettbewerber zur Websuche gestartet und kooperiert mit Yahoo's Werbenetzwerk.

- Facebook: Während die Wahl einer Suchmaschine vom Nutzer jeden Tag neu gefällt werden kann, es also fast keine Wechselkosten für User gibt, haben Social Networks eine strategisch sichere Position. Unternehmen wie Facebook, LinkedIn und XING – und natürlich gerne auch squeaker.net – schaffen Wert durch die Vernetzung von Menschen und sichern sich hierdurch Traffic und Werbeeinnahmen. Der Zugang für Werbetreibende zu solchen Netzwerken spiegelt die hohe Bewertung von z.B. Facebook wider.

Komplementäre Produkte oder Dienstleistungen: Die vergessene Marktkraft

Google generiert Traffic über sehr verschiedene Kanäle, von denen das Schicksal Googles folgerichtig nicht losgelöst betrachtet werden darf, sondern die als Komplement zu Googles Services zu verstehen sind.

Zwischenfrage 5: Welche komplementären Dienstleistungen könnten Google angreifen?

Ihr Ansatz:

Dazu gehören beispielsweise der Webbrowser Firefox oder Dell als Hardware-Produzent. Der Kandidat sollte idealerweise herausstellen, dass die Erschließung zukunftsträchtiger Kanäle dabei ein kritischer Erfolgsfaktor für Googles Zukunft ist. Entsprechend engagiert sich das Unternehmen im Mobile-Internet-Markt und ist Initiator des Android-Projektes, einer Open-Source-Plattform, die eine Konkurrenz für Windows Mobile OS, das iPhone und Symbian darstellt. Die Youtube-Integration in TV-Geräte, also der Zugang

Übungscases

zum Offline-Markt, ist dabei ein weiterer bedeutender Kanal. Die AdWords-Plattform von Google ermöglicht darüber hinaus Unternehmen, Werbung in Offline-Medien wie TV, Zeitungen oder im Radio zu platzieren und sogar Werbung über digitale Billboards und Monitore an Geldautomaten oder in Hotels zu schalten.

Fazit: Zur erfolgreichen Lösung dieses Cases ist es erforderlich, typische Risiken eines Unternehmens auf Google zu übertragen. Dazu ist selbstverständlich eine gewisse Kenntnis des aktuellen Wirtschaftsgeschehens und des Geschäftsmodells von Google erforderlich, das bei Nichtvorhandensein in Zusammenarbeit mit dem Interviewer ermittelt werden muss. Aufgrund des spekulativen Charakters der Aufgabenstellung gibt es keine eindeutige Musterlösung. Der Kandidat sollte sich auch durch die scheinbare Zurückhaltung des Interviewers nicht verunsichern lassen. Hier ist ein gewisses Maß an Kreativität gefordert, gepaart mit einer stimmigen, ergebnisorientierten und strukturiert vorgetragenen Analyse. Zum Abschluss sollte der Kandidat seine Einschätzung der Risiken zusammenfassen und ein Fazit ziehen:

- Google ist seit einigen Jahren dabei, seine Dominanz bei der Websuche durch die Schaltung von Anzeigen zu monetarisieren und mit Hilfe von weiteren Dienstleistungen zu expandieren. Die Registrierung von privaten Daten und Fremdinhalten könnte Datenschützer provozieren und rechtliche Interventionen nach sich ziehen. Noch schwerwiegender wiegt der potenzielle Imageverlust, der aus Kundenreaktanz und Misstrauen gegenüber einem zu dominanten Google entstehen könnte.
- Es ist fraglich, ob Google mittels eigener Ressourcen (Personalrekrutierung, Top Management, Akquisitionen etc.) das starke Wachstum der vergangenen Jahre aufrechterhalten kann.
- Google hat das eigene Produktportfolio stark erweitert und versucht, neue Kanäle zu erschließen. Die Entwicklungen etwa auf dem Offline-Markt oder im Mobile-Internet-Markt sind schwer vorhersehbar.
- Noch schwerer abzuschätzen ist der Einfluss völlig neuartiger Innovationen, die so weitreichend sind, dass sie die Spielregeln des Marktes grundlegend verändern und in Vergangenheit schon Wettbewerbsvorteile erfolgreicher Unternehmen zunichte gemacht haben.

Rechenteil: Standardsuchmaschine bei Dell-Rechnern

Der Interviewer ist mit der Analyse zufrieden. Wie so oft, folgt auf einen strategischen Teil des Cases nun eine konkrete Rechenaufgabe, um Ihre mathematischen Fähigkeiten zu testen. Er stellt Ihnen daher die folgende Aufgabe: »Sie sind Dell. Google bemüht sich darum, als

Standardsuche im Webbrowser Ihrer PCs vorinstalliert zu sein. Wie viel können Sie von Google in etwa pro Jahr verlangen? Bitte gehen Sie pragmatisch und möglichst schnell vor, denn wir haben nicht mehr viel Zeit.«

Zwischenfrage 6: Bevor Sie weiterlesen: Skizzieren Sie, wie Sie an die Lösung herangehen würden. Lösen Sie dann die Aufgabe basierend auf Ihren eigenen Annahmen. Lesen Sie erst dann die vorgeschlagene Musterlösung und vergleichen Sie die Herangehensweise mit der Ihrigen.

Ihr Ansatz:

Sie skizzieren nach einer kurzen Denkpause den Lösungsweg, den Sie einschlagen wollen: »Ich werde basierend auf dem Marktanteil von Dell den Absatz von Dell-PCs in Deutschland berechnen. Danach werde ich die Anzahl Websuchen pro Nutzer und Umsatzpotenzial pro Websuche für die Suchmaschine berechnen. Daraus kann ich dann mit Hilfe der Marktanteile einen Wert ableiten, wie hoch der zusätzliche Umsatz ist, den ein Suchmaschinenanbieter erzielen könnte und wie viel davon an Dell abgegeben werden könnte.« Der Interviewer nickt zustimmend, so dass Sie ohne Verzögerung in die Berechnung einsteigen.

»Ich schätze, dass in Deutschland jedes Jahr ca. 10 Mio. Computer verkauft werden. Bei einem Gesamtmarkt von ca. 80 Mio. Personen, von denen ca. die Hälfte einen PC besitzt und diesen alle vier Jahre neu kauft, scheint mir dies eine plausible Annahme zu sein. Da Dell nur eine bekannte Marke unter vielen ist, gehe ich davon aus, dass der Marktanteil unter 25 % liegt.«

Interviewer: »Im letzten Jahr lag der Marktanteil von Dell bei ca. 15 %.«

Mit dieser Information fahren Sie fort: »Demnach liegt der jährliche Absatz von Dell-PCs in Deutschland bei 1,5 Mio. PCs.

Nun berechne ich den potenziellen Suchmaschinen-Umsatz eines PC-Nutzers bzw. eines Internet-Nutzers für eine der Suchmaschinen. Hierzu müssten wir die Anzahl der Suchanfragen pro Jahr wissen. Aufgrund der mittlerweile sehr hohen Internetpenetration in Deutschland, gehe ich nun simplifizierend davon aus, dass jeder neue PC-Nutzer auch ein Internet- und damit Suchmaschinennutzer ist. Wenn jeder PC-Besitzer mehr als jeden zweiten Tag eine Websuche über Google macht, sind dies rund 8 Mrd. Suchanfragen in Deutschland pro Jahr (40 Mio. PC-Besitzer x 200 Websuchen pro Jahr).

Für die Berechnung des Jahresumsatzes eines Suchmaschinennutzers werde ich die Terminologie des Marktführers Google nutzen: Bei einer angenommen Clickrate von 25 Clicks pro 1000 eingeblendete Suchwerbungen können also 5 Clicks auf Suchmaschinenwerbungen pro Jahr und User generiert werden. Wenn ich konservativ davon ausgehe, dass Google pro Click ca. 0,30 Euro umsetzt, hieße dies also:

Potenzieller Jahresumsatz AdWords pro Jahr pro Nutzer = 5 x 0,30 Euro = 1,50 Euro

Nun muss ich noch den Marktanteil der jeweiligen Suchmaschine in die Berechnung einfließen lassen. Allerdings ist der Marktanteil der Suchmaschinen-Wettbewerber ja die Summe vieler Faktoren und die Vorinstallation in PCs nur einer davon. Demnach erscheint es mir im Rahmen dieser Berechnung am sinnvollsten zu betrachten, welchen Wert eine Verschiebung von Marktanteilen durch Vorinstallation für die einzelne Suchmaschine hätte. In der Marktrealität wird jede Suchmaschine unterschiedliche Kosten haben für den Zugewinn von Marktanteilen. Im Rahmen dieser Übung werde ich jedoch nun vereinfacht berechnen, welchen Umsatzzugewinn ein Marktanteilszugewinn von 10 % mit sich bringt.

Von 100 Suchanfragen entfallen im Schnitt 75 %, d.h. 75 auf Google. Diese beispielhafte Betrachtung zeigt, dass 10 % Marktanteil 20 Suchanfragen pro Nutzer und damit 0,5 Clicks auf AdWords und somit 0,15 Euro pro Jahr bedeuten. Unterstellt man nun die Annahme, dass es durch Vorinstallation auf Dell Computern gelänge, den Marktanteil von Google von 75 % auf 85 % unter Dell-Computernutzern zu steigern, dann würde dies für Google nach vollzogenem Wandel aller im Markt befindlichen Dell-Rechner ein Umsatzplus von 1,5 Mio. Dell-Rechner x 0,15 Euro zusätzlicher AdWords-Umsatz = 225.000 Euro pro Jahr in Deutschland bedeuten.

Mit diesem Verständnis ließen sich für die Kooperationsgespräche zwischen Dell und dem jeweiligen Suchmaschinenanbieter verschiedenste Szenarien berechnen, als Grundlage für die Diskussion. Der Prozentsatz, den die Suchmaschine an Dell abführen muss, ist frei verhandelbar zwischen den Parteien und auch von verschiedensten Faktoren (wie z.B. anderen Möglichkeiten der Kooperation) abhängig. Natürlich wären außerdem viele weitere Faktoren bei der hypothetischen Bewertung einer solchen Kooperation für beide Seiten zu berücksichtigen, z.B. alternative Möglichkeiten und »Tools« einer Suchmaschine, als Standardsuche – wenn auch nicht vorinstalliert

– verwendet zu werden bzw. die mögliche Steigerung des Dell-Produktes durch eine derartige Vorinstallation.

Sie beenden Ihre Berechnungen und Ausführungen nun mit den Worten: »Ich habe nun zunächst einen Wert für Deutschland errechnet, um wie viel sich der Google-Umsatz durch die Vorinstallation auf Dell-Rechnern steigern ließe. Diesen Wert von 225.000 Euro im Jahr könnten sich die Vertragspartner z.B. teilen. Da ich davon ausgehe, dass solche Kooperationen für ganze Regionen, wenn nicht sogar weltweit beschlossen werden, muss die errechnete Summe eventuell auf den weltweiten Absatz von Dell-Computern hochgerechnet werden.«

Der Interviewer blickt auf seine Uhr und beendet das Gespräch mit den Worten. »Der Ansatz und auch Ihre Anmerkungen zuletzt sind vollkommen richtig. Zwar bleibt uns nicht mehr viel Zeit, diese Diskussion nun noch weiter zu vertiefen, aber ich bitte Sie, Ihre Berechnungen zum Dell-Umsatz noch mal zu plausibilisieren.«

Sanity Check

Sie sind in der Aufregung und nach dem langen Case etwas verwirrt und suchen nach dem richtigen Ansatz. Ihr Interviewer hilft Ihnen auf die Sprünge: »Sie haben den Google-Umsatz Bottom-Up hochgerechnet und sind auf 1,50 Euro AdWords-Umsatz pro Nutzer pro Jahr gekommen. Vergleichen Sie das doch mal mit einem Top-Down-Ansatz.«

Zwischenfrage 7: Führen Sie einen Top-Down Sanity Check der Berechnungen durch. Auf welches Ergebnis kommen Sie? Lesen Sie dann die Lösung im folgenden Text.

Ihre Lösung:

Sanity Check

Wenn Sie ein auf Ihren Annahmen basierendes Ergebnis haben, unterziehen Sie es immer einer Plausibilitätsprüfung. Zeigen Sie, dass Sie nicht mit dem erstbesten Ergebnis zufrieden sind. Hier hat der »Bewerber« die Prüfung vergessen. Nicht selten wird Sie der Interviewer um einen Sanity Check bitten. Auch wenn Sie richtig gelegen haben.

Sie erkennen, worauf der Interviewer hinaus will: »Gemäß meinen Annahmen gibt es in Deutschland 40 Mio. Internet-PCs von denen 75 % von Google-Nutzern bedient werden. Wenn mit diesen 30 Mio. Nutzern pro Jahr 1,50 Euro AdWords-Umsatz gemacht wird, bedeutet dies, dass der Deutsche AdWords-Markt lediglich 45 Mio. Euro groß ist. Ich kenne die Unternehmensdaten von Google nicht genau, weiß aber, dass Google den Großteil seines Umsatzes mit AdWords macht, einen zweistelligen Milliardenbetrag Umsatz pro Jahr erwirtschaftet und Deutschland ein nicht unerheblicher Markt ist. Nehmen wir an,

- dass der Umsatz von Google zu 90 % von AdWords kommt,
- Google 20 – 30 Mrd. Euro Jahresumsatz erwirtschaftet und
- Deutschland 5 – 10 % des globalen Suchmaschinen-Marktes ausmacht,

dann müsste der AdWords-Umsatz von Google in Deutschland bei ca. 900 Mio. bis 2,7 Mrd. Euro liegen. Der Wert von 45 Mio. Euro ist wahrscheinlich deutlich zu niedrig. Wir sollten die Annahmen nochmals hinterfragen.«

Ihr Interviewer ist mit Ihrem Top-Down Sanity Check zufrieden und bedankt sich für das Gespräch.

Lösungen zu den Zwischenfragen

1: Wir nutzen in der Musterlösung Porter's Five Forces, um eine gängige Struktur zur Herangehensweise zu haben. Andere Ansätze sind jedoch möglich. Man sollte allerdings vermeiden, explizit die Verwendung eines Schemas zu stark zu betonen (z.B. »Aha! Da passt das Five-Forces-Modell...«). Die Strukturierung Ihrer Analyse durch Anwendung des Schemas steht stattdessen im Vordergrund (»Eine Strukturierung der Marktrisiken durch Einteilung in die Bereiche Käufer, Zulieferer, Substitute & Wettbewerber etc. erscheint mir sinnvoll...«). Damit demonstrieren Sie Souveränität im Umgang mit dem sehr gängigen Five-Forces-Modell.

2 - 7: Siehe Musterlösung im Text

Ergänzende Fragen zum Training

- Wie viel kann Dell von Google weltweit pro Jahr für die Vorinstallation verlangen?
- Wie viel kann Apple für die Vorinstallation von Google auf iPhones verlangen?
- Wie bewerten Sie die Investition von 250 Mio. USD von Microsoft in Facebook in diesem Zusammenhang, wenn Microsofts Such- und Werbenetzwerk hierdurch bei Facebook exklusiv eingesetzt wird?

Google Risiken in der Realität

Das Thema wird diskutiert im Web, u.a. hier:
techcrunch.com/2009/03/26/what-could-go-wrong-with-google-the-slideshow/ und
techcrunch.com/2008/12/02/everything-you-always-wanted-to-know-about-google

»Google« und »AdWords« sind eingetragene Markenzeichen von Google Inc.

8. Das Studenten-Café

Sie sind Stammgast in einem kleinen Café in unmittelbarer Nähe zur örtlichen Universität.

Da der Besitzer des Cafés ein alter Bekannter von Ihnen ist, setzen Sie sich regelmäßig zu einem Kaffee zusammen. Eines Tages erzählt Ihnen Ihr Bekannter, der von Ihrer Beratertätigkeit weiß, dass sein Gewinn in den vergangenen Tagen massiv eingebrochen ist.

Aus alter Verbundenheit bieten Sie an, gemeinsam mit Ihm nach den Ursachen zu forschen.

Bei diesem Case geht es Ihrem Interviewer in erster Linie darum, Ihr analytisches Denkvermögen zu überprüfen. Aus diesem Grund sollten Sie damit beginnen, Ihre Vorgehensweise zu strukturieren, um anhand dieser - durch das Stellen von sinnvollen Fragen - Stück für Stück zu einer Lösung zu gelangen.

Ein wenig ungewöhnlich ist an diesem Case, dass man sich der Lösung eher in einer Art »Frage-Antwort«-Spiel nähert und nicht schätzt und rechnet. Das stellt viele Bewerber vor Probleme, da sie mit dieser Situation nicht rechnen. Seien Sie gewappnet, auch solche Interviews durch Struktur in der Art und Reihenfolge der Fragen zu lösen.

Zwischenfrage 1: Überlegen Sie, wie Sie Ihrer Analyse Struktur geben können. Fällt Ihnen zur Vereinfachung der Strukturierung ein geeignetes Framework ein?

Ihr Ansatz:

Da der Gewinn als die Differenz von Umsatz und Kosten definiert ist, kann ein Gewinneinbruch grundsätzlich in einem Rückgang des Umsatzes oder in einem Anstieg der Kosten begründet sein. Dementsprechend sollten Sie also auch Ihre Analyse aufbauen und zunächst einmal den Umsatz und anschließend die Kostenseite betrachten, um so die Gründe für die Entwicklung zu identifizieren.

Bevor Sie sich jedoch an die detaillierte Analyse machen, sollten sie zuerst einmal nach dem grundsätzlichen Konzept des Ladens (inklusive der angebotenen Produkte) fragen und daran anschließend eine kurze Betrachtung der Zielgruppen vornehmen, da dies erste Anhaltspunkte für Ihre spätere Analyse geben kann.

Schritt 1: Das Konzept

Um sich ein Bild von dem Unternehmen machen zu können, müssen Sie Ihren Gesprächspartner konkret nach weiteren Informationen diesbezüglich fragen:

Bei dem Café handelt es sich um einen kleinen Laden im Zentrum einer größeren Stadt.

In unmittelbarer Nähe des Cafés befindet sich die örtliche Universität. Auch einige Büros sind im Einzugsgebiet angesiedelt. Das Angebot des Cafés beschränkt sich dabei – wie Ihnen Ihr Interviewer vereinfachend mitteilt – auf drei unterschiedliche Speisen sowie mehrere verschiedene Getränke (Heiß- und Erfrischungsgetränke).

Auf Grund dieser Informationen können Sie vermuten, dass die Zielgruppe des Cafés zum überwiegenden Teil aus Studenten sowie den Angestellten der umliegenden Büros besteht, die hier Ihr Mittagessen zu sich nehmen oder sich auf einen Kaffee verabreden. Diese Vermutung wird von Ihrem Interviewer bestätigt.

Schritt 2: Die Umsatzseite

Zwischenfrage 2: Überlegen Sie sich Faktoren, die die Umsatzseite in diesem Fall beeinflusst haben könnten. Brainstormen Sie nicht unstrukturiert drauf los, sondern folgen Sie einer Struktur. Notieren Sie Ihre Ansatzpunkte strukturiert und vergleichen Sie dann mir der Musterlösung im Text.

Ihr Ansatz:

Nachdem das zugrundliegende Konzept des Ladens nun geklärt wäre, sollten Sie sich, Ihrer obigen Struktur folgend, nun der Umsatzseite zuwenden. Hierbei sollten Sie allerdings eine Fallunterscheidung zwischen den durchschnittlichen Monaten vor dem Gewinneinbruch und dem aktuellen Umsatz vornehmen. So können Sie sehr schnell sehen, ob ein Umsatzrückgang der Grund für den Gewinneinbruch ist. Hierzu brauchen Sie jedoch noch weitere Informationen, weshalb Sie auf Nachfrage von Ihrem Gesprächspartner die folgende (vereinfachte) Übersicht mit dem Hinweis erhalten, dass der Vormonat vor dem Gewinneinbruch für den durchschnittlichen Monatsumsatz typisch war:

Produkt:	Umsatz im aktuellen Monat:	Umsatz im Vormonat:
Speisen	20.000 Euro	10.000 Euro
Getränke	3.500 Euro	2.500 Euro

Anhand der obigen Tabelle sollten Sie erkennen, dass sowohl der Umsatz mit Speisen, als auch der Umsatz mit Getränken im Vergleich zum vorherigen Monat sogar gestiegen ist. Dies wiederum bedeutet, dass der Grund für den Gewinnrückgang auf der Kostenseite zu suchen ist.

Zuvor sollten Sie jedoch noch dem Umsatzanstieg auf den Grund gehen. Dazu sollten Sie zunächst einmal untersuchen, ob dies auf interne oder auf externe Faktoren zurückzuführen ist.

Ein möglicher interner Grund für den Anstieg der Nachfrage nach den Mittagsgerichten wäre ein Rückgang des Preises der Gerichte. Dies verneint Ihr Interviewer aber. Ein anderer interner Grund wäre beispielsweise ein plötzlicher Qualitätsanstieg der Mittagessen. Dies würde allerdings – wenn überhaupt – lediglich langfristig eine Auswirkung auf die Nachfrage haben, daher können Sie auch dies hier ausschließen.

Viel wahrscheinlicher sind hier also externe Gründe, weshalb Sie die wichtigsten kurz aufzählen und besprechen sollten: Diese könnten in Wettbewerbern und Nachfragern begründet liegen.

Nachfrager:
Eine plötzliche Änderung der Kundenpräferenzen könnte zwar zu besagtem Effekt führen, z.B. wenn sehr viele Leute auf einmal ein warmes Mittagessen dem mitgebrachten Butterbrot vorziehen. Dies ist jedoch unwahrscheinlich in der Kürze der Zeit. Eher könnte die Anzahl der potenziellen Kunden im Einzugsgebiet gestiegen sein, z.B. durch die Neueröffnung eines Bürogebäudes. Dies verneint Ihr Interviewer allerdings.

Wettbewerber:
Weiterhin könnten Preisveränderungen bei komplementären oder substitutiven Gütern den Anstieg der Nachfrage hervorrufen. Letzteres ist hier allerdings deutlich plausibler. Wenn nämlich einige Wettbewerber kürzlich die Preise für Mittagsgerichte deutlich erhöht hätten, so würde auch dies dazu führen, dass im Café Ihres »Bekannten« die Nachfrage nach Selbigen recht abrupt ansteigen würde.

Als letztes würden Veränderungen, genauer gesagt Verknappungen, des Angebots an Mittagessen, beispielsweise durch den Wegfall eines Wettbewerbers, die besagte Nachfragesteigerung nach sich ziehen.

Da laut Ihrem Interviewer im vorliegenden Fall nichts auf eine Präferenzänderung der Kunden oder eine Veränderung im Preis (möglicher) komplementärer Güter hindeutet, sollten sie sich in Ihrer weiteren Analyse auf die beiden plausibleren Möglichkeiten beschränken. Dies wären die Preissteigerung bei den Wettbewerbern und der Wegfall eines Wettbewerbers. Um zu klären, welche der beiden Möglichkeiten hier gegeben ist, sollten Sie ihren Gesprächspartner nun danach fragen, wie sich der Umsatz zusammen setzt, woraufhin dieser Ihnen die folgende Übersicht vorlegt:

Produkt:	Verkaufspreis:	Umsatz im aktuellen Monat:	Umsatz im Vormonat:	% Steigerung
Speise 1	14 Euro	3.500 Euro	3.500	
Speise 2	10 Euro	4.500 Euro	2.500	
Speise 3	5 Euro	12.000 Euro	4.000	
Getränke	2,5 Euro (im Schnitt)	3.500 Euro	2.500 Euro	

Zwischenfrage 3: Zur Übung: Überschlagen Sie schnell im Kopf (!) die prozentuale Umsatzsteigerung jedes Produktes und tragen Sie es in die Tabelle ein.

In dieser Übersicht sollten Sie zunächst einmal die Aufteilung des Umsatzes auf die einzelnen Produkte betrachten. Wie man sieht, ist es hier so, dass es drei verschiedene Speisen gibt, die alle in unterschiedlichen Preissegmenten (hoch-, mittel- und niedrigpreisig) angesiedelt sind. Wenn Sie sich die Zahlen nun etwas genauer anschauen, sollte Ihnen insbesondere auffallen, dass sich der Umsatz der niedrigpreisigen Speise verdreifacht hat. Auch der Umsatz der mittelpreisigen Speise, sowie der Getränkeumsatz haben sich erhöht, wohingegen der Umsatz der hochpreisigen Speisen stagnierte.

Insider-Tipp

Case-Autor Ralph Razisberger: »Eine der wesentlichen Eigenschaften eines Beraters ist m.E. seine Neugier. Und hier kann man beweisen, dass man diese Eigenschaft besitzt. Um den Case zu lösen ist es unerheblich, warum es zu dieser Nachfrageverschiebung gekommen ist, es ist nur wichtig zu wissen, wie man damit umgeht. Aber in diesem Fall ist es doch erstens sehr interessant und zweitens für eine Empfehlung auch wichtig zu wissen, warum sich Zahlen in einer gewissen Weise verändern.«

An dieser Stelle sollten Sie sich nun also fragen, warum gerade der Umsatz der Speisen im unteren und mittleren Segment so stark angestiegen ist. Die sinnvollste Vorgehensweise um dies herauszufinden, ist hier, sich durch gezielte Nachfragen beim Interviewer langsam an eine Lösung heranzutasten.

Dementsprechend könnten Sie zuerst fragen, ob der Nachfrageanstieg von Neukunden oder von Stammkunden getragen wurde, worauf Ihr Gesprächspartner Ihnen mitteilen wird, dass es sich bei den zusätzlichen Kunden zum allergrößten Teil um neue Kunden handelte. Nun sollten Sie sich die wichtigsten Zielgruppen des Cafés ins Gedächtnis rufen und fragen, ob es sich eher um junge oder um ältere Kunden handelte. Ihr Interviewer wird Ihnen daraufhin mitteilen, dass es sich überwiegend um junge Kunden handelte.

Mit den nun vorliegenden Informationen (hauptsächlich junge Kunden, die überwiegend günstige Speisen kaufen, sowie der Nähe zur Universität) können Sie vermuten, dass es sich dabei um Studenten handelte, was Ihnen von Ihrem Interviewer bestätigt wird. In Verbindung mit den obigen Überlegungen zu den externen Gründen (entweder Preissteigerung bei den Wettbewerbern oder Wegfall eines Wettbewerbers), sollten Sie sich nun fragen, wo denn die meisten Studenten für gewöhnlich ihr Mittagessen zu sich nehmen. Dies ist sicherlich die Mensa. Da Sie, aus eigener Erfahrung, wissen, dass die Essen in der Mensa subventioniert werden und daher nicht einfach so deren Preise hochgesetzt werden können, sollten Sie nun also nachfragen, ob der plötzliche Nachfrageanstieg im Café Ihres »Bekannten« darauf zurückzuführen ist, dass die Mensa aus irgendeinem Grund als Wettbewerber weggefallen ist. Nun wird Ihr Interviewer Ihnen berichten, dass tatsächlich vor wenigen Tagen die Mensa der naheliegenden Universität auf Grund einer Renovierung vorübergehend geschlossen werden musste.

Schritt 3: Die Kostenseite

Da Sie den Umsatztreiber bereits identifiziert haben, wäre als nächstes die Kostenseite zu betrachten, denn hier muss, wie Sie weiter oben festgestellt haben, der Grund für den Gewinnrückgang liegen.

Da Sie jedoch ohne zusätzliche Informationen nicht viel zu diesem Punkt sagen können, sollten Sie Ihren Interviewer als erstes fragen, wie sich die Kosten zusammensetzen, worauf dieser Ihnen die folgende Vollkosten-Kalkulation aushändigen wird:

Produkt:	Verkaufspreis:	Vollkosten (pro Stück):
Speise 1	14 Euro	11 Euro
Speise 2	10 Euro	9 Euro
Speise 3	5 Euro	6 Euro
Getränke	2,5 Euro (im Schnitt)	1 Euro (im Schnitt)

Wie Ihnen auf den ersten Blick auffallen sollte, weist die niedrigpreisige Speise einen negativen Deckungsbeitrag auf (5 Euro - 6 Euro = -1 Euro). Das wiederum bedeutet, dass Ihr Bekannter mit jeder verkauften Einheit dieser Speise einen Verlust einfährt. Da sich gerade der Umsatz dieser Speise verdreifacht hat, haben Sie somit auch schon den Treiber des Gewinneinbruchs identifiziert.

Nun sollten Sie sich noch fragen, warum die Speise trotz des negativen Deckungsbeitrags überhaupt weiter angeboten wird. Hier können Sie vermuten, dass es sich dabei eigentlich um so eine Art

»Lockangebot« handelt, mit dem die Kunden zum Kauf der deutlich margenstärkeren Getränke

(2,5 Euro – 1 Euro = 1,5 Euro; 1,5 Euro / 2,5 Euro = 60 %) verleitet werden sollen. Der erwartete Deckungsbeitrag eines normalen Kunden, der zu der Speise ebenso ein Getränk bestellt, wäre also positiv. Da die preissensiblen Studenten jedoch überwiegend zum Essen ins Café kommen und daher relativ wenig trinken, ist es hier zu dem dramatischen Einbruch des Gewinns gekommen.

Schritt 4: Handlungsempfehlungen und Fazit

Nachdem Sie nun die Gründe für den plötzlichen Einbruch des Gewinns identifiziert haben, sollten Sie sich in einem letzten Schritt daran machen, einige Handlungsempfehlungen für Ihren »Bekannten« aufzustellen und ein abschließendes Fazit zu ziehen.

Die Schließung der Mensa und damit verbunden der drastische Anstieg der Kundschaft des Cafés, haben aufgrund einer Verschiebung des Absatzes hin zu Produkten mit negativem Deckungsbeitrag einen Gewinneinbruch herbeigeführt. Diesen Effekt gilt es kurzfristig zu beseitigen. Darüber hinaus ist die Situation eine einmalige Chance für das Café, den eigenen Umsatz und Gewinn dauerhaft zu steigern. Aus diesen Gründen sollten die zu ergreifenden Maßnahmen erstens darauf abzielen, den Gewinn dadurch zu erhöhen, dass das Absatzvolumen der im Vergleich zu den Speisen deutlich margenstärkeren Getränke vergrößert wird, und zweitens möglichst viele der neuen Kunden dauerhaft an das Café zu binden. Außerdem könnte man versuchen, den Deckungsbeitrag der niedrigpreisigen Speise durch Kosteneinsparungen (z.B. einen Lieferantenwechsel) ins Positive zu drehen oder den Preis so zu setzen, dass man die Speise anbieten kann, ohne dabei Verlust zu machen.

Zwischenfrage 4: Kreativität: Überlegen Sie sich, welche Maßnahmen zur Kundenbindung und Steigerung des Getränkeabsatzes in Frage kommen könnten.

Ihr Ansatz:

Kundenbindung

Einerseits ließe sich die Kundenbindung ganz klassisch über Bonusaktionen, wie z.B. eine »Treuepunkte-Karte« erhöhen. Bei dieser würden die Gäste z.B. für jedes gekaufte Mittagessen einen Punkt bekommen und ab einer bestimmten Menge an Punkten gäbe es ein Mittagessen umsonst.

Dies wäre sehr leicht umsetzbar und – erfahrungsgemäß – dennoch wirkungsstark.

Ein anderer Ansatz wäre es, das Angebot weiter zu ergänzen und so die neuen Kunden dauerhaft zu halten. Passend zum Gesamtkonzept des Ladens als modernes Café, könnte man beispielsweise die Einrichtung einer Sandwich-Bar anregen, bei der sich die Kunden den ganzen Tag über frische Sandwiches zusammenstellen lassen können. Dies würde zusätzlich sogar auch die Zahl der Laufkundschaft erhöhen, da ein »herzhaftes« Produkt, welches man auch auf die Hand mitnehmen kann, bisher im Sortiment noch fehlte.

Außerdem sollten Sie hier noch die Möglichkeit der klareren Positionierung am Markt bzw. Fokussierung auf die Zielgruppen (Studenten, Young Professionals) nennen. In Verbindung mit gezielten Marketing-Aktionen (z.B. im Uni-Newsletter) würde auch dies sicher die Kundenbindung in der Kern-Zielgruppe erhöhen.

Steigerung des Getränkeabsatzes

Da die Getränke eine deutlich größere Gewinnmarge aufweisen als die Speisen, sollte versucht werden, die Zahl der verkauften Getränke zu erhöhen. Zu diesem Zweck könnte man z.B. das Getränkeangebot auf besonders margenstarke Lifestyle- bzw. Trendprodukte wie Smoothies oder auch Bionade erweitern. Dies würde darüber hinaus die eher junge Zielgruppe im besonderen Maße ansprechen und so die Fokussierung auf diese vorantreiben.

Eine andere Möglichkeit den Getränkeabsatz zu steigern wäre ein »Free-Refill«-Angebot, bei dem, gegen einen gewissen Aufpreis, während des Aufenthalts bestimmte oder auch alle Getränke umsonst nachgefüllt werden können. Dies würde zwar zu Lasten der Marge gehen, aber erfahrungsgemäß trinken die Gäste dennoch meist nicht mehr als zwei oder maximal drei Getränke, sind aber trotzdem bereit, den Aufpreis zu bezahlen. Hier müsste allerdings noch in einer getrennten Untersuchung geklärt werden, wie hoch der Aufpreis sein müsste, um dies gewinnbringend anbieten zu können.

Zuletzt wäre natürlich auch hier eine Treuepunkte-Karte speziell für Getränke denkbar, mit denselben Implikationen wie oben beschrieben.

Abschließendes Fazit

In Ihrem abschließenden Fazit sollten Sie noch einmal ansprechen, dass die momentane Entwicklung eine einmalige Sache bleiben kann – oder aber, wenn Ihr Bekannter dies als einmalige Chance begreift und die richtigen Hebel betätigt, dauerhaft zu einem höheren Umsatz und Gewinn führen kann.

Lösung zu den Zwischenfragen

1: Siehe Musterlösung im Text. Hier verwenden wir die Gewinngleichung als strukturgebendes Framework. Details hierzu finden Sie im »Insider-Dossier: Bewerbung bei Unternehmensberatungen«.

2: Siehe Lösung im Text. Die verwendete Struktur folgt der Umsatzseite der Gewinngleichung und unterteilt diese nach internen und externen Faktoren. Letztere werden nochmals grob in Nachfrager und Wettbewerber unterteilt. So erhalten Sie eine schlüssige Struktur, der Ihr Interviewer folgen kann.

3:

Produkt:	% Steigerung
Speise 1	0 %
Speise 2	80 %
Speise 3	200 %
Getränke	40 %

4: Siehe Musterlösung im Text

9. Süßigkeiten-Fabrikant

Ihr Klient ist ein erfolgreicher Süßigkeiten-Fabrikant mit einer bekannten Konsumentenmarke. Die Firma hat mit einer einzigen Produktlinie angefangen. Der Produktionsprozess besteht aus zwei einfachen Aktivitäten: Fertigung und Verpackung. Die Firma hat zudem ihre Umsätze durch Erweiterungen ihrer Produktlinien erhöht. Nun hat das Management festgestellt, dass zwar die Umsätze gestiegen, die Gewinne aber geringer gewachsen sind. Was raten Sie Ihrem Klienten?

Aus den Äußerungen Ihres Interviewers geht klar hervor, dass die Gewinnspanne des Süßigkeiten-Fabrikanten geschrumpft ist. Demnach ist davon auszugehen, dass es bei diesem Case darum geht, das Verhältnis Kosten zu Umsätzen genauer zu beleuchten. Wenn Sie dies erkannt haben, dürfte der Einstieg in diesen Case relativ leicht fallen. Es steht Ihnen frei, mit welchem Element Sie anfangen – beide sind gleichermaßen wichtig.

Kostenanalyse

Zwischenfrage 1: Welche Strukturierung der Kostenarten bietet sich für Ihre Analyse an?

- ☐ a) Einzelkosten und Gemeinkosten des Produktionsprozesses
- ☐ b) Fixe und variable Kosten des Produktionsprozesses
- ☐ c) Kostenanalyse anhand der Wertschöpfungskette

Sie entscheiden sich dafür, zuerst die Kostenseite der Süßigkeiten-Herstellung zu untersuchen. Sie wissen, dass es hier vorrangig einige wichtige Kostenkomponenten zu betrachten gilt (da es sich um einen Produktionsprozess handelt): Variable Kosten pro produzierter Einheit, d.h. insbesondere Rohmaterial, sowie die Personalkosten und sonstige Fixkosten des Produktionsprozesses. Sie sagen Ihrem Interviewer, dass Sie mit der Analyse dieser Faktoren beginnen werden.

Erster Schritt: Entwicklung der Preise für Rohmaterial
Kandidat: »Wie haben sich die Preise für Rohstoffe, also die Zutaten für die Süßigkeiten entwickelt? Möglicherweise sind die Preise gestiegen, was eine Verringerung des Gewinns zur Folge haben könnte.«

Interviewer: »Diese Schlussfolgerung ist an sich richtig. Im vorliegenden Fall ist es jedoch so, dass die Preise in den letzten Jahren gefallen sind. Experten gehen aktuell davon aus, dass es wieder zu einem Preisanstieg kommen wird. Dies hätte dann eine Verschärfung der Lage unseres Klienten zufolge, wenn wir nicht das Problem lösen.«

Zweiter Schritt: Aufschluss über Personalkosten und weitere Fixkosten
Kandidat: »Wie haben sich die Personalkosten in dem Zeitraum, den wir hier betrachten, entwickelt?«

Interviewer: »Nach ersten Gesprächen mit dem Management sieht es so aus, als seien die Lohnkosten gestiegen. Genaueres konnten sie uns bisher aber nicht sagen. Welche Schritte schlagen Sie also vor?«

Kandidat: »Das Unternehmen wird sicher eine Controlling-Abteilung haben und auch ein Controlling-System. Als nächsten Schritt müssen wir dieses also analysieren und verstehen, welche Daten dort erhoben werden und was wir daraus schließen können. Ich denke, dort werden wir Informationen darüber finden, wie sich sowohl die Lohn- als auch andere Fixkosten des Produktionsprozesses entwickelt haben.«

Interviewer: »Wir haben also die folgenden Informationen finden können: Lohnkosten sowie Fixkosten pro produzierter Einheit sind in den letzten zehn Jahren überproportional gestiegen.«

Kandidat: »Können Sie mir sagen, in welchem Bereich der Fertigung die erhöhten Lohkosten entstanden sind – Fertigung oder Verpackung?« Außerdem hatten Sie ja die Information, dass es sich ursprünglich um eine einzige Produktlinie handelte. Sie fragen an dieser Stelle nach, worin die angesprochene Produktlinienerweiterung lag, schließlich könnten Informationen hierzu wichtige Anhaltspunkte liefern und auf die negative Kostenentwicklung hinweisen.

Interviewer: »Die Analyse des Controllingsystems und der darin enthaltenen Daten gibt Ihnen Aufschluss über das Problem. Der Fokus im Controlling liegt nämlich auf dem Fertigungsprozess. Aufgrund der hiermit verbundenen Aufmerksamkeit des Managements ist die Fertigung bereits effizient organisiert. Die angesprochene

Was müssen Sie jetzt allerdings noch verstehen? Lohnkosten sind also gestiegen, aber Sie wissen noch nicht, warum bzw. wo genau im Produktionsprozess. Erinnern Sie sich: Ihr Interviewer hatte Ihnen eingangs gesagt, dass der Produktionsprozess aus zwei Aktivitäten besteht, nämlich Fertigung und Verpackung.

Auch bei diesem Case geht es wieder darum, genau zuzuhören und alle der bereitgestellten Informationen aufzugreifen, um sich an die Lösung heranzuarbeiten!

Produktlinienerweiterung besteht hauptsächlich aus verschiedenen Arten und Formen der Verpackung. Bei der Verpackung haben wir tatsächlich eine Kostenexplosion gesehen. Hier laufen die Prozesse alles andere als effizient. Bitte erläutern Sie nun, um welche Ineffizienzen es sich dabei handeln könnte.«

Kandidat: »Aus den von Ihnen genannten Informationen schließe ich, dass die Endprodukte des Fertigungsprozesses homogen sind, diese jedoch im Bereich der Verpackung dann unterschiedlich verpackt werden. Wenn es keine effiziente Arbeitsplanung für die Verpackungsaktivitäten gibt, folgere ich daraus, dass z.B. folgende Probleme entstehen können:

- Leerzeiten im Verpackungsprozess
- Relativ kleine Chargen für die einzelnen Verpackungsvarianten und / oder
- Lange Rüstzeiten zwischen den verschiedenen Verpackungsvorgängen

Diese Ineffizienzen führen dann zu einer unnötigen Erhöhung von gebundenem Kapital durch eine Verlangsamung des Prozesses bis zur tatsächlichen Auslieferung der Endprodukte an die Abnehmer.«

Der Interviewer hat Ihnen durch die Angaben zum Fokus des Controllings und die hierdurch unbemerkten Ineffizienzen in der Verpackung relativ schnell das Problem aufgedeckt. Er hätte Sie natürlich auch noch länger analysieren und bohren lassen können. Anscheinend ist er nun aber eher daran interessiert, welche Lösungsvorschläge Sie vorbringen werden.

Zwischenfrage 2: Entwickeln Sie Lösungsvorschläge, wie die identifizierte negative Kostenentwicklung in Bereich der Verpackung eliminiert werden kann.

Ihr Ansatz:

Ihre Antwort lautet: »Ich sehe zwei Ansatzpunkte, die identifizierte negative Kostenentwicklung im Bereich der Verpackung in den Griff zu bekommen.

Reduzierung des Produktportfolios

Zum einen könnte man darüber nachdenken, ob wirklich alle verschiedenen Arten der Verpackung notwendig sind. Eine Reduzierung der Variantenvielfalt und somit der Komplexität könnte helfen, die

Kosten zu reduzieren. Um festzustellen, welche Produkte am profitabelsten sind bzw. welche die höchsten Deckungsbeiträge bringen, bietet sich eine ABC-Analyse an. Hierfür würden alle Produkte in verschiedene Kategorien je nach Profitabilität oder Deckungsbeitrag eingeteilt werden, wodurch schnell deutlich wird, welche Produkte den höchsten Deckungsbeitrag haben bzw. auch, in welchen Fällen die Kosten entsprechend hoch sind. Nach dieser Analyse könnte der Fabrikant sein Portfolio neu fokussieren.

Allerdings muss dabei ein wichtiger Aspekt betrachtet werden: Würden die Kunden des Fabrikanten, sprich also die Einzelhändler, die Veränderungen im Produktportfolio akzeptieren? Sind eventuell genau die Verpackungsgrößen, die die höchsten Kosten verursachen, wichtig, um im Portfolio der Einzelhändler überhaupt gelistet zu werden?«

Mit diesem zusätzlichen Gedanken (Akzeptanz der Abnehmer) zeigen Sie, dass Sie nicht nur das eigentliche Problem in Isolation lösen, sondern auch weiterdenken. Wenn Sie also einen wichtigen zusätzlichen Aspekt zur Sprache bringen wollen, tun Sie das – jedoch ohne vom eigentlichen, zielgerichteten Lösungsweg abzuweichen.

Prozessplanung und Anpassung des Controlling Systems

»Als zweite Möglichkeit kommt natürlich in Frage, das Controlling-System an die veränderten Bedingungen anzupassen, sprich den Fokus gleichermaßen auf Produktion und Verpackung zu richten. Hierdurch entsteht mehr Transparenz für die Notwendigkeit, den Verpackungsprozess optimaler zu planen. Entsprechende Maßnahmen könnten z.B. auf die Minimierung von Rüstzeiten und die Optimierung weiterer Prozesse zielen. Durch konkrete Key Performance Indicators (KPIs - bzw. Kennzahlen) können Ineffizienzen aufgedeckt und die Verbesserung des Prozesses verfolgt werden. Ein paar Beispiele für KPIs in diesem Zusammenhang könnten sein: Durchschnittliche Durchlaufzeit eines Produktes in der Produktion vs. Verpackung, Anzahl Arbeitsschritte pro Produkt in der Produktion vs. Verpackung usw.«

Umsatzanalyse

Interviewer: »Sie haben also die Schwachstellen in der Kostenentwicklung im Wesentlichen identifiziert. Unser Kunde erwartet darüber hinaus aber auch, dass wir ihm Empfehlungen aussprechen, wie er seine Umsätze weiterhin steigern kann (natürlich ohne neue Probleme auf der Kostenseite zu verursachen).«

Zwischenfrage 3: Was sind die wichtigsten Informationen für die weitere Analyse der Umsatzseite und der Identifizierung von umsatzsteigernden Maßnahmen?

- ☐ a) Abnehmerstruktur und Anzahl Abnehmer
- ☐ b) Entwicklung Marketingbudget
- ☐ c) Kundenzufriedenheit
- ☐ d) Durchschnittlicher Umsatz pro Abnehmer
- ☐ e) Produktmix pro Abnehmer
- ☐ f) Umsatz pro Produktlinie
- ☐ g) Absatzplanung des Unternehmens
- ☐ h) Margen pro Produktlinie

Guter Hinweis des Kandidaten! Logischerweise lassen sich die Umsätze des Unternehmens nicht ins Unendliche steigern und das ist bedingt durch industrietypische Faktoren. Es empfiehlt sich also immer, Spezifika einer Industrie zu hinterfragen und für die Lösung eines Cases einzusetzen.

Sie überlegen kurz und antworten dann: »Ich werde im Folgenden die Umsätze systematisch angehen, indem ich alle Umsatzfaktoren ansprechen werde. Um dem Kunden die richtigen Empfehlungen in Bezug auf Steigerungsmöglichkeiten aussprechen zu können, muss ich zusätzlich verstehen, wo in dieser Branche die Faktoren liegen, die sich negativ auf die Umsatzentwicklung auswirken oder auswirken können.«

»Die Umsätze des Unternehmens setzen sich folgendermaßen zusammen:

Anzahl Abnehmer x Durchschnittlicher Umsatz pro Abnehmer, wobei man den Umsatz pro Abnehmer auch noch auf die Zusammensetzung der Umsatzkomponenten untersuchen sollte. Damit meine ich, dass auch noch beachtet werden muss, welcher Produktmix jeweils verkauft werden kann. Daraus ergibt sich für mich zunächst die folgende Frage: Was ist die Abnehmerstruktur? Verkauft der Fabrikant direkt an Einzelhändler oder hat er Großhandelspartner?«

Interviewer: »In dieser Branche verkaufen so gut wie alle Fabrikanten direkt an Einzelhandelsketten, von denen es recht wenige gibt.«

Sie werden hellhörig bei dieser wichtigen Information, die Ihr Interviewer fast beiläufig erwähnt. Aus der Tatsache, dass es eine gewisse Konzentration unter den Einzelhandelsketten gibt, lässt sich deren Verhandlungsmacht ableiten. Sie antworten dementsprechend: »Wenige und damit dann auch für den Umsatz des Fabrikanten wichtige Retailer im Markt bedeuten sicherlich, dass diese eine starke Verhandlungsposition haben. Da es sich bei Süßigkeiten um relativ leicht austauschbare Produkte handelt (natürlich mit einer gewissen Abhängigkeit von der jeweiligen Markenstärke), ist davon auszugehen, dass die Händler starke Preisnachlässe verlangen können. Dies dürfte vor allem auf die Einführung und Neulistung von Produkten zutreffen. Zusätzlich könnte es sein, dass eine Einzelhandelskette nur gewillt ist, eine bestimmte Anzahl von Produkten von einem Hersteller aufzunehmen, was wiederum ein Faktor ist, der das Umsatzwachstum des Fabrikanten begrenzt.

Außerdem ist es zusätzlich möglich, dass einzelne oder alle Einzelhandelsketten die Herstellung von Eigenmarken (der jeweiligen Einzelhandelskette) verlangen oder zur Bedingung der Geschäftsbeziehung machen. Für Eigenmarken lassen sich grundsätzlich geringere Verkaufspreise für Endkonsumenten und damit auch Abgabepreise an die Einzelhandelsketten realisieren.«

Interviewer: »In der Tat haben die Einzelhandelsketten ihren Einkauf in den letzten Jahren professionalisiert und üben beträchtlichen Preisdruck auf den Kunden aus. Dies trifft insbesondere Neuprodukte und die Eigenmarkenproduktion.«

Kandidat: »Zusammengefasst sehe ich also folgende umsatzlimitierende Effekte in der beschriebenen Industriekonstellation, die ich dann durch die Definition von geeigneten Maßnahmen mindern möchte:

- Starke Preisabschläge bei Neueinführung von Produkten
- Grundsätzlich wenig Spielraum für die Preisgestaltung durch starke Verhandlungsposition der abnehmenden Retailer
- Eigenmarken«

Zwischenfrage 4: Da Sie nun die spezifischen Eigenheiten der Branche und damit die Schwierigkeiten des Süßigkeiten-Fabrikanten kennen, seine Umsätze auszubauen, entwickeln Sie nun Ihre eigenen Ansatzpunkte für Maßnahmen, die Umsätze unter den gegebenen Voraussetzungen zu steigern. Lesen Sie dann erst die Musterlösung.

Ihr Ansatz:

Mögliche umsatzsteigernde Maßnahmen:

- Eigene Verhandlungsposition verbessern durch Konzentration auf einige wenige Einzelhandelspartner (Achtung: Gleichzeitig steigt natürlich auch das Risiko der Abhängigkeit von diesen)
- Verschiebung des Produktmixes zugunsten der eigenen Markenprodukte durch Verdrängung von Eigenmarken der Einzelhandelsketten. Dies dürfte dann möglich sein, wenn die Preisgestaltung auch den Einzelhändlern erlaubt, eine höhere Gewinnspanne zu realisieren (entweder als durchschnittliche Gewinnspanne aller Produkte des Fabrikanten oder auch nur für die Markenprodukte des Fabrikanten)
- Verschiebung des Produktmixes hin zu Produkten, die sich positiv auf das Umsatzwachstum auswirken, d.h. Produkte, die entweder höhere Preise erzielen und / oder höhere Absatzmengen realisieren lassen (Achtung: sollte natürlich nicht losgelöst von der jeweiligen Gewinnspanne betrachtet werden)
- Fokus auf »Pull-Marketing«, d.h. Nachfrage im Markt nach den Produkten des Fabrikanten stimulieren, so dass auch die Attraktivität dieser Produkte für die Einzelhändler steigt. Gleichzeitig ergibt sich mit höherer Nachfrage eventuell auch die Möglichkeit einer Preiserhöhung (nur nach sorgfältiger Abwägung und Analyse der vorliegenden Preis- / Umsatz-Funktion durchzuführen). Konkret handelt es sich um Investitionen in Markenaufbau und Produktmarketing, um die Austauschbarkeit mit Handelsmarken und Konkurrenzprodukten zu verringern.
- Wenn Produktneueinführungen nur mit starken Preisnachlässen in die Regale der Einzelhändler gelangen, ist abzuwägen, welche

Produktneueinführungen sich tatsächlich lohnen bzw. welche Produkteinführungsfrequenz die optimale ist in Bezug auf die Umsatzmaximierung (Achtung: Bei dieser Betrachtung sollte man nicht außer Acht lassen, welcher Anteil an Produktneueinführungen einen gewissen Markterfolg haben und welche nicht)

Kandidat: »Zusammenfassend möchte ich sagen, dass ich mögliche Lösungen vorgestellt habe, die sich positiv auf die Umsatzentwicklung auswirken sollten. Es ist mir jedoch klar, dass man den Faktor »Umsatz« nicht in Isolation betrachten sollte – vor allem nicht in Anbetracht der vorangegangenen Kostenanalyse.«

Rechenaufgabe

Schlussendlich möchte der Interviewer noch mit einer kleinen mathematischen Aufgabe testen, ob Sie sich auch im Umgang mit Zahlen und einer grundlegenden Art der Kostenrechnung souverän zeigen: »Nehmen Sie nun für eine kleine Rechnung an, das Unternehmen produziere zwei Produkte. Die variablen Kosten pro Stück betragen bei Produkt A 0,20 Euro und bei Produkt B 0,30 Euro. Die fixen Kosten belaufen sich im Monat auf 150.000 Euro. Produkte A und B werden zu jeweils Euro 0,40 an den Handel verkauft.

Zwischenfrage 5: Ab welcher Produktionsmenge ist die Gewinnschwelle erreicht?

Ihre Lösung:

Lösungen zu den Zwischenfragen

1: Wir würden für unsere Analyse die gängige Einteilung in fixe und variable Kosten bevorzugen, also b.)

2: Siehe Musterlösung im Text

3: a), d) und e) sehen wir als zunächst wichtige Informationen. Auch f) könnte wichtige Informationen für die weitere Analyse bieten. Die anderen Punkte würden zu sehr ins Detail gehen.

4: Siehe Musterlösung im Text.

5: Zur Lösung dieser Aufgabe zunächst den Deckungsbeitrag pro Produkt errechnen und dann die gesamten Fixkosten als Funktion der verschieden Produktkombinationsmöglichkeiten berechnen.

Sie berechnen zunächst den Deckungsbeitrag pro Stück
Deckungsbeitrag A = 0,40 Euro – 0,20 Euro = 0,20 Euro / Stück
Deckungsbeitrag B = 0,40 Euro – 0,30 Euro = 0,10 Euro / Stück

Um nun zu errechnen, ab welchem Punkt die Gewinnschwelle erreicht ist, gilt:
Summe aller Deckungsbeiträge = Fixkosten 150.000 Euro

Die Gleichung muss daher lauten:

DB_A x X_A + DB_B x X_B = gesamte Fixkosten

$0{,}20X_A + 0{,}10X_B = 150.000$

X_A	X_B	Erlös A	Erlös B	Erlös Gesamt
750.000	0	150.000	0	150.000
250.000	1.000.000	50.000	100.000	150.000
500.000	500.000	100.000	50.000	150.000
0	1.500.000	0	150.000	150.000

Sie stellen also fest, dass Sie entweder 750.000 Stück von Produkt A oder 1,5 Mio. Stück von Produkt B oder verschiedene Kombinationen entlang der Funktion produzieren müssen, um Gesamterlöse von 150.000 Euro zu erwirtschaften, die die Fixkosten decken.

Ergänzende Fragen zum Training

- Diskutieren Sie die Bedeutung des Markenwertes für die Stärkung der Verhandlungsposition des Fabrikanten
- Welche Schritte empfehlen Sie dem Kunden durchzuführen, bevor er eine erneute Erweiterung des Produktportfolios ins Auge fasst?
- Diskutieren Sie, inwieweit die eben genutzte theoretisch richtige Rechnungslegung für den Klienten problematisch ist, bzw. wie eine für seine Zwecke deutlich aufschlussreichere Kostenrechnung aussähe und welche Schritte für die Implementierung unternommen werden müssten

10. Interprinty Personalproblem

Der Geschäftsführer der Interprinty GmbH, ein mittelständischer Mediendienstleister, wendet sich an Sie. Ihm ist aufgefallen, dass in seinem Unternehmen die Fluktuationsrate der Mitarbeiter steigt. Aus Sorge dadurch seine Wettbewerbsfähigkeit zu gefährden, bittet der Kunde Sie, dieses Problem zu analysieren und ihm einen Aktionsplan für ein langfristiges Personalkonzept zu entwickeln.

Der Interviewer gibt Ihnen folgende weitere Informationen: Die Interprinty GmbH hat 150 Beschäftigte, ist auf Werbedruck spezialisiert und hat sich in den letzten Jahren bei guter Auftragslage kontinuierlich vergrößert und hält einen Marktanteil von 40 %. Strategisch positioniert ist das Unternehmen in seinem Kernmarkt als Kostenführer.

Problemstellung und Vorgehensweise
Der Kunde misst dem Problem der steigenden Fluktuation, d.h. in diesem konkreten Fall der übermäßigen Kündigungen, große Bedeutung bei. Ihm ist bewusst, dass die »Ressource Mitarbeiter« für ihn einen Vermögenswert darstellt und nicht als reiner Kostenfaktor anzusehen ist. Der Kunde befürchtet zudem, dass die steigende Fluktuationsrate sich bald in einer Reduzierung der Rentabilität, vor allem im Kerngeschäft, äußern könnte, obwohl er das noch nicht quantifiziert hat.

Sie haben die Rahmenbedingungen des Cases verstanden und fassen die Situation wie folgt nochmals in eigenen Worten zusammen: »Ich weiß, dass zu Personalfluktuationen primär die freiwilligen Kündigungen (d.h. der Mitarbeiter) und unfreiwilligen Kündigungen (d.h. durch das Unternehmen) gezählt werden, neben Ausscheiden durch Alter, Tod oder Krankheit eines Mitarbeiters. Der Kunde ist nach eigenen Angaben im vorliegenden Falle von einer übermäßigen Kündigung der Mitarbeiter betroffen. Die Kennzahl für die Fluktuation ist die Fluktuationsrate.«

Nun ist es an der Zeit, die Herangehensweise zu strukturieren und dem Interviewer einen Vorgehensplan zu geben. Dieser könnte wie folgt aussehen: »Ich würde wie folgt vorgehen:

1. Bestimmung und Bewertung der Höhe der Fluktuationsrate
2. Abschätzung der Kosten, die durch diese entstehen
3. Analyse der Ursachen, die zur der steigenden Fluktuationsrate geführt haben
4. Lösungsansätze zur Ursachenbekämpfung
5. Vorschlag der Entwicklung eines strategischen Personalkonzepts zur langfristigen und tragfähigen Personalbindung«

Da Ihnen klar ist, dass ein Personalmanagementkonzept ein umfassendes Thema ist, könnten Sie Ihrem Interviewer gegenüber auch noch andeuten, dass Sie zunächst nur eine grobe Konzeption umreißen werden, diese aber bei Bedarf ausbauen könnten.

Schritt 1: Fluktuationsrate
Der Interviewer gibt Ihnen an, dass die jährliche Fluktuationsrate bei der Interprinty GmbH ca. 18 % ist, im Vorjahr waren es noch 12 %. Daraufhin fragt er: »Damit wir ein gemeinsames Verständnis haben: Wie würden Sie die Fluktuationsrate definieren?«

Allgemein gültige Formeln zur Berechnung der Fluktuation gibt es nicht. Es wird auch nicht erwartet, dass Sie solche Formeln immer gleich parat haben. Vielmehr können Sie Ihren gesunden Menschenverstand und Ihre analytischen Fähigkeiten unter Beweis stellen, indem Sie solche Zusammenhänge kurz selbst herleiten. Fragen Sie sich hierzu, was die relevanten Variablen in der Formel sein müssten und wie diese zueinander im Zusammenhang stehen.

Zwischenfrage 1: Welche Variablen sind Ihrer Meinung nach Bestandteil der Fluktuationsrate?

- ☐ a) Abgänge (alle)
- ☐ b) Personalbestand
- ☐ c) Kündigungen
- ☐ d) Neueinstellungen

Sie kommen auf folgenden Zusammenhang für eine einfache Formel:

Fluktuationsrate = Abgänge / durchschnittlicher Personalbestand x 100 im jeweils betrachteten Zeitraum

Der Interviewer nickt und bittet Sie fortzufahren.

Nachdem Sie die Fluktuationsrate erfahren haben, müssen Sie sich nun die Frage stellen, ob diese Fluktuation in einem Unternehmen als hoch oder niedrig zu bewerten ist.

Zwischenfrage 2: Welche Möglichkeiten haben Sie, diese Fluktuationsrate zu bewerten?

- ☐ a) Vergleich mit Vorjahreszeitraum
- ☐ b) Vergleich mit Branchendurchschnitt
- ☐ c) Vergleich mit einem der Interprinty ähnlichen Unternehmen aus einer anderen Industrie
- ☐ d) Vergleich mit einem der Interprinty ähnlichen Unternehmen aus der gleichen Industrie
- ☐ e) Marktforschung
- ☐ f) Anfrage bei Personalberatungen

Diese lässt sich alleine mit der Fluktuationsrate nicht beantworten, da viele Faktoren dabei eine Rolle spielen. Sie sagen daher: »Wichtig ist der Vergleich der eigenen Fluktuationsrate mit der Fluktuationsrate anderer Unternehmen – neben dem Vergleich mit der eigenen Fluktuationsrate des letzten Messzeitraums. Zum Vergleich eignen sich sicherlich am besten Raten von Unternehmen aus der gleichen Branche, der gleichen Größe etc. Ich gehe davon aus, dass je ähnlicher das Unternehmen dem eigenen Unternehmen ist, desto besser sich die Fluktuationsraten vergleichen lassen.« Dann wenden Sie sich an Ihren Interviewer: »Können Sie mir bitte eine geeignete Fluktuationsrate als Vergleich nennen?«

Der Interviewer gibt an, dass die durchschnittliche Fluktuationsrate aller Unternehmen bei 13 % liegt. Bei steigender Fluktuationsrate innerhalb des Unternehmens auf 18 % hat die Interprinty GmbH also anscheinend tatsächlich ein Personalproblem.

Zwischenfrage 3: Um wie viel Prozent ist die Fluktuationsrate bei Interprinty höher als der Durchschnitt?

- ☐ c) 5 %
- ☐ c) 27,8 %
- ☐ c) 38,5 %
- ☐ c) 72,2 %

Schritt 2: Kosten der Fluktuation

Als nächsten Schritt fahren Sie nun fort, die durch die Fluktuation entstehenden Kosten zu betrachten, wie Sie ja in Ihrem vorgeschlagenen Lösungsweg schon angedeutet haben.

In diesem Zusammenhang erklären Sie, dass hierbei die entscheidende Frage ist, wer bzw. welche Mitarbeitergruppe das Unternehmen verlässt, also High Potentials oder eher leistungsschwache Mitarbeiter. Verliert man die Mitarbeiter, die man tendenziell eher verlieren möchte, sind die Kosten sicherlich nicht so hoch, wie bei leistungsstarken Mitarbeitern, doch auch die Neubesetzung der Stellen dieser Mitarbeiter sind mit Kosten verbunden. Sie fragen daher Ihren Interviewer gezielt nach dieser Information. Der Interviewer teilt Ihnen daraufhin mit, dass zunehmend Teamleiter oder Abteilungsleiter die Interprinty GmbH verlassen.

Sie wissen, dass die durch den Weggang eines Mitarbeiters entstehenden Kosten nicht einfach zu quantifizieren sind. Je anspruchsvoller die Position ist, desto höher werden die Kosten sein, eine Stelle neu zu besetzen. Jede Position in einem Unternehmen entspricht also einem eigenen Kostenfaktor, wenn die Stelle neu besetzt werden muss.

Zwischenfrage 4: Welches sind wichtige Kostenkomponenten der Mitarbeiterfluktuation? Bevor Sie weiterlesen, sollten Sie selber mindestens drei Kostenkomponenten eintragen:

Ihr Ansatz:

Sie können für eine vereinfachte Berechnung grob folgende Kosten anführen:

1. Kosten vor der Kündigung: Die Mitarbeiter, die vorhaben, das Unternehmen zu verlassen, arbeiten im Durchschnitt langsamer, sind weniger innovativ und öfter krank.

2. Kosten, die sofort durch den Weggang entstehen: z.B. durch einen möglichen Rechtstreit mit dem Mitarbeiter.
3. Kosten durch die unbesetzte Stelle: Arbeit wird später erledigt, Chancen können nicht genutzt werden, Mehrarbeit bzw. Überstunden der anderen Mitarbeiter, Arbeit bleibt liegen, Wissen und Kontakte wandern ab.
4. Rekrutierungskosten: Stellenanzeigen, Testverfahren, Vorstellungsgespräche, Headhunter-Kosten etc.
5. Einarbeitungskosten: Der neue Mitarbeiter muss angewiesen werden, das kostet einen anderen Mitarbeiter Zeit. Außerdem braucht der neue Mitarbeiter Zeit, um sich auf seiner neuen Stelle gut zurechtzufinden. Zudem gibt es Kosten des Risikos, dass der neue Mitarbeiter für die Stelle ungeeignet ist.

Der Interviewer zeigt sich zufrieden. Er könnte an dieser Stelle von Ihnen verlangen, einige oder alle dieser Kostenfaktoren exemplarisch zu berechnen. Er signalisiert Ihnen jedoch in diesem Fall, in der Lösung fortzufahren.

Schritt 3: Ursachen der steigenden Fluktuationsrate

Sie fahren mir Ihrem Lösungsweg fort: »Als nächstes werde ich betrachten, welches die Gründe für freiwillige Kündigungen von Mitarbeitern der Interprinty sind und welche davon zur steigenden Fluktuationsrate führen.«

Zwischenfrage 5: Welche Ursachen könnte die erhöhte Fluktuation haben? Bevor Sie weiterlesen, sollten Sie selbst mindestens drei Gründe eintragen:

Ihr Ansatz:

Bevor Sie anfangen, die Gründe aufzuzählen, überlegen Sie sich eine einfache Kategorisierung, um diese möglichst strukturiert, eindeutig und erschöpfend darzustellen.

Sie sagen: »Ich werde mit unternehmensimmanenten Faktoren anfangen und dann mit mitarbeiterimmanenten fortfahren.«

Unternehmensimmanente Faktoren könnten sein:

1) Gehaltszahlungen des Unternehmens unter dem Marktdurchschnitt

Insider-Tipp

Case-Autorin Tanja Reineke:
»Sehr gut! Struktur allgemein – so simpel sie auch erscheinen mag - sowie das Prinzip, die Faktoren MECE, d.h. »mutually exclusive and collectively exhaustive« darzustellen, wird Ihrem Interviewer gefallen.«

Fragen: Werden die Arbeitnehmer möglicherweise unterdurchschnittlich vergütet? Führen spezielle Vergütungsmodelle dazu, dass Mitarbeiter weniger verdienen als das in anderen Unternehmen der Fall wäre? Gibt es ein System variabler Vergütung? Gibt und gab es Bonuszahlungen im relevanten Zeitraum?
2) Unternehmenskultur
Fragen: Wie ist die Führungskultur in der Interprinty GmbH - ist sie streng hierarchisch, patriarchalisch oder möglicherweise »laissez-faire«? Sind Mitarbeiter mit der Kultur zufrieden? Hat sich etwas an der Firmenkultur geändert?
3) Personalmanagement und »Performance Management«
Fragen: Werden langfristige Bindungen der Arbeitnehmer angestrebt? Gibt es interne Entwicklungs- / Karrieremöglichkeiten? Bemüht sich die Firma, Entwicklungschancen zu bieten?

Mitarbeiterimmanente Faktoren:
Mitarbeiter reagieren natürlich auf unternehmensimmanente Faktoren bzw. sind von ihnen beeinflusst und sind schwierig, genau von diesen abzugrenzen. Demnach können alle bisher genannten Kündigungsgründe dazu führen, dass der Mitarbeiter zu dem Schluss kommt, ein anderes Arbeitsumfeld und eine andere Firma könnte ihm bessere Arbeitsbedingungen bieten. Dies führt in der Regel zu folgenden zwei Reaktionen des Mitarbeiters, die letztendlich zu einer Kündigungsentscheidung führen können:

1) Fehlende Motivation des Mitarbeiters: Der Mitarbeiter wird so unzufrieden, dass er von sich aus Alternativen sucht und kündigt.
2) Reaktion auf externe Faktoren: Der Mitarbeiter ist unzufrieden mit seiner Arbeitssituation und dadurch leichter empfänglich für alternative Angebote wie z.B. eine Abwerbung durch ein konkurrierendes Unternehmen oder ist möglicherweise bereit, mit seinem wechselnden Chef oder Chefin in ein anderes Unternehmen abzuwandern.

Sie beenden Ihre Ausführungen mit den Worten: »Ich denke, damit habe ich die wichtigsten Kündigungsgründe erfasst. In jedem Fall ist es natürlich wichtig, dass die genauen Gründe durch Befragungen der Führungskräfte und / oder der Mitarbeiter erfasst werden.«

Ihr Interviewer sagt: »Da Sie das Spektrum der möglichen Kündigungsgründe erfasst haben und Sie außerdem richtig liegen mit Ihrer Aussage, dass die Fluktuationsgründe natürlich durch Interaktion mit den Mitarbeitern erarbeitet werden müssen, werde ich Ihnen nun die tatsächlich vorliegenden Gründe bei der Interprinty benennen. Ich kann Sie darüber informieren, dass bereits Workshops mit Mitarbeitern erfolgt sind. Grundsätzlich haben wir festgestellt, dass die Gründe weder in der Vergütung noch in der Unternehmenskultur zu finden waren, sondern folgende vier konkrete Problemfelder wurden identifiziert:

1) Schwächen in der Führungskompetenz der Team- und Abteilungsleiter
2) Lückenhafte Produktkenntnisse bei den Vertriebsmitarbeitern
3) Abnehmender Zusammenhalt in den wachsenden Teams
4) Eine vergleichsweise hohe Fehlerhäufigkeit in der Auftragsabwicklung.«

Schritt 4: Ursachenbekämpfung:
Sie fahren fort: »Um nochmals meinen ursprünglich vorgeschlagenen Lösungsweg aufzunehmen, benenne ich ein weiteres Mal die Arbeitsschritte, die nun folgen:

a) Nachdem Sie mir die Gründe genannt haben, warum Mitarbeiter kündigen, werde ich Maßnahmen definieren, mit Hilfe derer diese kurzfristig beseitigt werden können.
a) Anschließend werde ich eine umfassende Personalstrategie entwickeln, die dazu führen soll, eine langfristig erfolgreiche Personalbindung zu bewirken.

Sie beginnen, die Maßnahmen zur Ursachenbekämpfung pro identifiziertem Defizit detailliert auszuarbeiten. Sie entnehmen den Informationen des Interviewers, dass vor allem auf Ebene der Team- und Abteilungsleiter die Führungskompetenzen nicht ausreichend vorhanden sind. Ein Fort- und Weiterbildungssystem scheint nicht implementiert zu sein, Vertriebsmitarbeitern fehlen Produktkenntnisse, Fehler häufen sich und der Teamzusammenhalt scheint zu bröckeln.

In Summe kommen Sie mit den Angaben des Interviewers auf folgende Defizite:

1. Schwächen in der Führungskompetenz der Team- und Abteilungsleiter
2. Lückenhafte Produktkenntnisse bei den Vertriebsmitarbeitern
3. Abnehmender Zusammenhalt in den wachsenden Teams
4. Vergleichsweise hohe Fehlerhäufigkeit in der Auftragsabwicklung

Zwischenfrage 6: Überlegen Sie, welche konkreten Personalmaßnahmen für jedes der vier Defizite ergriffen werden könnten:

Ihr Ansatz:

Achtung! Machen Sie sich – wie der Bewerber in diesem Case hier – die Mühe, sich bereits jetzt zu überlegen, welches strategische Personalziel mit der Bearbeitung eines jeden Defizits erreicht werden soll. Schließlich wollen Sie anschließend noch eine Personalstrategie entwickeln, in der dann auch die bereits hier genannten Maßnahmen aufgehen.

Defizit 1: Schwächen in der Führungskompetenz der Team- und Abteilungsleiter
Strategisches Personalziel: Verbesserung der Führungsarbeit in den Teams
Personalmaßnahmen: Führungstrainings, Einführung einer jährlichen Beurteilung des Vorgesetztenverhaltens durch die Mitarbeiter, Einbeziehung der Führungskompetenz in die Zielvereinbarungsgespräche

Defizit 2: Lückenhafte Produktkenntnisse bei den Vertriebsmitarbeitern
Strategisches Personalziel: Verbesserung der Qualifikation der Vertriebsmitarbeiter
Personalmaßnahmen: Schulungen, quartalsweise stattfindende Informationsveranstaltungen, Überprüfung der Wirksamkeit von variablen Vergütungskomponenten auf ihre Wirksamkeit

Defizit 3: Abnehmender Zusammenhalt in den wachsenden Teams
Strategisches Personalziel: Verbesserte Entwicklung von Teamfähigkeit und -bereitschaft
Personalmaßnahmen: Teamschulungen, Einführungen von Prämien, die vom Teamerfolg abhängig sind und beispielsweise 10 % des Gehaltes ausmachen

Defizit 4: Vergleichsweise hohe Fehlerhäufigkeit in der Auftragsabwicklung
Strategisches Personalziel: Verbesserung der Qualifikation von Mitarbeitern in der Auftragsabwicklung z.B. der Verpackungshelfer
Personalmaßnahmen: Schulungen in den Bereichen Qualitätssicherung und Selbstverantwortung, Einrichtung von Qualitätszirkeln, Jahresbonus von Erreichung der Qualitätsziele abhängig machen

Für alle Maßnahmen empfehlen Sie, Verantwortlichkeiten und Einhaltungszeiträume sowie klar messbare Erfolgskriterien zu definieren.

Schritt 5: Entwicklung der Personalstrategie
Häufig werden Bewerber an dieser Stelle nervös, da das Thema »Personalstrategie« sehr umfassend und weitgefächert sein kann. Entwickeln Sie aber einfach wieder eine gute Struktur und fokussieren Sie vor allem auf den Kundenwunsch nach einem Aktionsplan, dann bekommen Sie dieses Thema gut in den Griff.

Zwischenfrage 7: Wie würden Sie an die Entwicklung der Personalstrategie herangehen? Bitte definieren Sie die Struktur Ihrer Personalstrategie.

Ihr Ansatz:

Der Bewerber beginnt seine Lösung mit den Worten: »Zunächst schlage ich vor, zusammen mit dem Unternehmen ein strategisches Personalziel zu entwickeln, da dies hilft, die Schwerpunkte in der Personalstrategie zu setzen. Anschließend müssen konkrete Maßnahmen zur Erreichung des Personalziels erarbeitet werden. Um die verschiedenen Facetten der Personalstrategie vollständig und systematisch darzustellen, entscheide ich mich dafür, diese anhand des Lebenszyklus eines jeden Mitarbeiters darzustellen, nämlich mit den Schritten: Rekrutierung, Entwicklung, Retention und letztendlich Austritt.«

Der Interviewer ist zufrieden mit dieser Strukturierung und bittet Sie, nun konkret zu werden. Sie sagen: »Gut, also zunächst die Erarbeitung des Personalziels: Hierfür gilt es zu klären, ob neben der generell verbesserten Retention der Mitarbeiter weitere Ziele verfolgt werden sollen, wie z.B. Entwicklung von speziellem Know-how zur Schaffung eines Wettbewerbsvorteils im Markt oder Investitionen in die Teamfähigkeit zur Erreichung von Produktivitätsgewinnen.«

Der Interviewer nickt und sagt: »Sie haben grundsätzlich recht mit Ihren Fragen bzw. Ansätzen. In diesem Fall fokussieren Sie sich bitte auf das Thema Personalbindung sprich Reduktion der Fluktuation.«

Sie fahren also fort: »Für alle Schritte des Mitarbeiterlebenszyklus müssen zunächst strategische Personalziele gesetzt werden und daraus ableitend konkrete Personalmaßnahmen zur Erreichung der Ziele entwickelt werden. Natürlich bieten sich für alle Schritte vielfältige Möglichkeiten. Ich werde hier ein paar Maßnahmen exemplarisch benennen:

Rekrutierung

Strategisches Personalziel: Rekrutierung von bestmöglich qualifizierten Fachkräften für alle Funktionsbereiche, dabei kontinuierliche Überprüfung des »Matches« von erarbeiteten Anforderungsprofilen und den Kompetenzausprägungen von Bewerbern

Personalmaßnahmen: Schulungen der rekrutierenden Personalverantwortlichen, Identifikation und kontinuierliche Überprüfung der erforderlichen Qualifikationen in den Funktionsbereichen

Entwicklung
Strategisches Personalziel: Erreichung von identifizierten erforderlichen Qualifikationen der Mitarbeiter in den jeweiligen Unternehmensfunktionen. Dies umfasst fachliche Qualifikationen für die jeweiligen Aufgaben sowie Führungskompetenzen (siehe auch die bereits definierten Maßnahmen zur Eliminierung der identifizierten Defizite)
Personalmaßnahmen: Einführung von Schulungsmaßnahmen, die auf die Bedürfnisse der Mitarbeiter zugeschnitten sind

Retention
Strategisches Personalziel: Langfristige Bindung eines Mitarbeiters an das Unternehmen durch Mitarbeiterzufriedenheit
Personalmaßnahmen: Mitspracherecht oder idealerweise auch Möglichkeiten zur Mitverantwortung geben und Mitarbeiter dazu anregen, diese Möglichkeiten zu nutzen, Einführung einer halb- oder jährlichen Beurteilung eines jeden Mitarbeiters durch Kollegen, Untergebene und Führungskräfte, Koppelung der variablen Vergütung an diese Bewertung

Austritt
Strategisches Personalziel: Professionelle Abwicklung des Firmenaustritts zur langfristigen Stärkung des Images als guter Arbeitgeber
Personalmaßnahmen: Schulung der Mitarbeiter in der Personalabteilung in Bezug auf »Kundenzufriedenheit« sowie Optimierung des Austrittsprozesses.«

An dieser Stelle halten Sie inne und warten auf eine Reaktion des Interviewers. Dieser nickt und sagt mit einem Blick auf seine Uhr: »Gut, ich habe die Eckpfeiler Ihrer Personalstrategie verstanden und bin insbesondere mit der Struktur sowie den Personalzielen einverstanden. Bitte fassen Sie nun Ihre Lösung nun noch einmal kurz zusammen.«

Fazit:
»Zunächst habe ich festgestellt, dass beim Klienten Interprinty tatsächlich ein Fluktuationsproblem besteht und dargestellt, wie die Kosten für Fluktuation zu quantifizieren sind. Nach grundsätzlichen Überlegungen zu Gründen der Fluktuation haben Sie mich informiert, welche Gründe bei der Interprinty vorliegen. Für diese Gründe habe ich dann konkrete Maßnahmen zur Ursachenbekämpfung entwickelt. Abschließend habe ich ein Konzept zur Entwicklung einer umfassenden Personalstrategie erstellt.«

Ihr Interviewer beendet das Gespräch an diesem Punkt. In der Praxis folgt – wenn die Zeit es zulässt – häufig auch die Frage nach sinnvollen Entscheidungskriterien zur Umsetzung der Maßnahmen und deren Quantifizierung. Diese Frage beantworten Sie idealerweise mit einem Kosten- / Nutzen-Vergleich wie z.B. die Kosten der Qualifizierung der Verpackungshelfer verglichen mit den ansonsten entstehenden Fehlerkosten in der Verpackung.

Lösungen zu den Zwischenfragen

1: Für eine Berechnung der Fluktuationsquote reicht es vollkommen aus, alle Abgänge ins Verhältnis zum Personalbestand im jeweils betrachteten Zeitraum zu setzen. Also Antwort a) und b)

2: Das beste Benchmark wäre natürlich die Fluktuationsrate eines ähnlichen Unternehmens der gleichen Branche, da alle Unternehmen in dieser Branche von ähnlichen externen Faktoren beeinflusst sind. Hilfsweise helfen Zahlen ähnlicher Unternehmen anderer Industrien oder auch der Branchendurchschnitt. Auch die Entwicklung der Rate über die Zeit ist natürlich wichtig und richtig. Wir halten Antworten a), b), c) und d) also für geeignet.

3: Viele Bewerber haben im Case Interview Probleme mit Prozentrechnung. Die Fluktuationsrate ist fünf Prozentpunkte höher. Danach ist aber nicht gefragt. Die Fluktuationsrate ist 38,5 % höher als der Durchschnitt. Also Antwort c). Wenn Sie sich im Eifer des Gefechtes unsicher sind, machen Sie den Gegencheck: 13 x (1 + 0,385) = 18!

4 - 7: Siehe Musterlösung im Text

Ergänzende Fragen zum Training

- Berechnen Sie auf Basis Ihrer eigenen Annahmen die Kosten der Fluktuation für das Unternehmen.
- Erstellen Sie ein Framework zur Entscheidungsfindung zur Umsetzung der Maßnahmen und wie Sie einen Kosten-Nutzen-Vergleich strukturieren würden. Führen Sie die Kosten-Nutzen-Rechnung beispielhaft an einzelnen der erwähnten Maßnahmen durch.

Übungscases

11. Pen Manufacturer Case

(zur Verfügung gestellt von Booz & Company)

Penco is a global leading manufacturer of writing products, with divisions in North America, Europe and South-East Asia. Penco's global sales equals Euro 50 million whereas its profit amounts to 25 million Euro. The major activities of Penco's European division are within the manufacturing and sales of disposable pens.

Within the European region, sales are flattening and profit is decreasing. Penco's CEO has asked you to determine the cause of the decreasing profit in the European pen division, and to come forward with suggestions to bring it back up.

Seien Sie darauf vorbereitet, dass ein Case auch mal auf Englisch gestellt werden kann.

Interviewer: How would you approach the case?

Candidate: Profit is defined by sales minus costs. Penco's decreasing profit within the European pen division is caused by flattening sales on one hand and this could be accumulated by increasing costs on the other.

Possible causes for flattening sales
- The number of pens sold is decreasing
- The price per pen is decreasing
- An unfavorable shift is taking place within the product mix

Possible causes for increasing costs
- Increasing direct costs
  - Material costs
  - Direct wages
- Increasing indirect costs
  - Production costs
  - Transportation costs
  - Indirect wages
  - Marketing & Sales costs
  - Overhead costs

In a case interview, this step is crucial. Verify whether you understood the objective of the case and write down the main question. During the interview, take the time to determine your structure and make sure to communicate your plan clearly. In your answer set out the broader structure: First, discuss the major aspects you would like to study in order to understand the decrease in profit.
While the suggested answer above represents a good solution, excellent candidates would go a step further. One could for example mention that within the cost-price of a pen, the share of indirect costs is substantial. For a great part, these indirect costs are determined by the utilization of the production capacity. When production utilization increases, the indirect costs can be distributed over a greater number of products, such that the costs per product diminish. Therefore, an excellent candidate would amongst other things suggest to test the hypothesis that utilization of the production capacity could be increased.

Interviewer: Ok, a good approach. So let us study the means to increase sales in further detail.

Candidate: Here I would like to identify a few possible means to increase sales:
- Increase sales to existing customers: for example, attach sales of accessories or fillings to pen sales
- Initiate sales to new customers: for example by increasing the number of distribution channels and / or intensifying marketing
- Selectively increase the prices
- Launch new products: for example, premium pens

- Get rid of unprofitable pens within the existing product mix, such that sales will shift from unprofitable pens towards more profitable pens
- Cut a deal with retailers: for example, attach a pen to a specific notebook within their assortment

---

In an interview, if you think you need more information, do not hesitate to ask for it. However, make sure you are asking for a specific answer. For example: »Would you want me to look at the sales of pens or would you also be interested in sales of other writing products?« The answer in this case is: »We are only interested in the sales of various kinds of pens«.
In order to provide a delicate answer to the question, the candidate could further request the following information
- What are the segments in which Penco is operational?
- How aggressive is the competition within these segments?
- What is the current stage of the pen market?

Building up upon the answers received, the candidate would have been able to conclude that the pen market is highly competitive, especially within the segment of disposable pens – in which Penco is operational. Therefore, to Penco price is extremely important. This makes the sales increase by means of an increase in prices fairly unrealistic. If we would have been looking at premium products (i.e., products with added value which customers are willing to pay for), price would be of minor importance.

Interviewer: There seem to be opportunities within the market of premium pens. In this example, we will assume fountain-pens which are produced in vast volumes, with minimum selling price Euro 10. Penco does not yet operate within this segment. Let's look into this in some further detail. Please study the launch of new products in order to increase sales in further detail and estimate the market for premium pens in Europe.

Candidate: I will start with some assumptions, and then calculate the estimated number of premium pens sold per annum within Europe:
- The number of inhabitants of Europe is 400 million
- Persons below the age of 12 do not possess premium pens
- This category represents about 15 % of the European population (12 / 80 ≈ 15 %)
- On average, 1 out of 4 persons possesses a premium pen
- On average, a premium pen is utilized over a period of 5 years

Over a period of 5 years, the number of premium pens sold in Europe is: 400 M x (100 % - 15 %) persons x 0.25 pens = 85M premium pens.

This corresponds to a market of 85 million pens over 5 years / 5 years = 17 million pens per annum. Let's assume the total market of premium pens within Europe equals 15 million pens. We round down because the assumed average of 1 out of 4 persons possessing a premium pen seems a bit high.

Be prepared to be solving mathematical problems during the case. It is expected that you will do calculations without the use of a calculator. In client situations, there will often not be a calculator either. Make assumptions and round numbers such that multiplying and dividing is easier. But also keep in mind to regularly check with your interviewer if your assumptions are in line with her / his expectations so that you avoid oversimplification. Also make sure to perform a sanity check after deriving an answer. In order to get a better feeling for key markets in their region and current dynamics, candidates could review figure on population sizes and GDP growth during their interview preparation.
Excellent candidates would have recognized that besides the direct sales of premium pens, the sales of accessories and fillings encompass essential elements of the total size of the market.

Interviewer: As Penco is not yet operational within the premium pen segment, Penco will have to enter this market as a new player. In order to determine whether launching premium pens is a successful strategy, we first have to consider the barriers to entry. Therefore please consider entry barriers for Penco.

Candidate: There are a few considerations regarding barriers to entry:

- Access to distribution channels
  Penco holds a distribution network for the current assortment. However, in addition to these channels, premium pens are sold through distribution channels Penco does not yet have access to, such as specialty stores. Therefore, Penco will need to invest in these distribution channels.
- Market consolidation in the segment of premium pens
  The size of the market for premium pens is relatively small and highly consolidated by established strong brand names, such as Waterman, Mont Blanc, Cartier and Dunhill. A successful launch of a new premium brand name seems impossible unless great risks are taken by major investments in marketing and sales.
- Access to resources
  Penco is a global leading company, such that access to resources is not expected to be a problem
- Image / reputation of the brand 'Penco'
  The main obstacle for Penco is the image it has as a manufacturer of disposable pens. This existing image makes it extremely difficult to position itself within the market of premium pens.

In your interview, you will not be required to know theoretical frameworks or economic models by heart. Having said this, many candidates still benefit from reviewing some of the commonly used frameworks during their preparation. Keep in mind that you will most likely be nervous and under stress while solving your case study. The more familiar you feel with basic economic principles, the more likely it is that you will be able to recall relevant information during the interview.

In conclusion, it is difficult for Penco to launch premium pens because the market seems consolidated and dominated by strong brand names.

Interviewer: As a consultant, it is important to support the advice you deliver by analyses. From the previous answers, it became clear that launching premium pens is difficult, but it could still be profitable. Would you advice the client to extend the assortment with premium pens? Please consider the financial attractiveness of entering the market.

Candidate: In order to derive a conclusion on the financial attractiveness of entering the market of premium pens, I will estimate Penco's possible market share, its corresponding sales and the resulting profit within premium pens:

- Penco's market share within premium pens
  - Assume the strong brand names cover a consolidated market share of 80 %
  - Assume Penco would indeed be able to position itself and capture a 2 % market share
- Penco's sales in premium pens
  - With its 2 % market share and a market size of 15 million pens, Penco could sell 300.000 pens. With an assumed average selling price of Euro 20, this results in Euro 6 million sales.
- Penco's profit in premium pens
  - The reason people are willing to pay more for premium pens, is the added value of a special design or a brand name.
  - Premium products usually have a gross profit margin of over 25 % (this is the difference between the sales and fixed and variable production costs).
  - The costs of premium pens are mainly determined by the marketing and sales of the product, instead of the manufacturing. Penco will need to make major marketing & sales expenses in order to gain market share. Assuming the profit margin after the marketing & sales expenses to be about 5 % results in Euro 300.000 annual profit.
  - Compared to the Euro 25 million total profit, this is extremely small.

In conclusion, launching premium pens is financially not attractive. It seems sensible to study further other possibilities for increasing the sales, or look into the possible means of reducing the costs.

Interviewer: In order to resolve Penco's main problem – that is, its decrease in profit – in the beginning we concluded that there are two sub problems we need to analyze. On one hand, it involves increasing the sales; on the other it enhances reducing the costs. In the previous analysis, we looked into the optimization of sales. We would now like to proceed and question whether we could realize a cost reduction. Please study the means to decrease costs in further detail.

Candidate: I will first create a cost breakdown, and then discuss the possible means to decrease those costs.

Penco's main costs
- Direct costs
  - Material costs (both for the pens and packaging)
  - Direct wages (wages of e.g. temporary employees)
- Indirect costs
  - Production costs (machinery, buildings, maintenance of production lines)
  - Transportation costs (both inbound and outbound)
  - Indirect wages (supervision, administration)
  - Marketing & Sales costs
  - Overhead costs

Possible means to decrease costs
- Reduce material costs
  - Use economies of scale
  - Purchase in low-wage country such as China
  - Use cheaper material for e.g. packaging
  - Rationalize the product / packaging design
  - Reduce the complexity of products
- Reduce wages
  - Make use of wage differences among varying groups of employees more efficiently (replace temporary employees by contracted employees, use skilled persons only where necessary)
  - Move production process to low-wage country
- Reorganize the production process
  - Consolidate factories
  - Move production process to low-wage country
  - Computerize parts of the production process
- Reduce transportation, Marketing & Sales and Overhead costs
  - Increase efficiency
  - Make use of wage differences among varying groups of employees more efficiently
  - Move production process to low-wage country

As in the beginning, share the major aspects you would like to study, first. The question invites you to brainstorm and to display your knowledge and creativity. Do not fall victim to the temptation to narrow down on one or two measures, too quickly. Not only that you run the risk of picking wrong or less significant measures. You also limit your options for further exploration, since candidates often experience difficulties in re-opening the scope, once they have focused on a topic in more detail.

Interviewer: What will be the cost reduction when moving the production process to China? Please study the move to low-wage countries in order to reduce costs in further detail.

Candidate: First, I will assume a cost structure, followed by an assumption on the incorporated differences when moving to China. Next I will use these assumptions to discuss the impact of moving to China.

I assume the following cost structure:

- Direct costs
  - Material costs: 50 %
  - Direct wages: 20 %
- Indirect costs
  - Production costs: 20 %
  - Transportation costs: 5 %
  - Indirect wages, Marketing & Sales costs, Overhead costs: 5 %

I assume wages in China are about 10 % of the wages in Europe.

The resulting impact of moving to China is as follows:

- Impact on wages
  The costs per pen attributable to direct wages will decrease by 18 % (20 % - 10 % x 20 %). A decrease in indirect wages will imply an additional cost reduction.
- Further impact
  - Reduction in costs could be obtained by the local purchase of materials.
  - In addition, the change could be used as an opportunity to consolidate factories and better utilize production capacity. This will imply a decrease in production costs, resulting in a smaller amount of indirect costs per product and an increasing profit margin.
  - A disadvantage is the increase in costs due to increasing distribution costs.

It will be necessary to further investigate whether the cost reductions above offset the increase in distribution costs.

> This could be created with the help of the interviewer. If you feel insecure about the share of different costs associated with earning the revenue within specific industries, have a look at some representative income statements during your preparation. You will see that you will quickly get a better feeling about realistic estimates.

Interviewer: What is your advice to Penco's CEO? Please summarize and make recommendations.

Candidate: The goal of the client was to improve the financial performance of the European pen division. The main aspects we investigated are possibilities for an increase in sales and a decrease in costs. A major opportunity to reduce costs is to move the production process to a low-wage country such as China - this needs to be investigated further.

1. Possible means to increase sales:
   - Price optimization seems impossible
     - The pen market is highly competitive. Especially in the disposable pens' segment, price is extremely important. Therefore, it seems not feasible that an increase in sales could be obtained by a price increase
   - Launch of premium pens seems not worth the effort
     - We studied the possibilities to broaden the Penco's product portfolio by the launch of premium pens. It appeared not to be sensible to enter the market of premium pens, as the market seems consolidated and dominated by strong brand names.
   - Other means of increasing sales need further investigation
     - Increase sales to existing customers: for example, attach sales of accessories or fillings to pen sales
     - Initiate sales to new customers: for example by increasing the number of distribution channels and / or intensifying marketing
     - Launch other new products
     - Get rid of unprofitable pens within the existing product mix, such that sales will shift from unprofitable pens towards more profitable pens

2. Possible means to decrease costs:
   - Move production process to a low-wage country such as China captures opportunities
     - With wages 10 times lower than in Europe, at least 18 % of the product costs can be saved
     - Moreover, further reduction in costs could be obtained by the local purchase of materials
   - Other means of decreasing costs need further investigation
     - Use economies of scale
     - Rationalize products
     - Consolidate factories

Insider-Tipp

Case-Autor Dr. Christian Rebhan:
»At the end of the interview, clearly summarize your findings and test whether the outcome answers the initial question. Never forget the main question of the case.«

Über Booz & Company

Booz & Company ist mit mehr als 3.300 Mitarbeitern in 59 Büros auf allen Kontinenten eine der weltweit führenden Strategieberatungen. Zu den Klienten gehören erfolgreiche Unternehmen sowie Regierungen und Organisationen.

Unser Gründer Edwin Booz formulierte bereits 1914 die Grundlagen der Unternehmensberatung. Heute arbeiten wir weltweit eng mit unseren Klienten zusammen, um die Herausforderungen globaler Märkte zu meistern und nachhaltiges Wachstum zu schaffen. Dazu kombinieren wir einzigartiges Marktwissen sowie tiefe funktionale Expertise mit einem praxisnahen Ansatz. Unser einziges Ziel: unseren Klienten jederzeit den entscheidenden Vorteil zu schaffen.

Booz & Company hat von jeher großen Wert auf Mitarbeiter mit unterschiedlichen Studienhintergründen gelegt, denn Vielfalt ist uns wichtig! Die unterschiedlichen Ausbildungen und Interessengebiete sind eine Bereicherung für uns und unsere Klienten. Und Vielfalt bezieht sich bei uns nicht nur auf die verschiedenen Studienrichtungen, auch die verschiedenen Nationalitäten, die ethnischen und religiösen Zugehörigkeiten in den einzelnen Teams sowie die erfolgreiche Zusammenarbeit von Frauen und Männern stärkt die Leistung unserer einzelnen Teams.

Wir suchen intelligente und intellektuell neugierige Menschen, die sich durch analytische und kommunikative, aber auch durch soziale Fähigkeiten auszeichnen. Gerade bei der Zusammenarbeit im Team und mit unseren Klienten ist Sensibilität und soziale Kompetenz unabdingbar. Wir suchen Persönlichkeit.

Weitere Informationen, Insider-Berichte und mehr zu Booz & Company unter squeaker.net/Booz

12. Ein Fitnessstudio in Nöten

Eine deutschlandweit bekannte Schauspielerin hat in Berlin-Mitte vor einem Jahr ein Premium-Fitnessstudio eröffnet. Die Ausstattung ist hochwertig, entspricht dem neusten Stand der Technik und auch die angestellten Personal Trainer sind exzellent geschult. Neben 85 Fitnesskursen sind auch Programme zur Ernährungsberatung im Mitgliedsbeitrag enthalten. Außerdem trainieren sehr viele Prominente in dem Studio. Da das Studio jedoch seit Eröffnung einen negativen EBITDA schreibt und hoch verschuldet ist, hat sich die Geschäftsführung an eine Unternehmensberatung gewandt und erwartet so schnell wie möglich eine Handlungsempfehlung.

Ziel: Bei diesem Case geht es darum, mögliche Probleme zu identifizieren, konkrete Lösungsstrategien aufzustellen und eine Handlungsempfehlung abzugeben.

Schritt 1: Verständnis der Aufgabenstellung
Wiederholen Sie die Fragestellung in eigenen Worten, damit Sie sicher gehen, auch alles richtig verstanden zu haben und um etwaige Missverständnisse zu klären. Beachten Sie, dass Sie sich nicht darauf

Das ist nicht nur in diesem Case ein ganz häufig vorkommender Fehler: Es geht nicht immer darum Empfehlungen zu finden, wie man wieder in die Gewinnzone kommt. Es gibt Cases bei denen es durchaus Sinn macht, Schließung, Verkauf o.ä. zu empfehlen. Nicht jedes Unternehmen kann um jeden Preis gerettet werden und Berater sind eben häufig die Überbringer schlechter Botschaften.

beschränken müssen, Strategien für das Erreichen der Gewinnzone zu entwickeln. Sollten Ihre Analysen ergeben, dass eine Sanierung kaum möglich ist, wäre auch eine Empfehlung, das Studio zu verkaufen, denkbar.

Schritt 2: Vorgehensweise

Erläutern Sie Ihre Vorgehensweise. Es bietet sich an,

- zunächst mögliche Probleme zu identifizieren und
- anschließend passende Lösungsvorschläge zu entwickeln.
- In einem letzten Schritt sollten Sie einige Bewertungskriterien für Ihre Lösungsvorschläge definieren,
- um anhand dieser Kriterien schließlich zu einer Handlungsempfehlung zu kommen.

Schritt 3: Probleme identifizieren

Bei der Identifizierung möglicher Probleme werden Sie einige Informationen erfragen müssen, jedoch sollten Sie sich auf die notwendigsten beschränken und Ihre sonstigen Vermutungen nachvollziehbar begründen.

Folgende Problemfelder sollten Sie behandeln:

1. Die Kosten

Ein Grund für die Verluste könnten zu hohe Kosten sein. Bei diesem Case Study Abschnitt möchte Ihr Interviewer vor allem Ihren Umgang mit Zahlen prüfen und beobachten, durch welche Herangehensweise Sie zu einer guten Einschätzung der Kosten gelangen.

Gehen Sie strukturiert vor, indem Sie fixe und variable Kosten getrennt betrachten. Beachten Sie im Hinblick auf mögliche Lösungen, dass variable Kosten oft leichter zu beeinflussen sind als Fixkosten und Sie dementsprechend Ihre Zeit einteilen sollten. Die eingangs gegebenen Informationen geben Ihnen erste Anhaltspunkte.

Ihr Interviewer weist noch darauf hin, dass Sie lediglich das operative Geschäft betrachten sollten, da nach dem EBITDA gefragt ist. Auf Abschreibungen für das Inventar aus Fitnessgeräten, Mobiliar, Duschen usw. sowie Zinszahlungen für den Kredit sollten Sie also verzichten.

EBITDA

= Earnings Before Interest, Taxes, Depreciation and Amortization

1.1 Die fixen Kosten (Mietkosten, Betriebskosten und sonstige Kosten)

An fixen Kosten betrachten Sie

- Mietkosten,
- Betriebskosten und
- sonstige Kosten

Zwischenfrage 1: Bevor Sie weiterlesen: Leiten Sie eigenständig die einzelnen Fixkostenblöcke her und vergleichen Sie dies dann mit der Musterlösung. Es geht hierbei weniger um die konkreten Zahlen, als darum, dass Sie das grundsätzliche Vorgehen üben. Nehmen Sie an, das Fitnessstudio sei ca. 1.000 m^2 groß.

Ihr Ansatz:

Um Ihre Vorstellung vom Studio zu konkretisieren, erfragen Sie die Größe des Fitnessstudios. Ihr Interviewer nennt Ihnen einen Richtwert von ca. 1.000 m^2 . Schätzen Sie nun die m^2-Preise für Berlin-Mitte und geben Sie eine Schätzung für die monatlichen Mietkosten inkl. klassischer Nebenkosten (Strom, Wasser, Heizung usw.). Sie können vermuten, dass das Fitnessstudio sehr gut gelegen ist und die Kaltmiete pro Quadratmeter wahrscheinlich bei etwa 20 Euro liegt; die »warmen Betriebskosten« – Heizung, Warmwasser, Wartung der Heizungsanlage u.ä. – können Sie mit 1 Euro / m^2 / Monat angeben, wobei der größte Kostenfaktor die Heizkosten sind. Bezüglich der Stromkosten sollten Sie sich vor Augen führen, dass der Großteil des Stroms nicht für die Beleuchtung der Räumlichkeiten, sondern für den Betrieb einiger Fitnessgeräte (Laufbänder etc.) verwendet wird.

Zwischenfrage 2: Wie erfahren Sie am sinnvollsten die Höhe der monatlichen Stromkosten?

- ☐ a) Ich schätze zunächst die Zahl der Lampen und sonstigen elektrischen Geräte (PCs usw.) sowie deren Stromverbrauch pro Stunde in Euro. Ich schätze dann die Zeitspanne, in der diese Lampen und sonstigen Geräte am Tag Strom verbrauchen und rechne das auf einen Monat hoch. Analog verfahre ich mit den Fitnessgeräten und addiere die Ergebnisse.
- ☐ b) Ich gehe von einem Pauschalbetrag von 5 % der Kaltmiete aus.
- ☐ c) Ich frage den Interviewer.

Detailgrad

Es kann natürlich sein, dass Ihr Interviewer Sie bittet, die Stromkosten selber herzuleiten. Sie werden merken, dass Berater gerne einen Teilbereich sehr genau herleiten lassen, um Ihre Fähigkeit zur sauberen und detaillierten Analyse zu testen. Andere Bereiche können dann schneller nach der 80/20-Regel abgearbeitet werden. Das Hauptbuch »Das Insider-Dossier: Bewerbung bei Unternehmensberatungen« bietet viele Tipps von aktuellen Case Interviewern über das richtige (und falsche) Vorgehen von Bewerbern.

Da Sie weder wissen, wie viele Geräte überhaupt Strom verbrauchen noch, wie viel sie verbrauchen und wie oft diese genutzt werden, fragen Sie Ihren Interviewer nach den Stromkosten pro Monat. Ihr Interviewer wird Ihnen nun mitteilen, dass im letzten Jahr insgesamt 2.350 Euro an Stromkosten gezahlt wurden. Für sonstige Nebenkosten wie Wasserversorgung und Entwässerung, Müllabfuhr, Sach- und Haftpflichtversicherungen können Sie wieder einen Schätzwert von 1 Euro / m^2 / Monat nehmen. Mit den gesammelten Informationen können Sie nun errechnen, dass Ihren Schätzungen nach pro Monat fixe Kosten von etwa 22.200 Euro (22 Euro / m^2 x 1.000 m^2 = 22.000 Euro; 2.350 Euro / 12 Monate = rund 200 Euro) anfallen. Ihr Interviewer sagt Ihnen, dass Ihr Wert ca. 15 % über dem tatsächlichen Wert liegt.

Zwischenfrage 3: Wenn 22.200 15 % über dem tatsächlichen Wert liegt, wie groß ist der tatsächliche Wert?

- ☐ a) ca. 18.900
- ☐ b) ca. 19.300
- ☐ c) ca. 14.800
- ☐ d) ca. 18.000

Für die weitere Berechnung benutzen Sie den tatsächlichen Wert.

1.2 Die laufenden Personalkosten

Betrachten Sie danach die laufenden Kosten für das Personal. Sie könnten nun Ihren Interviewer nach den Gesamtpersonalkosten fragen, jedoch wird dieser Ihnen nur mitteilen, dass insgesamt 20 Menschen dort regulär arbeiten. Dies sollte Ihnen bescheiden vorkommen, wenn Sie sich zurückerinnern, dass 84 Sportkurse und Ernährungsberatungen angeboten werden; außerdem sind Reinigungsfachkräfte, Angestellte an der Rezeption und möglicherweise Sicherheitskräfte und Bedienungen an einer Erfrischungsbar zu berücksichtigen. Um die ungefähren Personalkosten zu errechnen, gehen Sie davon aus, dass je zwei Reinigungsfachkräfte und Sicherheitskräfte, sowie je eine Person an der Rezeption, an der Bar und als Hausmeister beschäftigt sind. Durchschnittlich können Sie hier von einem Lohn und Lohnnebenkosten (Sozialversicherung usw.) von monatlich 800 Euro pro Person ausgehen. Da die übrigen dreizehn Beschäftigten (Fitness-Trainer, ErnährungsberaterInnen etc.) hoch qualifiziert sind, können die Kosten für diese bei etwa 4.000 Euro / Monat pro Person, also 52.000 Euro / Monat angesetzt werden. Insgesamt kommen Sie somit auf laufende Personalkosten von 57.600 Euro (7 x 800 Euro = 5.600 Euro; 5.600 Euro + 52.000 Euro = 57.600 Euro), was Ihr Interviewer bestätigt.

1.3 Sonstige Kosten

Um zu zeigen, dass Sie noch weitere Aspekte berücksichtigen, können Sie damit fortfahren, die Kosten für Verwaltung, die Wartung der Geräte, die Fortbildung des Personals und Werbekosten zu analysieren. Allerdings wird Sie Ihr Interviewer unterbrechen und Ihnen mitteilen, dass sich diese Kosten im Rahmen hielten und Sie der Einfachheit halber hier 25 % der Kaltmiete pro Monat annehmen können, was 5.000 Euro entspricht.

1.4 Gesamte Kosten

Nehmen Sie alle bisherigen Kosten zusammen, so ergibt sich folgende Rechnung: Pro Monat je 19.300 Euro Fixkosten, 57.600 Euro laufende Personalkosten und weitere Kosten von 5.000 Euro ergeben Gesamtkosten von monatlich 81.900 Euro bzw. von jährlich 982.800 Euro. Ihr Interviewer bestätigt Ihre Einschätzung und gibt zu bedenken, dass dies im Vergleich mit anderen Studios relativ wenig ist, weswegen er Sie anweist, sich auf die Umsatzseite zu konzentrieren.

2. Der Umsatz

Um herauszufinden, ob der fehlende Umsatz durch zu wenige Kunden oder zu geringe Gebühren bedingt ist, fragen Sie Ihren Interviewer nach der Höhe der Aufnahmegebühr und monatlichen Mitgliedsbeiträgen. Ihr Interviewer sagt, dass die Aufnahmegebühr einmalig 4.500 Euro und der Monatsbeitrag 500 Euro betragen. Ein neues Mitglied zahlt somit im ersten Jahr 10.500 Euro und in jedem weiteren 6.000 Euro. Dies ist zwar sehr hoch, doch erklärt sich der Preis durch die hohe Qualität des Angebotes. Dazu kommt, dass für viele die Tatsache, mit vielen Prominenten im Studio einer bekannten Schauspielerin zu trainieren, sehr reizvoll ist.

Um die Kosten des Studios zu decken, hätten also etwa 94 Mitglieder im ersten Jahr eintreten müssen (982.800 Euro Kosten im Jahr / 10.500 Euro pro Mitglied im Jahr = rund 94 Mitglieder). Da diese Mitgliederzahl nicht besonders hoch ist, können Sie folgern, dass schlicht zu wenig Kunden das Fitnessstudio besuchen.

Hier springen die meisten Bewerber auf die Kostenseite und möchten gerne die Kosten reduzieren. Das ist natürlich auch eine valide Möglichkeit, aber nicht immer die gewünschte. Wir haben hier bewusst eine Optimierung auf der Umsatzseite gewählt und es wäre ein Fehler, sie nicht zumindest als Lösungsvariante vorzuschlagen.

Erfragen Sie nun, ob es noch andere Einnahmequellen gibt. Wenn Sie einige Beispiele anführen, könnten Sie hier schon erste Lösungsvorschläge sammeln, auf die Sie später eingehen können. Denkbar wären hier z.B. Erlöse aus einem internen Shop, der Sportaccessoires, Fitnessriegel, Diätpräparate o.ä. verkaufen könnte. Der Interviewer wird Ihnen auf Ihre Frage antworten, dass es zwei Snackautomaten und kostenlose Wasserspender gibt, welche aber keine nennenswerten Gewinne einfahren.

Nachdem Sie herausgefunden haben, dass das Hauptproblem die fehlende Kundschaft ist, sollen Sie nun mögliche Gründe dafür finden. Da Sie nur eine begrenzte Zeitspanne zur Verfügung haben, sollten Sie sich auf die wesentlichen Treiber fokussieren.

Die Kundenanalyse wird häufig vergessen. Meistens beginnen Bewerber direkt mit Ideen, welche Marketing-Maßnahmen noch sinnvoll wären, ohne vorher zu erfragen, welche Kunden an Board sind und welche Zielgruppe fehlt.

3. Kundenanalyse

Aus dem was Sie bisher wissen, können Sie ableiten, dass die angestrebte Zielgruppe wohlhabend, qualitätsbewusst und an einem breiten Angebot interessiert ist. Da Ihnen aber genauere Angaben, z.B. zur Altersstruktur oder Geschlechterverteilung der Kunden fehlen, fragen Sie Ihren Interviewer, ob zusätzliche Informationen vorliegen. Dieser wird Ihnen daraufhin einen Zettel mit ein paar statistischen Daten vorlegen. Sie erfahren dass 90 % der Kunden in Berlin wohnen, 85 % der Kunden zwischen 20 und 30 Jahren sind, 12 % öffentliche Verkehrsmittel zur Anreise nutzen und 65 % aller Kunden Frauen sind. Der erste, dritte und vierte Punkt sind für Sie weniger wichtig (Sie können allerdings vermuten, dass fehlende Parkmöglichkeiten kein Grund für fehlende Kundschaft sind). Sie können aber nun den Schluss ziehen, dass das Hauptproblem des Fitnessstudios die Tatsache ist, dass es bisher die demographisch wichtigen Kundensegmente über 30 Jahren nicht überzeugen konnte.

4. Marketing-Strategie

Um auszuschließen, dass dieses Ungleichgewicht durch fehlende Informationen bei potenziellen Kunden über 30 Jahren zu erklären ist, sollten Sie mehr über die Marketing-Strategie erfragen. Teilen Sie Ihrem Interviewer mit, dass Sie zunächst den allgemeinen Bekanntheitsgrad des Fitnessstudios ermitteln wollen und danach auf das in der Werbung vermittelte Image des Fitnessstudios eingehen. An dieser Stelle wird Sie Ihr Interviewer unterbrechen und Ihnen mitteilen, dass das Studio aufgrund der Popularität der Inhaberin sehr bekannt ist und Sie diesen Punkt nicht weiter behandeln müssen. Wichtig ist jedoch noch die Betrachtung des Preises, den Sie im Rahmen der Angebotsanalyse aufgreifen.

5. Angebotsanalyse

Da Sie nun wissen, dass das Studio hinreichend bekannt ist, sollten Sie sich noch einmal das Angebot des Fitnessstudios ansehen.

Zwischenfrage 4: Überlegen Sie kurz: Welche Vorgehensweise ist hier am praktikabelsten?

- ☐ a) Ich konzentriere mich auf die Schwächen des Angebots und entwickle für jede Schwäche einen Lösungsansatz.
- ☐ b) Ich stelle Stärken und Schwächen gegenüber.
- ☐ c) Ich analysiere jeden Aspekt des Angebotes genau und bewerte es in seiner Gesamtheit nach dem Schulnotensystem.
- ☐ d) Ich gehe von den vermuteten Ansprüchen der Über-30-jährigen aus und prüfe, was verändert werden müsste, um diese Zielgruppe zu gewinnen.

Am praktikabelstem ist es für Sie, Stärken und Schwächen des Angebotes gegenüber zu stellen.

5.1 Stärken

Positive Aspekte sind die modernen Fitnessgeräte und die hohe Zahl unterschiedlicher Sportkurse; die Ernährungsberatungen können potenzielle Kunden zusätzlich ansprechen. In diesen Punkten wird der hohe Qualitätsanspruch des Fitnessstudios betont.

5.2 Schwächen

Das Fitnessstudio beschränkt sich sehr auf seine Kernkompetenz, den Sport. Dies scheint für die junge Kundschaft auch ausreichend zu sein. Es ist jedoch vorstellbar, dass Kunden über 30 sich weitere ergänzende Angebote wünschen. Ein weiterer Kritikpunkt könnte die Tatsache sein, dass es nur Automaten und Wasserspender gibt und kein Bistro oder ähnliches existiert. Schließlich könnte auch das Preis-Leistungsverhältnis potenzielle Kunden abschrecken, da die Aufnahmegebühr und die Mitgliedsbeiträge relativ hoch sind.

6. Konkurrenzanalyse

Als nächstes sollten Sie Näheres über die direkten Konkurrenten in Erfahrung bringen. Um langfristig erfolgreich zu sein, sollte sich das Fitnessstudio von der Konkurrenz abheben und mögliche Nischen besetzen. Fragen Sie deshalb Ihren Interviewer, wie viele direkte Konkurrenten es gibt und welches Angebot der stärkste Konkurrent anbietet. Ihr Interviewer antwortet, dass Sie vereinfachend davon ausgehen können, dass es sehr viele erfolgreiche Fitnessstudios in unmittelbarer Nähe gibt, dass diese jedoch ausschließlich im Low-End-Segment anzuordnen sind. Er bittet Sie, konkrete Lösungsvorschläge zu formulieren und eine Handlungsempfehlung abzugeben.

Schritt 4: Konkrete Lösungsvorschläge

Zwischenfrage 5: Sammeln Sie eigene Lösungsansätze, bevor Sie die beispielhafte Musterlösung weiterlesen.

Ihr Ansatz:

Anhand der identifizierten Probleme können Sie mindestens zwei Lösungsansätze vorstellen.

1. Fokus auf vorhandene Stärken
Die Qualität der Fitnessgeräte und Kurse ist hoch und überzeugt vor allem junge Erwachsene bis 30 Jahre. Eine Möglichkeit, den Umsatz zu steigern wäre, die Aufnahme- und Mitgliedsgebühren zu senken (oder sogar temporär auszusetzen) und so die breite Schicht junger Berufstätiger anzusprechen, die zwar nicht sehr reich sind, jedoch für eine hohe Qualität bereit sind, mehr Geld als in einem Low-End-Fitnessstudio auszugeben. Dieser Lösungsansatz ist schnell umzusetzen und für die Geschäftsleitung einfach nachvollziehbar. Durch eine gut durchdachte Preispolitik ließen sich vermutlich auch gute Gewinne erzielen, obwohl die Preise gesenkt werden. Es würden zudem keine größeren Kosten entstehen. Man könnte die günstigeren Preise auch an Bedingungen knüpfen, um die hohe Preisbereitschaft der bestehenden Kunden nicht zu kannibalisieren. So könnte man segmentspezifische Preise, temporär verfügbare Preise oder Preise, die an ein bestimmtes Nutzerverhalten gebunden sind (wie den Besuch des Centers zu Nebenzeiten). Der Nachteil bei dieser Lösung ist, dass das Premium-Image unter der Kostensenkung leidet und die Differenzierung von der Konkurrenz schwerer fällt.

2. Vorhandene Schwächen beheben
Das Kundensegment der Über-30-jährigen ist noch nicht ausreichend erschlossen. Um diesem entgegenzuwirken, muss das Angebot des Fitnessstudios verändert werden. Neben den reinen Sportkursen würden sich Kurse zur Stressreduzierung wie Meditationen o.ä. anbieten. Auch eine Erweiterung um ausgewählte Wellness-Programme, z.B. Massagen, könnte sinnvoll sein. Da das Segment 30 bis 50 Jahre zum einen sehr groß ist und zum anderen in der Regel auch finanziell besser gestellt ist als junge Erwachsene, sind die erzielbaren Umsatz- und Gewinnsteigerungschancen als hoch anzusehen.

Die Argumentation ist für die Geschäftsleitung einfach nachvollziehbar; zudem wird die Nischenposition des Fitnessstudios nicht gefährdet. Ein gewisses Umsatzpotenzial ist auch in der Ausweitung des Angebots um eine Erfrischungsbar, in der Fitnessgetränke u.ä. angeboten werden, zu sehen. Da 1.000 m^2 relativ groß sind, sollte auch genügend Platz für diese vorhanden sein. Problematisch ist hier jedoch, dass die Umstellung möglicherweise etwas mehr Zeit in Anspruch nehmen könnte und dass die dadurch entstehenden Kosten die finanzielle Situation weiter verschlechtern könnten.

Natürlich gibt es weitere Möglichkeiten. Welche sind Ihnen noch eingefallen? Wir belassen es bei den hier beispielhaft Dargestellten.

Schritt 5: Bewertungskriterien für die Lösungsvorschläge

Um Ihre zuvor erarbeiteten Lösungsvorschläge zu bewerten, sollten Sie einige Kriterien aufstellen und diese priorisieren. Kriterien hierbei wären z.B.:

1. Die Höhe des durch diese Lösung erreichbaren Gewinns
2. Die Umsetzungsgeschwindigkeit
3. Die Kosten für die Umsetzung
4. Die Nachvollziehbarkeit für den Kunden.

Ggf. fallen Ihnen noch weitere ein. Sammeln Sie diese Kriterien und gehen Sie dann an die Zusammenfassung, um daraus eine Handlungsempfehlung ableiten zu können.

Zwischenfrage 6: Wie können Sie die Bewertungskriterien der Lösungsvorschläge übersichtlich zusammenfassen und auf einer Seite präsentieren? Machen Sie sich kurz Gedanken und zeichnen Sie Ihre Darstellung in das Feld.

Ihre Grafik:

Die 2x2-Matrix ist bei Beratern sehr beliebt und in Case Interviews ein effektives Mittel, um Optionen zu strukturieren. Gewöhnen Sie sich an, stärker in Bildern zu denken. Mehr Tipps hierzu finden Sie in dem »Insider-Dossier: Bewerbung bei Unternehmensberatungen«.

Die Aufgabe von Beratern ist häufig, die Komplexität von betriebswirtschaftlichen Entscheidungen anschaulich zusammenzufassen und dem Kunden zu kommunizieren. Nur so können Entscheidungen auch herbeigeführt werden. Sie könnten alle Kriterien auf zwei Dimensionen verdichten und die Handlungsmöglichkeiten in einer 2x2-Matrix abbilden.

Zwischenfrage 7: Tragen Sie die genannten und Ihre eigenen Handlungsoptionen in die folgende Matrix ein.

Umsatz- und Gewinnpotenzial		
hoch		
niedrig		
	niedrig	hoch
	Schwierigkeit der Umsetzung	

Schritt 6: Handlungsempfehlung

Das Fitnessstudio muss schnell Gewinne einfahren, um zu überleben. Unter der Annahme, dass der Konkurs nicht unmittelbar bevorsteht, sind jedoch mittelfristig hohe Gewinne kurzfristig geringeren Gewinnen vorzuziehen. Es ist eher kein Spielraum für große Investitionen vorhanden, ansonsten sind die Kosten aber weniger wichtig als die zuvor genannten Punkte. Schließlich sollte Ihre Handlungsempfehlung natürlich nachvollziehbar sein; allerdings ist davon auszugehen, dass Sie genug Zeit haben diese ausführlich zu erläutern, so dass ein intuitives Verstehen auf Kundenseite nicht notwendig ist.

Abhängig von Ihrer Analyse und Bewertung der Handlungsempfehlungen kommen Sie zu einem konkreten Maßnahmenbündel. Diese Strategie müssen Sie dem Kunden nun in einem persönlichen Gespräch vermitteln. Sie zeigen ein gutes Verständnis für die Probleme des Kunden, wenn Sie diesem anbieten, eine Auflistung der entstehenden Kosten anzufertigen um festzustellen, ob dies im finanziellen Rahmen des Kunden liegt.

Lösungen zu den Zwischenfragen

1 + 2: Siehe Musterlösung im Text.

3: b) ist richtig. 22.200 / 1,15 = 19.300 (Gegenrechnung: 19.300 x 1,15 = 22.200)

4 - 7: Siehe Musterlösung im Text

Ergänzende Fragen zum Training

- Überlegen Sie sich detaillierter, wie eine neue Preisstrategie für das Fitnessstudio aussehen könnte und berechnen Sie die Auswirkungen auf den Gewinn.
- Berechnen Sie die Investitionen in Marketing und neue Einrichtung, um neue Zielgruppen anzusprechen und berechnen Sie den Nettobarwert mit Ihren Annahmen zu neuen Umsätzen.
- Ein Wettbewerber, eine nationale High-End-Fitnesskette mit eigenen Studios in 5 Großstädten und ausreichender Liquidität für eventuell notwendige Investitionen, kommt auf den Kunden zu und bietet an, das Fitnessstudio zu übernehmen. Im Gegenzug bietet er 10 % Anteile am eigenen Unternehmen. Würden Sie das Angebot annehmen?

13. Innenstadtmaut in Berlin

Sie sind gerade, im Auftrag der Public Services Practice der Unternehmensberatung für die Sie arbeiten, in der Stadtverwaltung Berlins unterwegs. Während Sie den Aufzug vom vierten Stock zurück ins Erdgeschoss nehmen wollen, bleibt dieser plötzlich stecken. Aus der Notrufanlage wird Ihnen mitgeteilt, dass ein größeres technisches Problem vorliegt und der Betrieb erst in etwa einer Stunde wieder aufgenommen werden kann. Neben Ihnen ist nur noch ein weiterer Fahrgast im Aufzug, der sich Ihnen als Verkehrsbeauftragter des Berliner Bürgermeisters vorstellt. Dieser meint schließlich: »Es hilft ja nichts, lassen Sie uns die Zeit nutzen. Sie als Berater, denken Sie, dass eine Automaut an Werktagen in der Innenstadt das Stadtbudget sanieren könnte?«

Ziel: In dieser Fallstudie können Sie zeigen, dass Sie verschiedene Blickwinkel einnehmen können, die über bloße Kosten-Nutzen-Vergleiche hinausgehen. Der Interviewer erwartet von Ihnen, dass Sie in kurzer Zeit das Problem durchdringen, und die für das Stadtbudget relevanten Aspekte einer Mauteinführung beleuchten, sowie eine Handlungsempfehlung abgeben.

Schritt 1: Grundsätzliche Vorgehensweise

Erläutern Sie zunächst Ihre Vorgehensweise. Es ist vorgegeben, dass Sie sich zunächst den Auswirkungen der Einführung einer Innenstadtmaut auf das Berliner Stadtbudget widmen.

Hiernach sollten Sie die Frage der politischen Durchsetzbarkeit einer solchen Maßnahme beleuchten und dabei auch Themengebiete betrachten, die bei einer rein finanziellen Herangehensweise unberücksichtigt bleiben. Zuletzt sollten Sie noch ein abschließendes Fazit ziehen und eine Handlungsempfehlung abgeben.

Insider-Tipp

Case-Autor Ralph Razisberger: »Eine Vorgehensweise, die ich häufig beobachten konnte, war, dass sich der Bewerber zunächst einmal an der Schätzung des Budgets der Stadt Berlin versucht hat. Dies ist natürlich generell nicht falsch, jedoch eigentlich für die Lösung unerheblich, schließlich würden aus finanziellen Gesichtspunkten alle Maßnahmen, die einen positiven Gewinn abwerfen, zur Sanierung des Haushaltes beitragen. Die genaue Höhe des Haushaltes ist dafür nicht wichtig.«

Schritt 2: Auswirkungen der Mauteinführung auf die öffentlichen Finanzen

Zwischenfrage 1: Wie würden Sie an die Analyse der finanziellen Konsequenzen einer Innenstadtmaut für Berlin herangehen? Berechnen Sie basierend auf Ihren eigenen Annahmen die Umsatzseite. Gehen Sie von Mautkosten von 8 Euro pro Fahrzeug und Tag aus. Vergleichen Sie dann mit der Musterlösung.

Wie die Aufgabenstellung vorgibt, sollen Sie nun die finanziellen Konsequenzen, die durch die Einführung einer City-Maut entstehen, betrachten. Diese können Sie, gemäß der Gewinngleichung (Umsatz – Kosten = Gewinn), unterteilen in die Umsatz- und die Kostenseite.

Der Umsatz

Es bietet sich hier also an, mit der Betrachtung der Umsatzseite zu beginnen. Hierzu müssen Sie die Menge (also in diesem Fall die Anzahl an Fahrzeugen die die Maut bezahlen müssten), sowie den Preis kennen.

Natürlich sind andere Vorgehensweisen zur Berechnung einer solchen Zahl denkbar. Probieren Sie es mit anderen Annahmen – Sie sollten bei einer ähnlichen Größenordnung landen.

Um die Anzahl der Fahrzeuge zu schätzen, können Sie sich zunächst überlegen, dass die Stadt Berlin etwa 3,5 Mio. Einwohner hat. Von diesen sind wiederum etwa 80 % im Alter, ein Auto führen zu dürfen, was etwa 2,8 Mio. Autofahrern entspricht. Wenn im Durchschnitt jeder dieser Haushalte ein Auto besitzt und die durchschnittliche Haushaltsgröße 2,5 ist, kommen Sie auf einen Wert von 1,12 Mio. Zur Vereinfachung rechnen Sie mit 1,1 Mio. weiter.

Wenn Sie nun schätzen, dass von den 1,1 Mio. Berliner Autos wochentags etwa 5 % durch die Innenstadt Berlins fahren, was Ihnen der Verkehrsbeauftrage (bzw. Ihr Interviewer) bestätigt, so sind dies immerhin 55.000 Autos. Auf Nachfrage wird er Ihnen zudem mitteilen, dass Taxen, Busse, Notarztwagen usw. nicht berücksichtigt werden müssen, da für diese eine Mautbefreiung geplant ist. Außerdem wird keine Maut am Wochenende erhoben. Als nächstes müssen noch die Berufspendler aus dem Umland, Lieferfahrzeuge und Touristen / Geschäftsreisende berücksichtigt werden.

Sie schätzen basierend auf eigener Beobachtung, dass an einem Wochentag etwa jedes zweite Auto in der Innenstadt kein Berliner Kennzeichen hat, so dass hierdurch weitere 55.000 Fahrzeuge hinzukommen. Insgesamt ergibt sich also eine Zahl von 110.000 Fahrzeugen, die potenziell von der Maut betroffen wären. Jedoch müssen Sie berücksichtigen, dass sich diese Zahl durch die Mauteinführung sicher verkleinern würde. Erfahrungen aus anderen Städten, wie z.B. London, Stockholm oder Bologna, haben gezeigt, dass das Verkehrsaufkommen nach Einführung der Maut um etwa 20 % sinkt. Angewendet auf Berlin ergibt sich also eine Reduzierung um 22.000 Autos täglich, wodurch noch 88.000 Autos verbleiben.

Nun können Sie sich dem Preis für ein Tagesticket zuwenden, welchen Sie mit 8 Euro ansetzen können, was einen Aufschlag von etwa 23 % im Vergleich zu einem Tagesticket im öffentlichen Nahverkehr darstellt, welches ungefähr 6,50 Euro kostet. Dies erscheint plausibel. Bei dieser Gebühr ergeben sich also tägliche Einnahmen aus der Maut von 704.000 Euro (88.000 x 8), an den geschätzten 250 Arbeitstagen im Jahr also insgesamt Einnahmen von 176 Mio. Euro.

Damit sind Sie aber noch nicht fertig. Ein weiterer Punkt, ergibt sich aus den 22.000 Autos welche, wie oben berechnet, wegen der City-Maut weniger benutzt werden. Schätzungsweise werden von diesen Fahrzeugen die Hälfte, also 11.000 Fahrzeuge, Berlin umfahren. Die andere Hälfte wird auf öffentliche Verkehrsmittel umsteigen. Geht man davon aus, dass in diesen 11.000 Autos durchschnittlich 1,5 Personen sitzen, sind dies also 16.500 Personen. Der Einfachheit halber können Sie annehmen, dass diese Personen alle das Jahresabo zum Erwachsenentarif von 670 Euro wählen. Es können also zusätzliche Umsätze von etwa 11 Mio. Euro im Jahr hierdurch im Personennahverkehr erwirtschaftet werden. Realistischer ist, dass die 16.500 Personen, welche das Auto stehen lassen, nicht immer die dieselben Individuen sind, sondern eine sich stetig verändernde Personengruppe. Diese würden dementsprechend auch keine Jahresabos, sondern vielleicht Tages- oder Monatstickets kaufen. Da diese Einnahmen aber schwierig zu berechnen sind, können 11 Mio. Euro als Untergrenze zusätzlicher Einnahmen verstanden werden.

Insgesamt ergibt sich ein Umsatz aus der Mauteinführung von etwa 187 Mio. Euro.

Die Kosten

Der oben aufgestellten Struktur folgend, wäre als nächstes die Kostenseite zu betrachten. Dies wären einerseits die Investitionskosten und andererseits die Betriebskosten, welche sich in Fix- und variable Kosten aufteilen.

Auf Ihre Nachfrage teilt Ihnen Ihr Gesprächspartner mit, dass laut einer vorangegangenen Untersuchung, bei der Einführung eines elektronischen Mautsystems in einem Bereich von der Größe der Berliner Innenstadt, Kosten in Höhe von etwa 200 Mio. Euro entstehen (Kameras, die Nummernschilder erfassen, müssen installiert werden usw.). Schreibt man diese Investition linear über zehn Jahre ab, ergeben sich jährlich 20 Mio. Euro Abschreibungen. Die jährlichen Fixkosten aus dem Betrieb (z.B. für Back Office bzw. Verwaltungstätigkeiten) werden noch einmal rund 75 Mio. Euro betragen. Dazu kommen noch die variablen Betriebskosten für den Geldeinzug. Erfahrungsgemäß betragen hier die Gebühren etwa 3 % des Umsatzes, was hier also etwa 5,6 Mio. Euro entspricht (187 Mio. Euro x 0,03 ≈ 5,6 Mio. Euro).

Der Gewinn

Verrechnet man nun die Kosten mit dem Umsatz, ergibt sich ein jährlicher Gewinn von 86,4 Mio. Euro.

Schritt 3: Politische Durchsetzbarkeit

Für Politiker nicht unwichtig, ist die Frage nach der politischen Durchsetzbarkeit einer Maßnahme wie der Einführung einer City-Maut. Hierzu sollten Sie kurz einige Themenbereiche betrachten, welche die Wahrnehmung der Wähler positiv, aber natürlich auch negativ, beeinflussen können, die aber bisher außen vor geblieben sind.

Zwischenfrage 2: Welche Faktoren für die Bewertung der politischen Durchsetzbarkeit der Innenstadtmaut fallen Ihnen ein?

Ihr Ansatz:

Themengebiete wären hier z.B. der Umweltschutz und etwaige Auswirkungen auf die Privatwirtschaft. Bedenken Sie jedoch, dass Sie nur so lange Zeit haben, bis der Fahrstuhl wieder in Bewegung gesetzt

Insider-Tipp

Case-Autor Ralph Razisberger:
»Hier ist mal bewusst ein Case mit einem hohen qualitativen Teil gewählt worden. Wichtig ist, auch diesen Teil sehr gut zu strukturieren, um nicht Gefahr zu laufen, den Faden zu verlieren und viel zu generelle Antworten zu geben. Häufig kommt es vor, dass Bewerber den »Zahlenteil« eines Cases zwar gut strukturieren können, sobald sie aber von den Zahlen zur qualitativen Analyse wechseln, fangen sie an zu »schwafeln«

wird (bzw. bis das Interview vorbei ist) und fassen Sie sich dementsprechend kurz und gehen Sie strukturiert vor.

Auswirkungen auf die Umwelt

Betrachten Sie nun die Auswirkungen der Einführung einer City-Maut auf die Umwelt. Zunächst einmal können Sie die unmittelbaren Folgen auflisten: Weniger Feinstaub und Schadstoffe sowie eine Lärmminderung wären offensichtliche positive Aspekte. Langfristig ist bei einer Reduzierung dieser schädlichen Einflüsse von einer gesteigerten Luft-, Wasser- und Bodenqualität auszugehen, sowie einer generellen Entlastung für Pflanzen und Tiere im Innenstadtbereich. Nicht zuletzt würden auch Anwohner von einer höheren Lebensqualität und einer besseren Gesundheitssituation profitieren.

Ein weiterer positiver Effekt ist, dass durch einen erhöhten Umweltschutz Berlin ein Image als »grüne« Touristenstadt aufbauen kann und somit möglicherweise langfristig die Touristenzahlen steigen könnten.

Dennoch sind auch negative Auswirkungen der Mauteinführung zu erwarten, von denen vor allem die Gebiete kurz vor Beginn der Mautzone betroffen wären. In diesen ist mit einem erhöhten Verkehrsauf-kommen, inklusive stärkerer Luftverschmutzung und Lärmbelastung zu rechnen.

Auswirkungen auf die Privatwirtschaft

Betrachten Sie nun die Einführung einer City-Maut aus dem Blickwinkel der Privatwirtschaft. Positive Auswirkungen sind in jedem Fall das geringere Staurisiko, das Warentransporten oder mobilen Dienstleistungen zu Gute kommt. Außerdem gibt es mehr Möglichkeiten ordnungsgemäß Fahrzeuge zu be- oder entladen, ohne dass dazu in der zweiten Reihe geparkt werden muss. Auf der anderen Seite werden die Transportkosten steigen, so dass der Endverbraucher möglicherweise mit Preissteigerungen rechnen muss.

Ein weiteres Problem stellt sich dem Einzelhandel in der Innenstadt. Wenn Verbraucher für die Fahrt in die Innenstadt acht Euro bezahlen müssen, auch wenn Sie vielleicht nur einen kleinen Einkauf erledigen wollten, ist es wahrscheinlich, dass diese auf außerhalb gelegene Läden ausweichen und Läden in der Innenstadt wichtige Kunden verloren gehen.

Akzeptanz bei der Wählerschaft

Nachdem Sie diese Felder betrachtet haben, sollen Sie die Auswirkungen aus der Sicht der Wähler betrachten und bewerten.

Folgende Aspekte werden vermutlich von der Mehrheit der Wähler **positiv** eingeschätzt:

1) Verbesserter Umweltschutz. Der Kampf gegen den Klimawandel, Feinstaubbelastungen und erhöhte CO2-Werte wird generell von den meisten Menschen befürwortet; das Image eines »grün« denkenden Bürgermeisters könnte demnach auf einen Teil der Wähler sympathisch wirken.
2) Zusätzliche Einnahmen für die Stadt und den öffentlichen Personennahverkehr. Zwar entsprechen die direkten jährlichen Einnahmen aus der Maut bei einer Verschuldung Berlins von etwa 60 Mrd. Euro (eine Zahl die Ihnen Ihr Gesprächspartner auf Ihre Nachfrage hin nennen wird) nur etwa 0,001 %, jedoch ist die Maut langfristig als sichere Einnahmequelle zu betrachten.
3) Eine klare politische Linie. 2008 wurde in Berlin eine Umweltzone eingeführt. Wenn der amtierende Bürgermeister auch für diese verantwortlich war, bekräftigt er seinen politischen Kurs und gewinnt an Glaubhaftigkeit.
4) Sinkende Unfallzahlen und seltenere Straßenbaumaßnahmen.

Auf der anderen Seite gibt es aber auch allgemein **negativ** wahrgenommene Punkte:

1. Verschärfung der sozialen Ungleichheit. Ein Szenario, welches von Gegnern der City-Maut gezeichnet wird, ist, dass nach der Einführung nur noch wohlhabende Menschen durch die Innenstadt fahren und ärmere in ihrer Mobilität eingeschränkt werden, weil sie sich die Mautgebühr schlicht nicht leisten können.
2. Übermäßige Belastung der Unternehmen in der Innenstadt. Da bestimmte Unternehmen (z.B. der Einzelhandel in der Innenstadt) durch die Maut über Gebühr belastet werden, ist von deren Seite ebenfalls mit Ablehnung zu rechnen.
3. Verteuerung von Gütern und mobilen Dienstleistungen. Wenn die Transportkosten für die Unternehmen steigen, ist davon auszugehen, dass diese Verteuerung zumindest teilweise an die Verbraucher weitergegeben wird.
4. Überlastung des öffentlichen Personennahverkehrs. Es ist damit zu rechnen, dass besonders zu Stoßzeiten das ohnehin recht ausgelastete S- und U-Bahnsystem an seine Kapazitätsgrenzen stoßen wird. Dies könnte zu längeren Wartezeiten und unzufriedenen Fahrgästen führen.
5. Das Datenschutz-Problem. Da sämtliche Kennzeichen in der Innenstadt erfasst und gespeichert werden, könnten Wähler verschiedene Voraussetzungen fordern, um die Datensicherheit zu gewährleisten. Dies könnte das System verkomplizieren und zusätzliche Kosten verursachen.

Anhand dieser Punkte ist nicht ganz klar, in welcher Weise die Wähler auf die Maut reagieren würden. Um diesen Punkt weiter zu verfolgen, können Sie also ankündigen, eine genauere Segmentierung der Wähler in Interessensgruppen durchzuführen, um so für jede Gruppe deren Reaktion abschätzen zu können. An dieser Stelle wird Ihr Interviewer Sie jedoch mit dem Hinweis unterbrechen, dass dieser Ansatz zwar zielführend wäre, jedoch der eigentliche Fokus des Cases auf den finanziellen Aspekten liegt, weshalb er Sie bitten wird, ein abschließendes Fazit abzugeben.

Schritt 4: Fazit und Handlungsempfehlung
Betrachtet man die Einführung einer City-Maut allein im Hinblick auf die unmittelbaren finanziellen Auswirkungen, können Sie an dieser Stelle eine klare Empfehlung aussprechen, da so ein Gewinn von jährlich etwa 86,4 Mio. Euro jährlich erwirtschaftet werden kann. Da sie jedoch in Ihrer obigen Analyse auch einige Felder identifiziert haben, die von bestimmten Wählergruppen kritisch gesehen werden könnten, ist nicht ganz klar, ob eine solche Maßnahme - ohne Nachbesserungen - politisch für den Bürgermeister durchsetzbar wäre. Dies müsste erst durch eine zweite, detaillierte Analyse überprüft werden.

Dementsprechend sollte Ihre Handlungsempfehlung an den Verkehrsbeauftragten der Stadt Berlin auch so aussehen, dass Sie die Einführung der City-Maut, unter dem Vorbehalt einer zweiten Analyse hinsichtlich der oben identifizierten Problemfelder, empfehlen.

Lösungen zu den Zwischenfragen
1 + 2: Siehe Musterlösung im Text.

14. Gesundheitszentrum Mediplus

Ihr Interviewer beginnt das Gespräch mit den Worten: »Ich habe hier einen Fall aus dem Bereich des Gesundheitswesens für Sie. Stellen Sie sich vor, der Arzt Dr. Müller tritt mit der Idee an Sie heran, in einer ländlichen Region mit großem Einzugsgebiet ein Gesundheitszentrum, genannt »Mediplus«, einzurichten. Der Kunde hat von medizinischer Seite Vorstellungen über das Projekt und wird diese im weiteren Verlauf mit Ihnen besprechen. Er ist sich aber im Unklaren darüber, wie man bei der Planung eines solchen Projektes überhaupt vorgehen sollte. Was würden Sie Herrn Dr. Müller raten?«

Sie fassen kurz zusammen: »Der Kunde ist mit einer neuen Geschäftsidee auf uns zugekommen, nämlich der Errichtung eines noch näher zu erläuternden »Gesundheitszentrums« mit möglicherweise vagen betriebswirtschaftlichen Vorstellungen von diesem Projekt. Daher wird man sich also zunächst mit der Strategieentwicklung befassen.« Sie fragen daher nach weiteren Informationen über das geplante Vorhaben.

Anmerkung

Dieser Case gibt Ihnen einen Einblick in den Strategieprozess am Beispiel eines Unternehmens des Gesundheitswesens. Es ist ein rein qualitativer Case.

Einblicke

Wieder eine Branche, über die man durch die Beschäftigung mit Consulting-Fragestellungen einen interessanten Einblick bekommen kann.

Der Interviewer teilt Ihnen mit, dass sich aufgrund der Gesundheitsreformen der letzten Jahre die Möglichkeit für Ärzte ergeben hat, weitreichende Kooperationen einzugehen. Die Möglichkeiten reichen dabei von Berufsausübungsgemeinschaften wie Gemeinschaftspraxen bis zu Medizinischen Versorgungszentren. In diesen Zentren arbeiten von einer Managementgesellschaft angestellte Fachärzte verschiedener Disziplinen sowie weiteres angestelltes (Hilfs-)Personal. Alle Kooperationsformen weisen neben der Möglichkeit der besseren fachlichen Zusammenarbeit auch betriebswirtschaftliche Vorteile auf, wie beispielsweise Kosteneinsparungen durch Weiterempfehlung an Ärzte im gleichen Haus, die gemeinsame Nutzung von Geräten, eine gemeinsame Abrechnung, sowie der gemeinsamer Zugriff auf medizinisches Hilfspersonal wie ArzthelferInnen, Laborgemeinschaften etc.

Bei Herrn Dr. Müllers Plänen handelt es sich um ein Medizinisches Versorgungszentrum (MVZ), welches in jeder Rechtsform, beispielsweise als GmbH, geführt werden kann. Außerdem können weitere Zusatzangebote, wie Apotheke, Krankengymnastik u. Ä. vor Ort für den Patienten angeboten werden, was Up- und möglicherweise auch Cross-Selling-Möglichkeiten für die Betreibergesellschaft bietet. Der Kunde Dr. Müller ist Inhaber einer Praxis für Innere Medizin und hat bereits einen großen Patientenstamm, den er alleine fast nicht mehr bewältigen kann. Außerdem hat er erkannt, dass in seiner ländlichen Region kein spezielles Angebot für chronisch Kranke vorhanden ist. Er möchte daher Kooperationen mit anderen Fachkollegen eingehen, sich vergrößern und den Patientenstamm erweitern sowie langfristig binden.

Der Interviewer signalisiert Ihnen, dass Sie nun, wie bereits eingangs erwähnt, eine mögliche Unternehmensstrategie zum Aufbau des Gesundheitszentrums entwickeln sollen.

Zwischenfrage 1: Multiple Choice: Welche Schritte gehören sinnvoll zur Entwicklung einer Unternehmensstrategie?

- ☐ a) Unternehmensvision
- ☐ b) Marktsegmentierung (inklusive Potenzialanalyse)
- ☐ c) Bestimmung und Beschreibung der strategischen Geschäftsfelder
- ☐ d) Definition des Produktportfolios und der Positionierung
- ☐ e) SWOT-Analyse
- ☐ f) Kundenzufriedenheitsanalyse
- ☐ g) ABC-Analyse

Komponenten der Unternehmensstrategie

Um für das Gesundheitszentrum eine schlüssige und greifbare Strategie entwickeln zu können, definieren Sie zunächst die Arbeitsschritte, die Ihres Wissens dazu erforderlich sind:

Komponenten einer Unternehmensstrategie

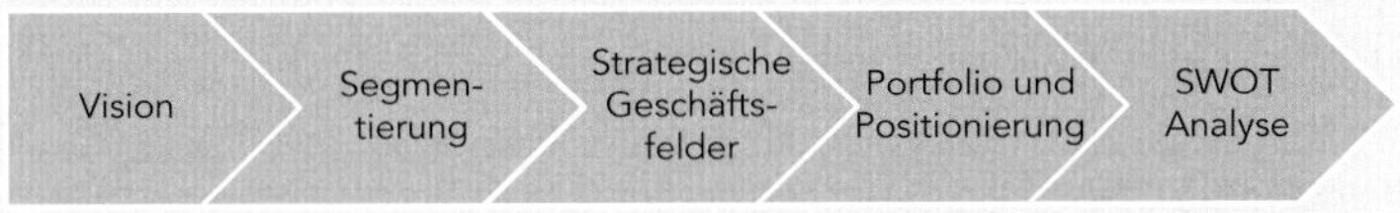

Sie erläutern Ihre geplante Vorgehensweise: »Die Entwicklung einer Unternehmensstrategie beginnt häufig mit der Formulierung einer Vision, die ausdrückt, was langfristig erreicht werden soll. Um als Unternehmen erfolgreich tätig werden zu können, ist es sinnvoll, im nächsten Schritt den Gesamtmarkt in »Kundensegmente« aufzuteilen, z.B. nach den Kriterien Alter, Beruf, Geschlecht etc. Ich gehe davon aus, dass im Gesundheitswesen Kriterien wie z.B. Krankheit, Dauer der Erkrankung (akut / chronisch), Art der erforderlichen Behandlung sinnvoll sind. Diese Marktsegmente sollen letztendlich homogene Kundengruppen enthalten, was eine differenzierte Marktbearbeitung ermöglicht. Die Segmentierung ist die Grundlage für die Bestimmung der strategischen Geschäftsfelder des Unternehmens. Anschließend erfolgt häufig die SWOT-Analyse, die Untersuchung der internen Stärken und Schwächen des Unternehmens und die Evaluation von externen Chancen und Risiken.«

Um diesem Vorgehensschema zu entsprechen, erfragen Sie als Erstes nähere Informationen über die Vision des Kunden.

Vision:

Der Interviewer erläutert Ihnen, dass der Kunde die Vision habe, chronisch Kranken, wie Diabetikern und Lungenkranken (z.B. Asthma), perfekte Versorgung aus einer Hand anzubieten, die den Patienten in den Mittelpunkt des Geschehens stellt. Er will die Verbindung von Top-Qualität, Rundum-Versorgung und vertrauensbildender Atmosphäre schaffen. Die psychosoziale Langzeitbetreuung von chronisch Kranken ist ihm sehr wichtig. In diesem Zusammenhang könnte er sich auch vorstellen, eine Art »Familienmedizin« anzubieten, die vor allem auch chronisch kranke Kinder »auffängt«, die dann lebenslang im Zentrum betreut werden können.

Segmentierung:

Nachdem Sie von Ihrem Interviewer die Vision in Erfahrung gebracht haben, beginnen Sie nun ohne Umschweife mit der Segmentierung, die erforderlich ist, um die vielseitigen Ideen zum möglichen Angebot des Gesundheitszentrums zu strukturieren.

»Der Gesamtmarkt »Patienten« muss in »Kundensegmente« aufgeteilt werden. Aus Ihren Angaben zur Vision entnehme ich, dass die Patientenzielgruppe chronisch Kranke sind, wobei sowohl

Erwachsene als auch Kinder betreut werden sollen. Um den Markt in homogene Kundengruppen einteilen zu können, benötige ich aber weitere Informationen.«

Zwischenfrage 2: Welche weiteren Informationen dürften für Sie von Bedeutung sein, um den Markt ausreichend zu verstehen und um homogene Kundengruppen definieren zu können, die schließlich auch bearbeitet werden können?

- ☐ a) Wie sieht die Zahlungsbereitschaft von potenziellen Kunden aus?
- ☐ b) An wen soll das Angebot des Gesundheitszentrums sich richten?
- ☐ c) In welchem zeitlichen Umfang muss die medizinische Leistung angeboten werden?
- ☐ d) Welchen Anteil an Privatpatienten kann das Gesundheitszentrum erzielen?
- ☐ e) Wo (d.h. geographisch) soll die Leistung angeboten werden?
- ☐ f) Wer sind die relevanten Wettbewerber oder auch Kooperationspartner?
- ☐ g) Welche medizinische Leistung muss für diese Zielgruppe angeboten werden?
- ☐ h) Welche Art der Kooperation sollten die Ärzte des Gesundheitszentrums bevorzugen?

Beispielhaftes Fragenkonstrukt zur Marktsegmentierung

1. an wen, d.h. detaillierte Zielgruppe
2. was, d.h. Angebot / medizinische Leistung
3. wann
4. wo
5. mit wem stehe ich im Wettbewerb, mit wem kooperiere ich?

Sie erhalten vom Interviewer folgende Antworten:

1. **an wen**
   Chronisch Kranke: Diabetes mellitus, Asthma, »Familienmedizin«
2. **was:** Angebot / medizinische Leistung:
   Diagnostik, Therapie, Motivation, Schulungen, Ängste nehmen, Aufbau und Erhaltung der Motivation, Ernährungsberatung, Atemtherapie, spezielle Krankengymnastik, Kinder- und Jugendmedizin, spezielle Angebote für Kinder, Betreuung »aus einer Hand« im Zentrum
3. **wann:**
   6 Tage die Woche, Notdienst am Wochenende und nachts
4. **wo:**
   Region XYZ, ländliche Region
5. **mit wem stehe ich im Wettbewerb, mit wem kooperiere ich?**
   Im Umkreis von ca. 50 Kilometern sind 8 weitere Internistische und 5 pädiatrische Praxen, von denen keine ausschließlich auf die Behandlung chronisch Kranker spezialisiert ist. Vier niedergelassene internistische Kollegen und zwei der pädiatrischen Kollegen könnten sich vorstellen, in Kooperation mit Dr. Müller zu treten und sich möglicherweise anstellen zu lassen. Für die ambulante Betreuung scheint zurzeit kein größerer Wettbewerber vorzuliegen.

Sie haben hiermit nun eine Datengrundlage, aufgrund der Sie die Segmentierung, also eine Aufteilung in unterschiedlich zu bearbeitende Marktsegmente, vornehmen können.

Zwischenfrage 3: Welche Möglichkeiten zur Aufteilung in unterschiedlich zu bearbeitende Marktsegmente sehen Sie?

- ☐ a) Segmentierung nach ansprechbaren Zielgruppen für das Gesundheitszentrum
- ☐ b) Segmentierung nach einzelnen, definierten Kundenbedürfnissen
- ☐ c) Segmentierung nach Privat- und Kassenpatienten
- ☐ d) Segmentierung nach geographischen Kriterien (Zentrum in ländlicher Region mit großem Einzugsgebiet versus Praxis in Ballungsgebieten)
- ☐ e) Segmentierung nach Angebot des Gesundheitszentrums für die einzelnen Zielgruppen
- ☐ f) Segmentierung nach psychographischen Kriterien (Werte, Einstellungen, Anspruchshaltungen gegenüber dem Arzt, der Behandlung ...)

Dabei können Sie nach unterschiedlichen Gesichtspunkten vorgehen. Möglich im konkreten Fall wäre z.B. das in der folgenden Übersicht dargestellte Vorgehen:

Marktsegmentierung

Segmentierung nach Zielgruppen	Segmentierung nach Angebot	Segmentierung nach Kundenbedürfnissen
• Chronisch Kranke • Kranke mit Bedarf an Zusatzangeboten • Patienten, die Notfallversorgung benötigen • Patienten, die zusätzliche psychotherapeutische Unterstützung benötigen	• Ärztliches Know-How für chronische Erkrankungen • Kompetenz in den Zusatzangeboten (Krankengymnastik, Ergotherapie, etc.) • Kompetenz in Psychotherapie	• Bedarf an speziell für chronisch Kranke ausgerichteter Behandlung • Bedarf an 24h Notfallversorgung • Bedarf an psychotherapeutischer Behandlung

Bestimmung der Strategischen Geschäftsfelder (SGF)

»Durch die Einteilung des möglichen Gesamtmarktes in sinnvolle strategische Geschäftsfelder (SGFs), können strategische Aktivitäten des Unternehmens (z.B. Marketingmaßnahmen) zielgerichtet, am Kunden orientiert und möglichst effizient durchgeführt werden. Um nun die konkrete Aufgabe zu lösen, für den Kunden Dr. Müller ein SGF-Szenario zu entwickeln, werde ich die mir vorliegenden Informationen verwerten und betriebswirtschaftliche Betrachtungen einfließen lassen.

Zwischenfrage 4: Definieren Sie anhand der Ihnen vorliegenden Informationen mögliche Strategische Geschäftsfelder für das Gesundheitszentrum.

Die Segmentierung nach den genannten Kriterien 1. nach »Markt«, 2. nach »Marktangebot« und 3. nach »Kundenbedürfnissen« zeigt, dass sich in diesem Fall für Dr. Müller das Marktangebot mit dem Markt und den Kundenbedürfnissen überlappt. Die Patienten benötigen bestimmte Formen der Diagnostik und Therapien, die Dr. Müller und sein Team vielfältig anbieten können. Für Dr. Müller bietet sich in seinem Gesundheitszentrum »Mediplus« also die medizinische Behandlung seiner Patienten als Definition eines ersten Strategisches Geschäftsfeldes an:

1. SGF »Mediplus – Chronic Care« mit der Produkt-Markt-Kombination: »Anbieten der ärztlich-pflegerischen Leistung für chronisch kranke Patienten (Diabetiker / Asthmatiker / Kinder).«

Sie haben erfahren, dass ein Medizinisches Versorgungszentrum von einer Managementgesellschaft geleitet wird, die Fachärzte verschiedener Disziplinen anstellt. Diese könnten in dem oben genannten SGF »Mediplus – Chronic Care« tätig werden und durch den Zugewinn an ärztlichem Personal eine größere Anzahl an Patienten pro Tag behandeln als dies in einzelnen Praxen möglich wäre.

Sie führen des Weiteren aus: »Ich könnte mir in diesem Kontext weiterhin vorstellen, dass in einem Medizinischen Versorgungszentrum neben der Kernkompetenz Behandlung / Therapie, eher als in einer Einzelpraxis oder einer kleinen Gemeinschaftspraxis, Zusatzangebote wie Krankengymnastik, Fußpflege, Apotheke, Ergotherapie oder psychologische Unterstützung chronisch Kranker angeboten werden könnten.«

In diesem Zusammenhang ergänzt Ihr Interviewer zustimmend ein paar Informationen, die er bei Branchenfremden nicht als Grundwissen voraussetzt: »Da haben Sie Recht. Diese Zusatzangebote sollten allerdings nicht wie in einem so genannten Ärztehaus unter getrennter und eigenständiger Leitung agieren, sondern unter Leitung des Gesundheitszentrums stehen. Dadurch kann das Gesundheitszentrum als Ganzes geschlossen nach außen auftreten, auch im Sinne einer Marke mit Corporate Branding, Corporate Identity usw.

Die Managementgesellschaft übernimmt i.d.R. für diese verschiedenen Angebote die anfallenden betriebswirtschaftlichen und steuerlichen Aufgaben, was im Sinne einer Gewinnerzielungsabsicht für das Management äußerst interessant ist, da die Leistungsträger alle angestellt sind.«

Im Folgenden schlagen Sie dem Interviewer weitere denkbare Produkt-Marktkombinationen (SGFs) vor:

2. SGF: »Mediplus – Special Care« Hier würden Sie unterstützende Angebote wie Krankengymnastik, Ergotherapie, Fußpflege für Diabetiker etc. einordnen.

»Zur Vervollständigung des Angebotes im Sinne einer »Rundum-Versorgung« gehört für das Medizinische Gesundheitszentrum eine Notfallversorgung dazu. Sie dient dazu, Patienten, denen im Notdienst geholfen wird, als Neupatienten zu akquirieren und Stammpatienten das Gefühl zu geben, sie auch im Notfall (z.B. Blutzuckerentgleisung oder akuter Asthmaanfall) durch ihre Ärzte versorgen zu lassen. Eine Versorgung rund um die Uhr, also Tag und Nacht, erfordert meiner Einschätzung nach zusätzliche logistische und personelle Maßnahmen, räumliche Trennung von den regulären Behandlungseinheiten und eine eigene Organisation.

Daher schlage ich als **3. SGF** vor: **»Mediplus – Emergency«**: Hier müssten alle Angebote subsumiert werden, die zur 24h-Notfallversorgung erforderlich wären.«

»Ein weiteres eigenes Geschäftsfeld könnte das pharmazeutische Angebot mit allen dort möglichen Zusatzangeboten, in diesem Fall speziell auf die Bedürfnisse chronisch Kranker abgestimmt, sein:

4. SGF: »Mediplus – Drugstore« mit Spezialangeboten für die chronisch Kranken Patienten, wie Rabatte für Dauermedikation, Lieferservice nach Hause, Hilfe beim Insulinspritzen oder Inhalieren etc.«

»Die psychotherapeutische Betreuung Langzeit-Kranker stellt für Herrn Dr. Müller nach den von Ihnen bereitgestellten Informationen eine wichtige Säule in seinem Konzept dar. Auch sie ist ein eigenes Gebiet, das betriebswirtschaftlich eigenständig zu führen wäre, da sie ein eigenes Marktangebot darstellt. Über die rein medizinisch-pflegerische Betreuung kann hier sicherlich ein weiteres Kundenbedürfnis befriedigt werden. Demnach schlage ich vor:

5. SGF: »Mediplus – Mental Support«: Hier könnten also beispielsweise Angebote zur psychotherapeutischen Betreuung von chronisch Kranken angeboten werden.«

Sie fügen abschließend hinzu: »Die Geschäftsfelder 2 – 5 könnten von der Managementgesellschaft beispielsweise auch als eigene

GmbHs gegründet werden, was eine eigenständige Bearbeitung der Geschäftsfelder zusätzlich unterstützen würde und auch unterschiedliche Marketingaktivitäten ermöglichen würde. Einzelne SGFs könnten zusätzlich untereinander weiter abgegrenzt werden. Das SGF »Mediplus – Chronic Care« ließe sich z.B. in »Privatpatienten« und »Gesetzlich Versicherte« abgrenzen, da diese jeweiligen Kundengruppen unterschiedliche Herangehensweisen erfordern.«

Weitere Schritte

Der Interviewer ist mit diesen definierten Strategischen Geschäftsfeldern zufrieden und unterbricht aus Zeitgründen an dieser Stelle das Interview mit den Worten: »Ich danke Ihnen für Ihre Analyse und die Definition der einzelnen Elemente zur Entwicklung einer Unternehmensstrategie. Leider haben wir nun keine Zeit mehr, in die nächsten Schritte einzusteigen. Könnten Sie dennoch kurz zusammenfassen, welche weiteren Themen nun in der Strategiefindung zu bearbeiten wären?«

Sie antworten: »Nachdem einzelne Geschäftsfelder identifiziert wurden, ist es wichtig, das jeweilige Marktpotenzial dieser Geschäftsfelder eingehend zu prüfen. Anschließend gilt es dann, detailliertere Produktportfolios und deren Positionierung für die einzelnen Geschäftsfelder zu entwickeln. Schließlich kann eine SWOT-Analyse zur Bewertung interner und externer Erfolgsfaktoren folgen.«

Lösungen zu den Zwischenfragen

1: Wir würden a), b), c), d), e) dazu zählen.
2: Hier halten wir b), c), e), f) und g) für die zielführendsten Fragen.
3: a), b) und e) sind richtig.
4: Siehe Musterlösung im Text

15. Das New Yorker Verkehrsproblem

Diese Fallstudie erscheint auf den ersten Blick sehr abstrakt. Lassen Sie sich davon jedoch nicht aus der Ruhe bringen – das Wichtigste ist, dass Sie einen Punkt finden, an dem Sie ansetzen und sich von diesem aus Schritt für Schritt die Lösung erarbeiten.

Der Bürgermeister von New York ist um seine in 12 Monaten anstehende Wiederwahl besorgt und hat allen Grund zu der Annahme, dass das hohe Verkehrsaufkommen der Stadt ein Schlüsselthema seines Wahlkampfes sein wird. Kürzlich hat er Sie als Berater für den Transit der Stadt nominiert und gibt Ihnen volle Unterstützung bei der Durchsetzung Ihrer Lösungsansätze. Quantifizieren Sie zunächst das Ausmaß des Verkehrsstaus und entwickeln Sie dann Vorschläge, wie man das Verkehrsproblem lösen könnte.

Die Aufgabe gibt vor, dass Sie zunächst die Kapazitäten der vorhandenen Transits abschätzen sollen, um so eine Aussage über das Ausmaß des Verkehrsproblems treffen zu können. Beginnen Sie hierbei mit generellen Fakten, die Sie aus Ihrem Allgemeinwissen präsent haben. Sie wissen beispielsweise, dass New York eine riesige Stadt ist, in der etwa 8 Mio. Menschen wohnen. In Manhattan, dem (wirtschaftlichen) Zentrum der Stadt, wohnen etwa 1,5 Mio. Menschen.

Zusätzlich wird Ihnen von Ihrem Interviewer die Information gegeben, dass etwa 3 Mio. Menschen, die außerhalb des Zentrums von New York (= Manhattan) und der Stadt als Ganzem wohnen, morgens nach Manhattan reisen, um dort Ihren Arbeitstag zu beginnen. Der Großteil von diesen in der Peak Time zwischen 6:30 und 9:30 Uhr. Darüber hinaus teilt er Ihnen mit, dass Sie vereinfachend annehmen können, dass die Einwohner Manhattans keine Pendler sind. Demnach können Sie also im Weiteren davon ausgehen, dass die Gesamtzahl der Pendler bei 3 Mio. Menschen liegt. Ebenfalls können Sie bei der Auswertung der Lösungsansätze mögliche Interdependenzen zwischen den einzelnen Maßnahmen außer Acht lassen.

Zwischenfrage 1: Wie würden Sie die Aufgabe angehen? Machen Sie sich Gedanken zu einer Struktur.

Ihr Ansatz:

Eine gangbare Struktur ist z.B., zunächst die Kapazität der wesentlichen vorhandenen Verkehrswege und deren Auslastung während der Rush Hour zu berechnen. Im nächsten Schritt erarbeiten Sie Ansätze zur Bekämpfung der Problematik und bewerten diese. Schließlich kommen Sie zu einer Empfehlung.

Schritt 1: Abschätzung der Kapazität der vorhandenen Transits

Als erstes sollten Sie – wie bereits gesagt – abschätzen, wie viele Personen, bei maximaler Auslastung, mit den vorhandenen Transits, während der Hauptverkehrszeit am Morgen, nach Manhattan einreisen können.

Diese Pendler haben verschiedene Möglichkeiten nach Manhattan einzufahren. Die wichtigsten sind jedoch Autos, Züge und U-Bahnen. Auf diese können Sie daher Ihre Analyse beschränken.

Kapazität der Brücken

Beginnen Sie zunächst mit den Pkw, welche über die Brücken Zugang zur Stadt erhalten. Insgesamt gibt es in New York sechs große Brücken über die man nach Manhattan gelangen kann. Auch wenn Sie diese Zahl nicht genau kennen, werden Sie mindestens vier schätzen – in diesem Case geht es nicht um die genaue Zahl, sondern um den Weg der Herleitung.

Nun muss geschätzt werden, wie viele Personen sich in einem Auto befinden und wie viele Autos auf eine Brücke passen.

Zwischenfrage 2: Welche Daten benötigen Sie als Haupttreiber zur Berechnung der Brückenkapazität? Treffen Sie Ihre eigenen Annahmen und erstellen Sie Ihre strukturierte Abschätzung. Zeichnen Sie z.B. zur Strukturierung einen Logikbaum. Berechnen Sie Ihr Ergebnis und vergleichen Sie dieses dann mit der folgenden Musterlösung.

Ihr Ansatz:

Die Haupttreiber der Brückenkapazität sind vermutlich die Länge der Brücke, die Länge eines durchschnittlichen Autos, die Anzahl an Fahrspuren, die Anzahl an Personen pro Auto und die Fahrgeschwindigkeit. Trifft man die Annahme, dass eine Brücke im Schnitt 1.500 Meter lang ist und ein Auto eine Länge von ungefähr vier Metern hat, dann passen auf eine Brücke unter Berücksichtigung eines Abstands von zwei Metern 250 fahrende Pkw. Diese 250 Autos sind also eine Ladeeinheit der Brücke. In den USA kann man von fünfspurigen Straßen pro Fahrtrichtung ausgehen, die über die Brücke führen; dies entspricht einer Anzahl von 1.250 Pkw. Im Schnitt sitzen schätzungsweise 1,5 Personen in einem Auto – das führt zu einer Personenanzahl von 1.875 pro Brücke.

Geht man von der Formel Geschwindigkeit x Zeit = Strecke und einer Durchschnittsgeschwindigkeit von 30 km / h im Berufsverkehr aus, benötigt ein Auto für eine Brücke circa 3 Minuten

(Strecke / Geschwindigkeit = Zeit <=> Zeit = 1.500 m / 30.000 m / h = 3 / 60 h = 3 Minuten).

Das bedeutet, dass 20 Ladeeinheiten von 250 Pkw pro Stunde und Spur die Brücke überqueren. Das entspricht einem Wert von 5.000 Autos, in Personen sind es 7.500 Personen pro Spur und Stunde. Pro Brücke mit jeweils fünf Spuren sind dies 37.500 Menschen pro Stunde. Für alle sechs Brücken sind dies 225.000 Personen pro Stunde. In der Peak Time von 6:30 bis 9:30 Uhr sind es folglich 675.000 Personen, die mit dem Auto nach Manhattan fahren.

Insider-Tipp

Case-Autor Ralph Razisberger: »Häufig wird bei diesem Case die Hochrechnung von einer Stunde auf die gesamte Rush Hour vergessen. Oder der Bewerber verrechnet sich bei der Umrechnung von Stunden auf Minuten. Machen Sie sich Notizen bevor Sie mit den Berechnungen beginnen. Es zeugt von Gewissenhaftigkeit, Struktur und schützt Sie vor Fehlern dieser Art.«

Kapazität der Tunnel

Als nächstes schätzen Sie die Anzahl der Autos, die über die vier großen Tunnel ins Zentrum der Stadt gelangen können.

Nimmt man an, dass ein Tunnel im Schnitt ebenfalls 1.500 Meter lang ist und wie die Brücken über fünf Spuren in jeder Richtung verfügt dann kommt man über identische Rechnungen zu dem Ergebnis, dass auch hier 37.500 Menschen pro Tunnel und Stunde nach Manhattan einreisen. Insgesamt sind dies also 150.000 Personen pro Stunde und somit 450.000 Menschen in der gesamten Peak Time.

Auslastung der U-Bahn und Zuglinien

Nun gilt es als nächstes herauszufinden, in wie weit die U-Bahn Strecke durch die hohe Anzahl der morgendlichen Pendler ausgelastet ist. In New York gibt es – wie Ihnen Ihr Interviewer mitteilt – zwölf U-Bahn-Linien, die nach Manhattan hineinführen und dort weiter verlaufen. Darüber hinaus gibt es 10 Züge aus dem Umland.

Zwischenfrage 3: Welche Daten benötigen Sie als Haupttreiber zur Berechnung der Bahnkapazität? Verfahren Sie analog zu Frage 2 und trainieren Sie hier Ihre Fähigkeiten zur Größenabschätzung.

Ihr Ansatz:

Stellt man die These auf, dass in einen Wagen circa 100 Personen passen und jede U-Bahn aus fünf Wagen besteht, passen in jede U-Bahn 500 Personen. Nun gibt es zwölf Strecken im Streckennetz und in der Rush Hour fahren die U-Bahnen schätzungsweise alle 4 Minuten. Pro Stunde fahren also 15 U-Bahnen pro Linie mit jeweils 500 Personen – das ergibt einen Wert von 90.000 Personen in der Stunde und somit 270.000 Menschen während der drei Stunden am Morgen, die – bei hundertprozentiger Auslastung – mit der U-Bahn befördert werden können.

Es bleibt zu ermitteln, welche Kapazität die Zuglinien aufweisen. Angenommen es gibt 10 Zugverbindungen, die aus dem Umland in die Metropole führen. Man kann davon ausgehen, dass durch diese Anzahl alle zehn Minuten ein Zug pro Linie an der Grand Central Station eintrifft. In der Peak Time sind dies somit 18 Züge pro Linie, also insgesamt 180 Züge.

In einem Zugwaggon finden mehr Menschen Platz als in einer U-Bahn, geschätzte 150 Personen können darin transportiert werden. Ein Zug besteht im Durchschnitt aus zehn Waggons. Demnach können 1.500 Personen pro Zug befördert werden und somit 90.000 Personen bei den 10 Linien à 6 Zügen, die in der Stunde in Manhattan eintreffen.

In der kritischen Zeit zwischen 6:30 und 9:30 Uhr sind es demnach 270.000 Pendler.

Ziehen wir ein Zwischenfazit: Die totale Kapazität der bisherigen Fortbewegungsmittel beläuft sich also demnach auf 1.665.000 Menschen (270.000 (Züge) + 270.000 (U- Bahn) + 450.000 (Tunnel) + 675.000 (Brücken)). Damit sind nur knapp 56 % der insgesamt 3 Mio. Pendler versorgt. Selbst wenn 10 % aller Pendler mit anderen Verkehrsmitteln in die Stadt kommen, ist das Verkehrsproblem offensichtlich.

Tipp

Vergessen Sie nicht, bei Zwischenergebnissen diese auch durch ein Zwischenfazit festzuhalten.

Schritt 2: Lösungsmöglichkeiten für die Überlastung während der Rush Hour

Nachdem die derzeitige Situation dargestellt wurde, sollte im nächsten Schritt überlegt werden, mit welchen Methoden dem Bürgermeister bei diesem Problem geholfen werden könnte, damit seine Wiederwahl nicht gefährdet wird.

Zwischenfrage 4: Machen Sie sich Gedanken zu Ihren Ansätzen und notieren Sie diese in einer strukturierten Form.

Ihr Ansatz:

Grundsätzlich könnte man verschiedene Ansätze finden, um die Lösungsvorschläge strukturiert anzugehen. Eine denkbare Struktur ist:

1. Optimierung der vorhandenen Verkehrswege
2. Vermeidung von Pendlerverkehr zu der Rush Hour

Diese beiden Ansätze kann man auf ihren Effekt auf die vier betrachteten Verkehrswege diskutieren. Darüber hinaus sollten die Maßnahmen bezüglich ihrer Wirkung und Umsetzbarkeit bewertet werden.

Maßnahmen zur Optimierung der vorhandenen Verkehrswege

Maßnahmen zu den U-Bahnen und Zügen

Ein Ansatz zur Optimierung der Bahnen und Züge wäre die Frequenz zu erhöhen oder etwa Doppeldecker-Waggons zu verwenden. In einem zweiten Stockwerk eines Zugwaggons könnten noch einmal 100 zusätzliche Personen Platz finden, dieser Wert entspricht einem Zuwachs von 2/3 gegenüber den 150 Personen in den einstöckigen Waggons. Die 270.000 bisherigen Personen multipliziert mit 2/3 ergeben 180.000 zusätzliche Passagiere; demnach 450.000 Menschen insgesamt in der Peak Time. Allerdings ist ein Nebeneffekt bei der Verwendung eines doppelstöckigen Zuges, dass mehr Zeit an Haltestellen für das Ein- und Aussteigen benötigt wird und dies für die U-Bahn aufgrund der häufigen Stopps innerhalb der Stadt ungeeignet ist. Außerdem würde eine Aufstockung auch einen sehr teuren Ausbau der Tunnel mit sich bringen. Dieser Vorschlag wäre daher nicht kurzfristig umsetzbar und eher für die Züge von außerhalb angebracht. Für die stadtinternen U-Bahnen wäre es sinnvoller, mehr Waggons pro Linie einzusetzen. Wenn nun zehn statt wie bisher fünf Waggons eingesetzt würden, könnten pro U-Bahn 500 zusätzliche Menschen befördert werden. Die Gesamtkapazität der U-Bahnen würde sich somit auf 540.000 Personen genau verdoppeln. Das sind 270.000 mehr im Vergleich zu dem vorherigen Wert. Die Frage ist, ob dies mit den vorhandenen Bahnsteigen abbildbar ist.

Anreize für Car Sharing
Eine Strategie zur Optimierung der Brücken und Tunnel könnte sein, Anreize für Car Sharing zu schaffen, indem beispielsweise die Gebühren an den Brücken für Autos ab drei Personen günstiger sind und ab vier Personen ganz wegfallen. Durch Car Sharing kann die durchschnittliche Auslastung pro Auto deutlich erhöht werden. Wenn man davon ausgeht, dass beispielsweise anstatt 1,5 Personen jetzt 4 Personen im Auto sitzen, erhöht sich die Zahl der Personen, die transportiert werden können auf 3.000.000 in der Peak Time (1.125.000 / 1,5 = 750.000. Diesen Wert dann mal 4 ergibt 3.000.000). Hierbei handelt es sich allerdings um das absolute Optimum. Wenn man durch die Maßnahme allerdings einen Teil der Pendler überzeugen könnte, Fahrgemeinschaften zu bilden, so dass die durchschnittliche Personenzahl pro Auto auf z.B. 2,5 steigt, würde sich die Kapazität der Brücken und Tunnel immerhin von 1.125.000 auf 1.875.000 erhöhen. Dies entspricht einer Steigerung um 750.000 Menschen.

Einsatz von Bussen
Die Zahl der Personen könnte auch durch den Einsatz von Bussen gesteigert werden, welche die Brücken (und Tunnel) überqueren. Schließlich können Busse mit der dreifachen Länge eines Autos die zehnfache Menge an Personen transportieren. Gäbe es beispielsweise eine Spur auf der Brücke (bzw. im Tunnel) wo nur Busse fahren, würden theoretisch gesehen 107 Busse hintereinander auf diese passen (3 x 4 m + 2 m Abstand = 14 m; 1.500 m Brückenlänge / 14 m = 107). Da dieser Wert aber sehr unrealistisch ist, nicht eine Spur komplett mit Bussen voll sein würde und wichtiger Platz auf der Straße für Pkw verloren ginge, nehmen wir an, dass die Busse im 3-Minuten-Takt fahren. Somit überqueren pro Stunde 20 Busse eine Brücke. Außerdem müssten auf der Spur ebenfalls noch Pkw zugelassen sein, damit sich der Einsatz lohnt. Ein Bus kann im Schnitt

70 Menschen fassen und somit würden pro Stunde 1.400 Personen mit dem Bus die Brücke überqueren. Die Spur auf dem der Bus fährt können nun pro Stunde etwa 60 Autos weniger befahren (da drei Pkw der Länge eines Busses entsprechen). Dies sind also anstatt 5.000 nur noch 4.940 Autos mit einer Personenanzahl von 7.410 (4.940 x 1,5). Mit der Buskapazität zusammen sind es in dieser Spur pro Stunde 8.810 Personen. Die restlichen Spuren lassen immer noch 20.000 Autos oder 30.000 Menschen in Pkw nach Manhattan einfahren und zusammengenommen mit der Buskapazität, können nun pro Stunde 38.810 und während der gesamten Peak Time pro Brücke und Tunnel 116.430 (38.810 x 3) Menschen befördert werden. Das ergibt eine Gesamtsteigerung von 39.300 (116.430 Menschen x 10 Brücken und Tunnel = 1.164.300; 1.164.300 – 1.125.000 = 39.300 Menschen) für alle sechs Brücken, sowie die vier Tunnel.

Maßnahmen zur Vermeidung von Pendlerverkehr

Verteilung von Verkehrsaufkommen über einen größeren Zeitraum
Eine Maßnahme zur Vermeidung von Pendlerverkehr wäre die Erhebung einer Gebühr für die Überquerung der Brücken und Tunnel zu den Rush-Hour-Zeiten, um das Reisen vor und nach der kritischen Zeit zu fördern und somit die Masse der Menschen etwas gleichmäßiger auf mehr als drei Stunden zu verteilen. Dies würde zudem der Stadt zusätzliche Einnahmen bescheren. Außerdem wäre dies eine mögliche Variante um Anreize für Car Sharing zu setzen. Darüber hinaus könnten die Öffnungszeiten unterschiedlicher Industrien oder öffentlicher Einrichtungen unter die Lupe genommen werden, um eventuell regulierende Vorschriften für die Öffnungs- und Schließungszeiten vorzunehmen und auf diese Art und Weise das Verkehrsaufkommen einzudämmen.

Vermeidung der Notwendigkeit zu Pendeln
Man könnte darüber hinaus die Pendler dazu ermutigen, direkt in der Stadt zu wohnen. Arbeitgeber könnten hierzu spezielle Konditionen für Mietwohnungen oder Kooperationen mit Immobiliengesellschaften anbieten. Dies hätte jedoch lediglich langfristig einen Einfluss auf die Pendlerzahlen und ist daher als kurzfristige Maßnahme weniger geeignet. Hinzu kommt, dass es so zu einer Verknappung des – eh schon knapp bemessenen – Wohnraums in Manhattan und somit auch zu einem Anstieg der Mieten kommen könnte.

Eine andere Möglichkeit das Verkehrsproblem zu lösen, wäre es, Büroplatz außerhalb Manhattans attraktiver zu machen, um so das Pendleraufkommen an sich zu verringern. Auch hier wäre eine Kooperation mit den Arbeitgebern denkbar, damit diese für einen Teil ihrer Arbeitnehmer Home Offices einrichten. Alternativ oder zusätzlich könnte man auch Office Parks in peripheren Stadtteilen New Yorks schaffen. Dies hätte auch den Vorteil, dass die Stadt New York keine Einbußen bei der Gewerbesteuer zu verzeichnen hätte. Jedoch wäre auch bei dieser Maßnahme nur langfristig mit einem Einfluss auf die Pendlerzahlen zu rechnen.

Schritt 3: Fazit

Zwischenfrage 5: Kommen Sie zum Fazit und bewerten Sie die Maßnahmen nach ihrer kurzfristigen Umsetzbarkeit und Effektivität. Überlegen Sie auch, wie eine zusammenfassende Darstellung aussehen könnte.

Ihr Ansatz:

Kurzfristige Optionen
- Mehr Waggons pro U-Bahn
- Anreize für Car Sharing (z.B. durch Einführung einer Maut an Brücken und Tunneln)
- Einsatz von Bussen

Mittel- bis Langfristige Optionen
- Erhöhung der Frequenz der U-Bahnen und Züge
- Doppeldecker-Waggons für die Züge
- Anreize für Pendler direkt in Manhattan zu wohnen
- Anreize für Office Space außerhalb Manhattans
- Einsatz von Fähren
- Regulierung der Öffnungszeiten bestimmter Industrien und öffentlicher Einrichtungen

Mit dem Teil der genannten Lösungsideen, die relativ leicht umsetzbar und kurzfristig wirksam sind, kann insgesamt eine Steigerung von 1.059.300 Personen erreicht werden (270.000 (Verlängerung der U-Bahnen auf zehn Waggons) + 750.000 (Car Sharing) + 39.300 (Einsatz von Bussen)). Es sind nun 2.724.300 Pendler, die mit den öffentlichen und privaten Verkehrsmitteln in die Stadt kommen können. Somit können immerhin knapp 91 % der Pendleranzahl abgedeckt werden, womit es 35 Prozentpunkte mehr sind als vorher.

Wie man sieht, handelt es sich bei der Bewältigung des großen Verkehrsaufkommens in New York um ein komplexes Problem, welches nicht von heute auf morgen beseitigt werden kann. Mit dem genannten Maßnahmen-Mix ist es zwar möglich, relativ kurzfristig eine Lösung für die meisten Pendler zu finden, jedoch auch notwendig neben kurzfristigen Maßnahmen auch langfristige Optionen anzugehen.

Lösungen zu den Zwischenfragen

1 - 4: Siehe Musterlösung im Text

5: Eine gute Darstellung wäre z.B. eine 2x2-Matrix, die alle Optionen nach Umsetzbarkeit auf der einen Achse und Effektivität auf der anderen Achse bewertet. Jedem der vier Quadranten kann dann eine Entscheidungsregel zugeordnet werden. Z.B.: »Leicht umzusetzen« und »Hohe Effektivität« bedeutet »Sofort umsetzen«, während »Schwer umzusetzen« und »Hohe Effektivität« eine Entscheidung zur langfristigen Umsetzung bedeutet.

16. Standortentscheidung: Flagship Store am Flughafen

Unser Kunde ist ein international tätiger Mode-Konzern. Während einer Diskussion zum Thema Distributionsstrategie fragt Sie unser Kunde nach Ihrer Meinung zur folgenden Frage: »Wir hätten eventuell die Möglichkeit eine 1A-Location im Flughafen unserer Stadt für einen neuen Flagship Store zu mieten, sind uns aber nicht sicher, ob sich das für unser Unternehmen lohnt.« Was antworten Sie ihm?

Tipp

Wir sind hier nicht in Amerika, wo häufig wesentlich jüngere Bewerber mit 08/15 Market Sizing und einfachen Business Cases durchs Consulting Interview kommen. Verlassen Sie sich nicht auf die oberflächlichen Tipps amerikanischer Bücher. Im deutschsprachigen Raum wird mehr menschliche Reife, kritisches Hinterfragen und gesunder Menschenverstand verlangt.

Legen Sie bitte nicht gleich los mit der Berechnung eines isolierten Business Cases für diesen Flagship Store! Hier geht es dem Kunden möglicherweise um mehr als die bloße Standortentscheidung. Hinterfragen Sie die Aufgabenstellung, z.B. so: »Was verspricht sich der Kunde von diesem Standort? Geht es primär darum, einen weiteren Point-of-Sale, d.h. einen weiteren Vertriebsweg oder -standort zu schaffen, der gewisse Umsatz- / Rentabilitätsziele erfüllt? Oder hat er eventuell eine Repositionierung seiner Marke ins Auge gefasst, so dass die Präsenz an einem Flughafen - üblicherweise Seite an Seite mit prestigeträchtigen Marken - aus markenstrategischen Gründen wichtig für ihn ist?«

Interviewer: »Gut, dass Sie das ansprechen. In der Tat, unser Kunde hat gerade die Positionierung seiner hochwertigsten Marke überarbeitet. Bisher war die Marke, um die es hier geht, eher im mittleren Preissegment angesiedelt. Da jedoch die Qualität deutlich über dem Marktdurchschnitt dieses Segments liegt und auch die bisherigen Käufer extrem zufrieden mit dem Preis-Leistungs-Verhältnis der Produkte sind, hat sich unser Kunde vorgenommen, seine Rentabilität durch eine Verschiebung der Positionierung in Richtung Premium-Marken zu erhöhen.«

Für Sie ist nach den Informationen durch Ihren Interviewer klar: Der Standort Flughafen muss also im Hinblick auf die gewünschte Aufwertung der Marke des Kundenunternehmens bewertet werden. Allerdings war auch von Rentabilität die Rede. Haken Sie hier nach, um sicherzustellen, dass Ihnen nicht noch wesentliche Informationen fehlen. Sie fragen: »Wie steht denn der Kunde im Vergleich zu relevanten Wettbewerbern in Bezug auf die Rentabilität da?«

Interviewer: »Nun ja, da das bisherige Preis-Leistungs-Verhältnis eigentlich fast zu gut war, sprich die Kosten der Kleidung für die jeweils erzielten Preise recht hoch war, lag die EBITDA-Marge unseres Kunden in der Vergangenheit des Öfteren unter dem Marktdurchschnitt. Auch deswegen erarbeiten wir mit ihm aktuell eine neue Distributionsstrategie.«

Nun wissen Sie mehr.

Zwischenfrage 1: Wie gehen Sie weiter vor? Notieren Sie in das Feld unten ihre Struktur zur Lösung des Cases – lesen Sie dann die beispielhafte Musterlösung.

Ihr Ansatz:

Sie überlegen sich Ihre geplante Vorgehensweise und erklären diese dann dem Interviewer: »Gut, ich werde nun zunächst die Erfolgsfaktoren für eine Markenaufwertung durch eine Präsenz am Flughafen festlegen. Das tue ich, um festzustellen, ob das gewünschte Ergebnis durch diese Entscheidung theoretisch erreicht werden kann.

Anschließend werde ich kurz überschlagen, was so ein Standort kostet bzw. wie der Business Case für diesen Standort aussehen könnte. Dies ist meiner Meinung nach wichtig, um einschätzen zu können, ob der Standort mit dem erforderlichen Rentabilitätsziel vereinbar ist.

Zuletzt werde ich Überlegungen anstellen, ob es Standortalternativen gibt, die eine ähnliche Aufwertung der Positionierung mit einer besseren Rentabilität erreichen könnten.«

> Der Kandidat arbeitet hier offensichtlich mit der Hypothese, dass ein Flagship Store am Flughafen zu teuer für die gewünschten Unternehmenszielsetzungen sein könnte. Aufgrund dieser Hypothese spricht er jetzt schon von Alternativen.

Schritt 1: Erfolgsfaktoren »Markenwertsteigerung durch Präsenz am Flughafen«

»Ich werde Ihnen nun einige Faktoren nennen, von denen ich glaube, dass sie wichtig sind für den Erfolg des Standortes:

- Erreichen der Zielgruppe, d.h. sind aktuelle und potenzielle neue Käufer der Marke am Flughafen in ausreichender Anzahl vertreten?
- Akzeptanz des Standortes bei der Zielgruppe, d.h. passt es z.B. zum Selbstverständnis der Kunden, dass diese Marke an einem offensichtlich teuren Standort vertreten ist?
- Durchgängigkeit des Verkaufskonzeptes und der damit einhergehende Wiedererkennungseffekt – Passt es auf den Standort am Flughafen ebenso wie auf andere Standorte, z.B. in den Innenstadtlagen?
- Aufwertung der Marke durch funktionale Attribute (z.B. erhöhte Erreichbarkeit und Verfügbarkeit durch einen Laden am Flughafen, der längere Öffnungszeiten bietet) oder emotionale Attribute (z.B. »Hochglanz«-Aussehen des Ladengeschäfts als Indikator für Prestige, Image, guten Geschmack, etc.)«

Sie fahren mit der Bewertung der Punkte fort: »Es ist davon auszugehen, dass der Mode-Konzern Kenntnisse über den Kundenstamm der Marke hat, wie z.B. durchschnittliches Alter und Einkommen, gesellschaftliche Schicht, Familienstand etc. Darauf basierend muss geprüft werden, ob bisherige und angestrebte Kunden über den neuen Standort gut erreicht werden. Außerdem haben sich sicherlich die internen Markenexperten schon Gedanken gemacht zum Thema »Durchgängigkeit des Markenkonzeptes«. Allerdings denke ich, dass es – bevor eine endgültige Entscheidung für den Standort fällt – sinnvoll wäre zu überprüfen, ob dieser Standort von der Zielgruppe akzeptiert würde. Ich erwähne dies, da Sie mir anfangs gesagt haben, dass die bisherigen Kunden mehr als zufrieden mit dem Preis-Leistungs-Verhältnis sind. Eine zu offensichtliche Verschiebung der Marke in Richtung Premium könnte dem schaden. Ich nehme dieses Ziel aber für die weitere Analyse als gegeben an. Schließlich dürfte eine Aufwertung der Marke durch funktionale sowie emotionale Attribute am Standort Flughafen durch das hochwertige Umfeld und den erreichbaren Kundenkreis sicherlich gegeben sein.

Als Fazit denke ich, dass ein Flagship Store am Flughafen das Potenzial hätte, das angestrebte Ziel, nämlich die Verschiebung der Positionierung in Richtung Premium-Marke, zu unterstützen.«

Schritt 2: Business Case Flagship Store

Bewerber: »Nun werde ich eine kurze Bewertung der finanziellen Seite des Flughafen-Ladengeschäfts vornehmen. Ich schlage vor, nur die monatlich laufenden Umsätze und Kosten zu berechnen, nicht die einmaligen Anfangskosten wie z.B. Renovierung, Gestaltung und

Einrichtung unter der vereinfachenden Annahme, dass diese Kosten in jedem neuen Ladengeschäft der gleichen Größe in etwa gleich wären.« Ihr Interviewer nickt zustimmend und Sie fahren fort.

Bewerber: »Ich werde nun den Business Case für den Flagship Store entwickeln.«

Zwischenfrage 2: Bevor Sie in der Musterlösung weiterlesen, notieren Sie sich selbst: Welches sind die wichtigsten Kostenkomponenten? Trainieren Sie, mit Annahmen eine Abschätzung der Größenordnung für die wichtigsten monatlichen Kosten eines Bekleidungsgeschäftes am Flughafen zu treffen. Tragen Sie Ihre Annahmen und Ergebnisse ein und vergleichen Sie dann mit der Musterlösung.

Ihr Ansatz:

»Die wichtigsten Kostenkomponenten sind meiner Meinung nach:

- Monatliche Miete
- Nebenkosten (Strom, Security etc.)
- Personalkosten

Welche Miete fällt für den Laden an?«

Interviewer: »Der Laden ist insgesamt 80 Quadratmeter groß, davon sind 75 Quadratmeter Verkaufsfläche.«

Bewerber: »Gut, dann werde ich eine Miete pro Quadratmeter schätzen. Diese hängt natürlich von mehreren Faktoren ab, wie z.B. Größe des Flughafens bzw. Passagieraufkommen, genaue Lage des Ladengeschäftes, Besucherfrequenz im Ladengeschäft, Größe der Fensterfront, Zustand der Räumlichkeiten etc. Ich lege nun eine Miete von 100 Euro pro Quadratmeter fest, was meines Wissens der Miete in einer sehr guten Innenstadtlage entspricht.«

Sie müssen ja kein Experte für Mietpreise sein. Ziehen Sie einen Wert, den Sie kennen, zum Vergleich heran – das ist auf jeden Fall besser, als eine Zahl ins Blaue hinein zu schätzen! Mit einem runden Wert lässt sich natürlich auch gut rechnen.

Sie fahren fort: »Demnach beläuft sich die monatliche Miete auf 80 x 100 Euro, d.h. 8.000 Euro plus Nebenkosten. Für die Nebenkosten treffe ich die pauschale Annahme 30 %, basierend auf:

a) Die Nebenkosten meiner eigenen Wohnung betragen etwa 10 % der Kaltmiete.
a) Für den gewerblichen Betrieb fallen sicherlich deutlich höhere Nebenkosten an, da permanent z.B. die Klimaanlage laufen muss und beleuchtet werden muss. Zusätzlich dürften Kosten für elektronische Diebstahlüberwachung, Reinigung etc. hinzukommen.

Es fallen somit insgesamt 8.000 Euro Miete plus 2.400 Euro Nebenkosten pro Monat, d.h. 10.400 Euro an. Der nächste wichtige Kostenblock sind die Personalkosten. Diese sind wiederum abhängig von mehreren Variablen, wie Öffnungszeiten und Besucherfrequenz im Ladengeschäft. Außerdem stellt sich die Frage, ob das Unternehmen Wert darauf legt, Kunden zu beraten oder lediglich die Transaktionen abzuwickeln sowie aufzuräumen. Können Sie mir dazu weitere Informationen geben?«

Interviewer: »Treffen Sie auf Basis Ihrer Erfahrungen mit Bekleidungsgeschäften am Flughafen bitte Ihre eigenen Annahmen, wie Sie die Personalplanung vornehmen würden.«

Zwischenfrage 3: Falls Sie dies in Zwischenfrage 3 noch nicht im Detail gemacht haben: Berechnen Sie selbst, welche Personalkosten anfallen würden

Ihr Ansatz:

Sie fahren also fort: »Die Personalkosten hängen von der Öffnungszeit des Ladens, der Anzahl an parallel arbeitenden Personen und den Personalkosten ab. Ich werde zunächst die Gesamtöffnungszeit berechnen. Diese ist auch wieder abhängig davon, wo das Ladengeschäft liegt, da es wahrscheinlich Sinn macht, sich an die Öffnungszeiten der umliegenden Geschäfte anzupassen. Außerdem könnte man beachten, zu welchen Zeiten die Zielgruppe vorrangig reist. Ich nehme nun aber vereinfachend an, dass das Geschäft jeden Tag von 8 bis 22 Uhr, d.h. 14 Stunden geöffnet ist und am Wochenende nicht schließt. Demnach sind dies in der Woche 7 mal 14 Stunden, also 98 Stunden. Wenn ich nun vereinfachend annehme, dass die Mitarbeiter nur in den Ladenöffnungszeiten arbeiten und einen kleinen Anteil Überstunden für das Aufräumen, Abrechnen usw. berücksichtige, nehme ich vereinfachend 100 Stunden an, die es personell zu besetzen gilt.

Als Arbeitszeit eines Mitarbeiters nehme ich 8 Stunden pro Tag und eine Fünf-Tage-Woche an, d.h. 100 / 8 / 5 = 2,5 Mitarbeiter mindestens, um den Laden während der Öffnungszeiten wenigstens mit einer Person zu besetzen. In den frequenzstärksten Stunden muss sicherlich mehr Personal bereitgestellt werden, außerdem muss ein Mitarbeiter immer Pause machen können. Daher nehme ich vereinfacht an, dass im Schnitt immer zwei Mitarbeiter im Laden sind, so dass insgesamt 5 Mitarbeiter (2 x 2,5 = 5) beschäftigt werden müssen. Bei dieser Rechnung habe ich bisher Urlaub, Krankheit etc. außer Acht gelassen, daher schlage ich nochmals 10 % Kapazität auf, d.h. 5,5

Mitarbeiter. Im Schnitt dürfte ein Mitarbeiter etwa 2.000 Euro brutto pro Monat verdienen plus Lohnnebenkostenzuschlag von 50 %. Daher fallen 16.500 Euro Personalkosten pro Monat an (5,5 x 2.000 x 1,5).

Die gesamten monatlichen Kosten für das Ladengeschäft und Personal belaufen sich also auf (10.400 Euro + 16.500 Euro) 26.900 Euro.«

Der Interviewer nickt zustimmend und sagt: »Bitte fahren Sie fort. Finden Sie bitte einen pragmatischen, gangbaren Weg, um die Erträge abzuschätzen«

Tipp

Sie sehen, wie wichtig es ist, mit möglichst runden Zahlen zu arbeiten. Wo möglich und zulässig, machen Sie es sich im Case Interview nicht unnötig schwierig mit Nachkommastellen und krummen Annahmen.

Zwischenfrage 4: Wie würden Sie vorgehen, um die Erträge abzuschätzen? Bevor Sie weiterlesen: Erstellen Sie eine Struktur der Einnahmequellen und –treiber, treffen Sie Ihre eigenen Annahmen, notieren Sie diese und rechnen Sie selber auf einem zusätzlichen Blatt. Tragen Sie dann die Ergebnisse ein und vergleichen Sie mit der Musterlösung im Text. Nehmen Sie 60 Euro Umsatz pro Kunde und ein Angebot für weibliche Kundinnen im Alter von 25 - 40 Jahren an.

Ihr Ansatz: Ihre Lösung:

Bewerber: »Im nächsten Schritt gehe ich nun also an die Bewertung der Erträge. Ich denke, der einfachste Weg zu den Erträgen führt über die Berechnung des Umsatzes und eine angenommene Gewinnspanne. Ist es Ihnen möglich, mir zu sagen, wie hoch der durchschnittliche Kaufumsatz pro Kunde liegt? Schließlich ist dieser abhängig vom Preisniveau sowie der Kaufkraft der Kunden und über beides liegen mir noch keine Informationen vor.«

Interviewer: »Sie können davon ausgehen, dass der durchschnittliche Kaufumsatz pro Kunde bei 60 Euro liegt.«

Bewerber: »Nun muss ich abschätzen, wie viele Kunden pro Stunde durchschnittlich in das Ladengeschäft kommen und kaufen. Dieser Wert kann innerhalb einer weiten Bandbreite liegen, abhängig von vielen Faktoren wie z.B. Lage des Geschäftes, Attraktivität der aktuellen Kollektion sowie Bekanntheit und Akzeptanz der Marke.« Der Bewerber legt eine kurze Denkpause ein und spricht dann einen seiner Gedanken laut aus: »Um mir die Anzahl Kunden plausibel herleiten zu können, bräuchte ich einen Anhaltspunkt dafür, wie viele Kunden am Geschäft vorbeikommen. Da sich die Miete pro Quadratmeter sicherlich an dieser oder einer ähnlichen Größe orientiert, denke ich, dass diese Information sicherlich vom Vermieter zu bekommen ist. Können Sie mir weiterhelfen?«

Gut gemacht! Da der Interviewer Sie gebeten hat, möglichst pragmatisch vorzugehen, ist es auf jeden Fall nicht nur legitim sondern ratsam, direkt nach ein paar wichtigen Umsatztreibern zu fragen!

Hier punktet der Kandidat wieder! Da er selbst keinen Anhaltspunkt hat, um die Anzahl der Kunden selbst festzulegen, fragt er logisch nach einer gängigen Ausgangsgröße, aus der sich dann die Anzahl der Kunden berechnen lässt.

Der Interviewer nickt: »Sie könnten natürlich auch selber eine Abschätzung treffen, indem wir eine zentrale Stelle am Flughafen dieser Stadt annehmen und Sie den Passantenstrom anhand der Anzahl an ankommenden und abfliegenden Flugzeugen an einem Terminal berechnen. Aber die Zeit drängt. Sie haben recht. Die Passantenfrequenz korreliert natürlich mit der Miete und der Vermieter wird Ihnen die Information geben können. Rechnen Sie mit einer Frequenz von 5.000 Passanten pro Stunde.«

Bewerber: »Können Sie mir zudem Informationen über die Zielgruppe geben? Welche Art von Mode wird verkauft bzw. wer sind die Käufer der angebotenen Produkte?«

Interviewer: »Richtige Frage – Sie wissen ja noch nicht viel über die angebotene Mode. Gehen Sie davon aus, dass es um Damenmode und -accessoires geht, die primär an Kundinnen im Alter zwischen 25 und 40 verkauft werden.«

Bewerber: »Eine Mehrzahl der Passanten von Montag bis Freitag sind sicherlich männlich (Geschäftsreisende), am Wochenende ist das Verhältnis ausgeglichen. Daher nehme ich an, dass im Schnitt nur 30 % der Passanten weiblich sind, d.h. 5.000 x 0,3 entspricht 1.667. Ohne nun im Detail auf die Altersstruktur der Passantinnen einzugehen, schätze ich, dass von den 1.667 pro Stunde wiederum ein Drittel das Alter der eigentlichen Zielgruppe hat, d.h. 556. Wenn von diesen verbleibenden 556 nur 10 % das Ladengeschäft betreten, hätte das Geschäft pro Stunde abgerundet 50 Besucherinnen. Das kommt mir auch plausibel vor, wenn ich meine eigene Erfahrung mit der Kundenfrequenz von Bekleidungsgeschäften an Flughäfen betrachte. Wenn von diesen Besucherinnen jeweils jede zehnte einen Kauf tätigt, käme der Umsatz pro Stunde auf 5 x 60 Euro = 300 Euro.

Der Gesamtumsatz pro Monat beliefe sich dann auf 98 (Stunden pro Woche) x 4,3 (Wochen pro Monat) x 300 Euro, also 126.420 Euro.

Nun fehlt noch eine weitere wichtige Annahme, nämlich welche Gewinnspanne mit den verkauften Produkten realisiert werden kann. Ich bin bisher davon ausgegangen, dass unser Klient, der Modekonzern, seine Ware selbst produziert. Ist das richtig?«

Interviewer: »Das ist richtig. Es handelt sich ausschließlich um eigens hergestellte Ware.«

Bewerber: »Sie haben zudem von Mode und Accessoires gesprochen. Ich gehe davon aus, dass die Gewinnspannen da unterschiedlich sind.«

Interviewer: »Das ist grundsätzlich richtig. Bitte vereinfachen Sie aber weiter und kommen Sie zügig zum Ende.«

Bewerber: »In Ordnung. Vereinfachend gehe ich nun von einer Gewinnspanne von 30 % aus. Daher erwirtschaftet der Flagship Store 126.420 Euro x 0,3 = 37.926 Euro. Abzüglich der errechneten Kosten von 26.900 Euro ergibt sich ein operativer Gewinn von 11.026 Euro.

Zusammenfassend kann ich also sagen, dass das Ladengeschäft am Flughafen unter den angenommenen Umständen profitabel ist. Mit einer Umsatzrendite von unter 9 % (11.026 / 126.420 = 0,087 = 8,7 %) vor Umlagen weiterer Overheadkosten aus dem Mutterunternehmen ist diese Gewinnmarge nicht üppig.«

Der Interviewer nickt und sagt: »Einverstanden. Als erstes Ergebnis – d.h. ohne weitere Prüfung und Vertiefung – kann das so stehen bleiben. Nun habe ich aber noch eine Frage: Sie haben ja selbst festgestellt, dass die Variable »Kunden pro Stunde« nicht ganz einfach zu schätzen ist, da diese von mehreren Faktoren abhängt. Welche Möglichkeiten sehen Sie denn, diese Zahl besser zu definieren als nur abzuschätzen?«

Bewerber: »Eine gute Möglichkeit, die Zahlen zu validieren, wäre natürlich, Vergleichszahlen aus bestehenden Ladengeschäften zu Rate zu ziehen. Hierzu könnte man einfach ein Institut beauftragen, das Kundenverhalten am Flughafen zu beobachten. Gegebenenfalls bietet der Flughafenbetreiber selber potenziellen Pächtern solches Market Research an. Aber auch hier muss natürlich mit Bedacht vorgegangen werden: Bestimmte Geschäfte könnten ja besonders hoch frequentiert sein aufgrund bevorzugter Lage oder die Klientel könnte sich anders zusammensetzen. In jedem Fall könnte und sollte man aber Vergleichszahlen betrachten, z.B. um ein Worst-Case-Szenario zu berechnen. Damit könnte man Fragen beantworten wie: »Wie sieht mein Business Case aus, wenn ich zwar die hohen Kosten eines Shops am Flughafen habe, aber möglicherweise nur die Erträge eines durchschnittlich gut laufenden Laden?«.

Interviewer: »In Ordnung. Sie hatten vorhin noch angesprochen, weitere Alternativen erwägen zu wollen. Bitte tun Sie das.«

Tipp

Stellen Sie Ergebnisse in Relation und ziehen Sie ein interpretierbares Zwischenfazit. Ein guter Trick der Ihrem Interviewer imponieren wird, ist vorher ausreichend Prozentrechnung geübt zu haben und schnell durch eine Prozentzahl ein Ergebnis interpretieren zu können.

Eine so genannte Szenario-Analyse können Sie nutzen, um im Falle von unbekannten Größen die einzelnen Einflussvariablen zu verändern und deren Wirkung auf die abhängige Größe zu betrachten. Klassisch ist dann die Einteilung in Worst-, Real-, und Best-Case-Szenarien.

Schritt 3: Mögliche Alternativen zum Flagship Store

Zwischenfrage 5: Welche Alternativen sehen Sie für den Klienten? Wie würden Sie diese bewerten?

Ihr Ansatz: Ihre Lösung:

Bewerber: »Eine naheliegende Alternative ist, einen prominenten Standort in der Innenstadt zu mieten. Dafür spricht, dass die Personalkosten durch kürzere Öffnungszeiten etwas günstiger sind. Durch die bessere Erreichbarkeit der Kernzielgruppe wird die Kundenfrequenz und Kaufbereitschaft höher sein. Dagegen spricht, dass der Umsatz pro Kunde niedriger sein könnte, da in der Innenstadt eine andere Klientel als am Flughafen vertreten ist. Abhängig von Lage und Ausstattung des Ladenlokals könnte die Wirkung auf Image und Positionierung der Marke geringer ausfallen als am Flughafen.«

Interviewer: »Wie würden Sie an die Bewertung dieser Alternative herangehen?«

Bewerber: »Die genannten Vor- und Nachteile lassen sich sehr gut in dem gerechneten Business Case durch die Anpassung der Variablen darstellen.«

Interviewer: »Fällt Ihnen sonst noch etwas ein, womit unser Kunde die Aufwertung der Marke erreichen könnte?«

Zwischenfrage 6: Überlegen Sie sich eine Struktur, anhand derer Sie weitere Möglichkeiten zur Aufwertung der Marke sammeln und darstellen können. Sammeln Sie dann 5 - 10 weitere Ansatzpunkte.

Bewerber: »Wir haben hier ja eine Entscheidung zum Thema »Place«, also Distribution diskutiert. Natürlich sind auch die anderen Komponenten der »4Ps«, nämlich »Product«, »Promotion« und »Price« wichtige Elemente in der Verschiebung der Markenpositionierung. Entlang dieser Elemente würde ich Ansatzpunkte für eine neue Markenpositionierung diskutieren.«

Das Konzept der 4Ps ist eines von zahlreichen wichtigen BWL-Basics, die Ihnen bei der Strukturierung von Cases als Framework helfen können. Das Insider-Dossier »Bewerbung bei Unternehmensberatungen« stellt die wesentlichen Frameworks vor und trainiert sie anhand von weiteren Beispiel-Cases.

Der Interviewer nickt und beendet das Case Interview mit der Aussage, dass er mit der Analyse zufrieden sei.

Lösungen zu den Zwischenfragen

1 – 5: Siehe Musterlösung im Text

6: Musterlösung weitere Ansatzpunkte zur Markenaufwertung unter Nutzung des 4Ps-Framework zur Strukturierung der Optionen:

Price Verzicht auf Rabatte, Schlussverkäufe Preiserhöhung Einführung hoher Ankerpreise für Designer-Kollektion	**Place** Shop-in-Shop in hochwertigen Kaufhäusern Aufwertung der Ladenausstattung der bestehenden Geschäfte Analyse der bestehenden Ladenlokale und Schließung nicht markengerechter Locations
Promotion Auf Hochwertigkeit ausgelegte Werbekampagne (bekannte Models, hochwertige Magazine) Partnerschaften / Sponsoring im hochwertigen Umfeld (Golfplatz, Modeschau, Kultur)	**Product** Einführung einer Designer-Kollektion Abschaffung niedrigpreisiger Produkte Verwendung hochwertiger Materialien

Ergänzende Fragen zum Training

In der Praxis sind natürlich – wie immer – weitere Fragen des Interviewers möglich:

- Wie hätte Ihre Empfehlung gelautet, wäre das Ergebnis Ihres Business Cases leicht negativ gewesen? Hätten Sie dennoch zu diesem Standort geraten? Hätten Sie in jedem Fall davon abgeraten, wenn der Business Case deutlich negativ gewesen wäre?
- Rechnen Sie zur Übung den Vergleichsfall mit dem Ladenlokal in der Innenstadt.
- Hinterfragen Sie das Ziel des Kunden, eine Markenaufwertung zu erreichen. Welches Framework bietet sich zur Strukturierung der strategischen Optionen an? Diskutieren Sie die Gefahr »stuck in the middle« zu sein für den Kunden.

17. Geschäftsmodell im Web 2.0: Ranking-Plattform

Über das Thema »Web 2.0« ist in der jüngeren Vergangenheit viel geredet worden. Einer unserer Klienten – der Venture-Capital-Arm eines deutschen Verlagshauses – hat vor kurzem in ein Internet Start-Up investiert. Dieses Start-Up ist eine interaktive Web 2.0-Plattform, die von Nutzern erstellte Rankings, d.h. Top-X-Listen (10, 20 etc.) veröffentlicht. Angesichts des niedrigen Wirtschaftswachstums zurzeit fragt sich unser Klient jetzt, ob die anfänglichen Umsatzprognosen noch erfüllbar sind. Wie helfen Sie ihm?

Es gibt zwei Möglichkeiten, wie Sie an die Bewertung der Umsatzprognosen der Internet Plattform herangehen können:

- Top-down, D.h. Sie erfragen den Business Case und analysieren die vorliegenden Zahlen – ausgehend von den Ergebnissen – im Detail oder
- Bottom-up: In diesem Fall entwickeln Sie selbst eine Umsatzprognose (auch mit Hilfe von Informationen, die Sie von Ihrem Interviewer bekommen), die Sie praktisch »von Grund auf« aufbauen und gleichen Ihr Ergebnis mit der Umsatzseite des Investitions-Business-Cases ab.

Sie fragen den Interviewer, ob er Ihnen den Business Case für eine Top-down-Analyse vorlegen wird oder ob er Ihnen erst nach einer eigenen Einschätzung die Umsätze zum Vergleich geben wird. Ihr Interviewer antwortet – in der Rolle des Klienten, die er nun eingenommen hat: »Ich halte es für besser, wenn Sie mit Ihrem externen Blick auf die Sache eine eigene Abschätzung abgeben. Vielleicht haben wir damals bei der Analyse ja ganz falsch gelegen.«

Sie müssen kein Web 2.0-Experte sein, aber dennoch macht es einen guten Eindruck, wenn Sie sicher mit den anerkanntermaßen wichtigen Größen wie »Visitors« (Besucher einer Seite), »Users« (Tatsächliche Anzahl der Nutzer, häufig auch registrierte Nutzer) oder auch »Page Views« (d.h. Seitenaufrufe durch die Besucher einer Internetseite) im Internet umgehen können.

Sie erläutern Ihrem Interviewer, wie Sie vorgehen möchten: »Zunächst einmal möchte ich Ihnen noch ein paar Fragen über das Portal stellen, damit ich ableiten kann, welche möglichen Umsatzquellen es gibt. Nachdem ich die Umsatzquellen identifiziert habe, werde ich auflisten, welche Informationen ich benötige, um Umsatzprognosen berechnen zu können.«

Verständnis der Grundidee des Portals:
Welche Informationen erfragen Sie?

»Sie sagten, das Portal veröffentliche von Nutzern erstellte Ranglisten. Ich gehe davon aus, dass es sich hierbei um Themen aus dem Privatleben, wie z.B. »Lieblingscafé in München« oder »Bestes Buch des Jahres« handelt. Stimmt das? Den Nutzern dürfte es dabei v.a. darum gehen, zum einen ihr Wissen oder Ihre Präferenzen darzustellen und auch die Meinung von anderen zu erfahren.« Der Interviewer ergänzt: »Das sehen Sie richtig. Aus den einzelnen Beiträgen der verschiedenen Nutzer wird eine aggregierte Rangliste erstellt, die dann die Meinung aller reflektiert.«

Zwischenfrage 1: Welche möglichen Umsatzquellen für ein solches Internet-Angebot fallen Ihnen ein?

Ihr Ansatz:

Aus diesen Informationen leiten Sie bereits Folgendes ab: »Kunden geben auf diesem Portal ihre Meinung zu Themen ab, die für sie persönlich wichtig und / oder interessant sind. Als mögliche Umsatzquellen ergeben sich daher

- Werbung zu Themen, die für die Nutzer relevant sind (Beispiel: Bester Golfplatz in Deutschland: Werbung für Golf-Ausrüstungs-Hersteller oder Golf-Shop)
- Über die reine Werbung hinaus – die ja inzwischen für viele Kunden auch schon lästig geworden ist bzw. immer geringere Aufmerksamkeit erzielt – kann ich mir auch eine Verlinkung mit e-Commerce Shops vorstellen: Wenn Kunden an einem speziellen Thema interessiert sind, kann es sein, dass sie auch ein Konsumbedürfnis, das im Zusammenhang mit diesem Thema steht, erfüllen möchten. Wenn die Plattform somit eine Transaktion ermöglicht, z.B. durch eine Verlinkung mit einem relevanten Online-Shop, wird sie dafür eine Provision erhalten.
- Zuletzt wird die Plattform möglicherweise Inhalte verkaufen können, bzw. Information, die die Kunden bereitstellen.

Um diese Umsatzquellen bewerten und anschließend quantifizieren zu können, werde ich sie nun noch etwas weiter detaillieren, indem ich aufliste:

a) welche Käufer für die angebotenen Dienstleistungen in Frage kommen bzw. welche Unternehmen an diesen Dienstleistungen interessiert sein könnten und
b) welches die Alleinstellungsmerkmale der Ranking-Plattform sein könnten. Diese Informationen benötige ich, um besser einschätzen zu können, welcher Umsatz mit den einzelnen möglichen Umsatzquellen erzielt werden kann.«

Umsatzquelle	Mögliche Kunden	Alleinstellungs-merkmale	Umsatzfaktoren
Werbung	Alle im Internet werbetreibenden Firmen mit relevanten Produkten	Hohe Relevanz bzw. hoher Detaillierungsgrad in der Werbung möglich, da viele Spezialthemen behandelt werden	• Anzahl »page views« pro beworbenem Thema • Preis für Werbeschaltung pro 1.000 Kunden Anm.: In der Werbung wird sehr häufig mit dem »Tausender-Kontakt-Preis« TKP, auch CPM – »Cost per Thousand« genannt, gearbeitet. Hinzu kommt eine weitere gängige Größe, nämlich CPC – »Cost per Click« - d.h. eine Bezahlung pro Anklicken der Werbung.
Transaktionen	Alle im Internet verkaufenden Firmen mit Produkten, zu denen es Themen auf der Ranking-Plattform gibt	Ebenso wie bei der Werbung: Verlinkung zu sehr speziellen Themen und sehr zielgerichtet möglich	• Anzahl Transaktionen pro Thema, die durch die Verlinkung zustande kommen • Provision, die pro Transaktion bezahlt wird
Information / Marktforschung	Der Verlag, zu dem das Portal gehört; Marktforschungsunternehmen, falls die Daten repräsentativ sind	Authentische Informationen von Internet-Nutzern zu Themen mit hoher persönlicher Relevanz	• Anzahl relevanter Themen oder Ergebnisse • Preis pro Thema / Ergebnis

Zwischenfrage 2: Welche zusätzlichen Daten benötigen Sie, um diese Umsatzquellen besser bewerten zu können?

Ihr Ansatz:

Der Interviewer antwortet, indem er eine kleine Tabelle vorlegt und sagt: »Dies sind die ursprünglichen Planzahlen aus dem Business Case der Plattform. Wir befinden uns heute in Jahr 2 und sind zuversichtlich, dass die Zahlen, die Kunden und Themen angehen, auch dieses Jahr wieder erreicht werden. Gehen Sie der Einfachheit halber nun davon aus, dass auch in Zukunft die Kunden- und Themenzahlen erreicht werden.«

Für eine detaillierte Bewertung der zu erwartenden Umsatzzahlen wäre eine weitere Analyse der geplanten Kundenzahlen unabdingbar. Schließlich sind die zu erwartenden Umsätze in hohem Maße davon abhängig, wie viele Kunden die Plattform nutzen und wie viele Themen dort zu finden sind. Zum Vergleich könnte man beispielsweise die Kundenentwicklung von ähnlichen Portalen betrachten, die Wettbewerbssituation genauer analysieren oder auch hinterfragen, welche Marketingmaßnahmen mit welchem Budget geplant sind. In diesem Fall möchte der Interviewer nun aber zügig zu den tatsächlichen Umsatzabschätzungen übergehen.

	Jahr 1	Jahr 2	Jahr 3	Jahr 4	Jahr 5
Anzahl Besucher (Visitors)	600.000	4.500.000	13.000.000	25.000.000	32.000.000
Anzahl Registrierte Nutzer (Users)	12.000	80.000	320.000	800.000	1.800.000
Anzahl Ranking-Themen	16.000	80.000	300.000	820.000	1.850.000

Grobe Abschätzung der Umsatzpositionen

Da es nicht nur darum geht den Umsatz eines einzelnen Jahres, sondern über einen Zeitraum von mehreren Jahren zu berechnen, können Sie hier zwischen zwei Herangehensweisen wählen. Entweder berechnen Sie die Jahre 1 und 2 und nehmen dann einen Wachstumsfaktor an (den Sie sich dann allerdings wieder solide herleiten sollten) oder Sie überlegen, ob Sie die Umsätze nicht in Abhängigkeit einer für den Erfolg der Plattform wichtigen Variablen darstellen und entsprechend hochrechnen. Wir empfehlen die zweite Variante, da dieses Vorgehen bei der Entwicklung eines Business Cases zum Tragen käme. Die hier bereits vorliegende Tabelle erleichtert dieses Vorgehen zudem.

Die wichtigste Variable in diesem Fall sind Anzahl Ranking-Themen – alle drei identifizierten Umsatzbringer sind von der Anzahl der Themen, die von Nutzern bewertet oder betrachtet werden können, abhängig. Über die Anzahl der Themen lässt sich übrigens indirekt auch ableiten, wie erfolgreich die Seite ist, aus zufälligen Besuchern, Nutzer zu gewinnen, die dann auch Themen beitragen und damit wiederum die Qualität und Relevanz des Portals anheben. Am besten, Sie ergänzen die Tabelle, die Sie erhalten haben wie folgt:

Zwischenfrage 3: Kopfrechnen, vor allem mit einfachen Prozentwerten und großen Zahlen, ist unabdingbar im Case Interview und sollte von Ihnen intensivst geübt werden. Nutzen Sie die folgende Übungstabelle, um Ihr Kopfrechnen zu trainieren und schneller zu werden. Die Rechnungen sind nicht schwierig, durch die Übung werden Sie aber schneller und souveräner für das Case Interview. Die Annahmen, die im folgenden Text erläutert sind, haben wir bereits eingetragen. Berechnen Sie die fehlenden Werte ohne Taschenrechner und vergleichen Sie mit der ausgefüllten Lösungstabelle.

Umsatzposition 1: Werbung	**Jahr 1**	**Jahr 2**	**Jahr 3**	**Jahr 4**	**Jahr 5**
Anzahl Ranking-Themen	16.000	80.000	300.000	820.000	1.850.000
Prozentsatz der Themen, die beworben werden	10 %	20 %	30 %	40 %	50 %
Anzahl beworbene Ranking-Themen					
Durchschnittliche Page Views pro Thema	100	100	100	100	100
Bewerbbare Page Views					
CPM (Cost per Thousand) in Euro	8	7	6	5	4
Umsätze durch »CPM« in Euro					
CPC (Cost per Click) in Euro	0,08	0,07	0,06	0,05	0,04
Clickrate	2,5 %	2,5 %	2,5 %	2,5 %	2,5 %
Umsatz pro 1.000 Page Views durch CPC					
Umsätze durch »CPC« bei bewerbbaren Themen in Euro					
Umsätze durch Werbung gesamt					

Hier die bereits ausgefüllte Tabelle und im Anschluss die von dem Bewerber zugrunde gelegten Annahmen:

Umsatzposition 1: Werbung	**Jahr 1**	**Jahr 2**	**Jahr 3**	**Jahr 4**	**Jahr 5**
Anzahl Ranking-Themen	16.000	80.000	300.000	820.000	1.850.000
Prozentsatz der Themen, die beworben werden	10 %	20 %	30 %	40 %	50 %
Anzahl beworbene Ranking-Themen	1.600	16.000	90.000	328.000	925.000
Durchschnittliche Page Views pro Thema	100	100	100	100	100
Bewerbbare Page Views	160.000	1.600.000	9.000.000	32.800.000	92.500.000
CPM (Cost per Thousand) in Euro	8	7	6	5	4
Umsätze durch »CPM« in Euro	1.280	11.200	54.000	164.000	370.000
CPC (Cost per Click) in Euro	0,08	0,07	0,06	0,05	0,04
Clickrate	2,5 %	2,5 %	2,5 %	2,5 %	2,5 %
Umsatz pro 1.000 Page Views durch CPC	2,00	1,75	1,50	1,25	1,00
Umsätze durch »CPC« bei bewerbbaren Themen in Euro	320	2.800	13.500	41.000	92.500
Umsätze durch Werbung gesamt	1.600	14.000	67.500	205.000	462.500

Folgende Annahmen haben Sie getroffen:
»Für eine zunächst unbekannte Internet-Plattform wird es eine wichtige Aufgabe sein, die Anzahl der Themen die beworben werden, über ihren Lebenszyklus hinweg zu steigern. Daher gehe ich von einem geringen Prozentsatz von 10 % im ersten Jahr aus, der dann über die Jahre zu 50 % anwächst. Da ich davon ausgehe, dass Themen doppelt oder zumindest sehr ähnlich sein können, denke ich nicht, dass mehr als 50 % aller Themen beworben werden können.«

Tipp

Beachten Sie, dass Sie Ihre Annahmen immer erläutern und begründen.

»Die Anzahl Page Views pro Thema habe ich mir wie folgt hergeleitet: 600.000 Visitors mit angenommenen 3 Page Views pro Besuch ergeben 1.800.000 Page Views insgesamt auf der Plattform; diese dann dividiert durch die 16.000 Themen ergibt 112,5 Page Views pro Thema. In die Tabelle nehme ich 100 Page Views pro Thema auf, um vereinfacht rechnen zu können.

Ich gehe davon aus, dass die Anzahl der Page Views pro Thema über die Zeit konstant bleibt. Das begründe ich mit der mir vorgelegten Entwicklung von registrierten Kunden und Anzahl der Themen, die sich in etwa parallel entwickelt. Die Anzahl der Besucher nimmt zwar zu, aber es ist auch zu erwarten, dass dann die Anzahl der pro Besuch angesehenen Seiten zurückgehen wird.
Eine weitere wichtige Annahme besteht darin, dass der Preis für Cost per Thousand (CPM) über die Jahre fallen wird. Die CPM für Werbung im Internet sind in den letzten Jahren kontinuierlich gefallen und konnten nur kurzfristig durch neuartige Werbeformen stabilisiert werden.

Sehr ähnliche Annahmen verwende ich analog dazu beim Thema Cost per Click – hier nehme ich einen parallel verlaufenden Preisverfall an und ebenso stabile 25 Clicks pro tausend Page Views.«

Zwischenfrage 4: Analoges Vorgehen: Wie berechnen Sie die Umsätze, die durch e-Commerce-Transaktionen entstehen? Auch hier können Sie mit der Übungstabelle Kopfrechnen trainieren, bevor Sie weiterlesen.

Umsatzposition 2: Transaktionen (auch Affiliate e-Commerce genannt)	**Jahr 1**	**Jahr 2**	**Jahr 3**	**Jahr 4**	**Jahr 5**
Anzahl Ranking-Themen	16.000	80.000	300.000	820.000	1.850.000
Prozentsatz Themen mit Transaktionsmöglichkeit	5 %	10 %	15 %	20 %	25 %
Anzahl »Transaktionsthemen«					
Durchschnittliche Anzahl Transaktionen pro »Transaktionsthema«	2	3	4	5	5
Provision pro Transaktion in Euro	1,5	1,5	1	1	1
Umsätze durch Transaktionen					

Hier die wieder die ausgefüllte Tabelle zum Vergleich:

Umsatzposition 2: Transaktionen (auch Affiliate e-Commerce genannt)	**Jahr 1**	**Jahr 2**	**Jahr 3**	**Jahr 4**	**Jahr 5**
Anzahl Ranking-Themen	16.000	80.000	300.000	820.000	1.850.000
Prozentsatz Themen mit Transaktionsmöglichkeit	5 %	10 %	15 %	20 %	25 %
Anzahl »Transaktionsthemen«	800	8.000	45.000	164.000	462.500
Durchschnittliche Anzahl Transaktionen pro »Transaktionsthema«	2	3	4	5	5
Provision pro Transaktion in Euro	1,5	1,5	1	1	1
Umsätze durch Transaktionen	2.400	36.000	180.000	820.000	2.312.500

Sie erläutern wieder Ihre Annahmen und sagen: »Für die Berechnung der Umsätze aus Transaktionen habe ich zum einen die Annahme getroffen, dass der Prozentsatz der Themen, bei denen Transaktionen möglich sind, unter der Anzahl der beworbenen Themen bleibt, sich aber über die Jahre hinweg stetig steigern lässt.

Durch zunehmendes Know-how des Vermarktungsteams kann es sein, dass die Anzahl der Transaktionen pro Thema über die Zeit hinweg zunimmt, dann aber bei angenommenen 5 Transaktionen pro Thema gedeckelt ist, da Internet-Nutzer, die etwas kaufen wollen, auch andere Bezugsquellen haben. Ich gehe – mit meinem derzeitigen Kenntnisstand – davon aus, dass Transaktionen auf der Ranking-Plattform eher spontan und relativ speziell zu einem Thema stattfinden.«

An dieser Stelle weist der Bewerber richtigerweise auf Folgendes hin: »Um diesen Wert im Rahmen eines tatsächlichen Projektes zuverlässig einzuschätzen, müsste man versuchen, vergleichbare Daten aus der Praxis hinzuzuziehen, z.B. von ähnlichen Internetportalen, die schon länger am Markt sind.«

Zuletzt fügt der Bewerber noch hinzu: »Mit zunehmendem Erfolg der »Vermittlung« von Transaktionen ist damit zu rechnen, dass die Provision pro Transaktion sinkt.«

An dieser Stelle unterbricht der Interviewer Sie nun mit den Worten: »Gut, habe ich verstanden. Da ich davon ausgehe, dass Sie auch die letzte Umsatzposition »Marktforschung« nach dem eben gezeigten Schema errechnen würden, müssen wir das nicht zu Ende führen. Wie gehen Sie weiter vor, um die Frage des Kunden zu beantworten?«

Insider-Tipp

Case-Autorin Tanja Reineke: »In keinem Case Interview werden Sie alle Felder einer Tabelle ausfüllen oder jede Option im Kopf durchrechnen müssen. Der Interviewer will ihre Kopfrechenfähigkeiten prüfen, idealerweise einen Haken dran setzen und mehr Zeit damit verbringen, Ihre analytischen Fähigkeiten und wirtschaftliches Gespür abzuklopfen. Umso wichtiger, dass Sie das Thema Mathematik souverän beherrschen und mit Ihren wichtigeren Fähigkeiten punkten können.«

Sie antworten: »Ich fasse die von mir hergeleiteten Umsätze zusammen und gleiche sie mit dem ursprünglichen Business Case ab. Alle Abweichungen der beiden unterschiedlichen Umsatzprognosen sollten dann analysiert werden, um zu einer abschließenden Aussage zu kommen, ob die ursprünglich angenommenen Umsätze noch erfüllt werden können.

Nachdem Sie die Umsätze analysiert und neu bewertet haben, bittet der Interviewer Sie noch um eine Stellungnahme, welche Ereignisse den Netto-Barwert (oft auch Net Present Value, kurz NPV genannt) dieser Investition negativ beeinflussen können.

Sie notieren die NPV-Formel, um sicher zu gehen, dass Sie keinen Fehler in Ihrer Antwort machen:

$$NPV = -I_0 + \frac{I_1}{(1+r)} + \frac{I_2}{(1+r)^2} + \frac{I_3}{(1+r)^3} + \dots\dots\dots + \frac{I_n}{(1+r)^n}$$

Zwischenfrage 5: Welche Faktoren könnten sich in diesem Fall negativ auf den NPV des Business Cases für den Investor auswirken?

Ihr Ansatz:

Der NPV als die Berechnung der abgezinsten Cash Flows (d.h. Cash Inflow minus Cash Outflow) ist durchaus von externen Faktoren abhängig. Der angewendete Zinssatz, der für jedes Unternehmen unterschiedlich ist, entspricht den Kosten des Kapitals. Diese Kosten ergeben sich aus der Marktzinsrate (Leitzinssatz) und einem Risikoaufschlag, der dem Risiko des Unternehmens selbst und des Marktes, in dem das Unternehmen tätig ist, entspricht.

Sie antworten: »In wirtschaftlich schwierigen Zeiten, ist es ein von den Banken häufig angewandtes Instrument, die Leitzinsen zu senken. Dies geschieht gerade mit der Zielsetzung, Kapital für Unternehmen weniger teuer zu machen und somit Investitionen zu fördern.

Demnach kann es durchaus sein, dass der zukünftig für den NPV anzuwendende Zinssatz ein anderer ist, als der heutige. Natürlich können auch andere Faktoren eine Auswirkung auf den Diskontsatz haben, so wie Leverage und Steuersatz der Firma. Weitere Faktoren, die sich negativ auf den NPV auswirken können, sind Folgende:

- Niedrigere Cash Flows des Unternehmens
- Niedrigerer Verkaufserlös beim Verkauf des Unternehmens zum Ausstiegszeitpunkt des Investors (Exit)
- Späterer Verkaufszeitpunkt des Unternehmens
- Höherer Bedarf bei der Anfangsinvestition
- Zusätzliche Investitionen zu späteren Zeitpunkten
- Verringerungen des Anteil des Eigenkapitals, den der Investor hält (z.B. durch notwendige Kapitalerhöhungen)

Insider-Tipp

Case-Autorin
Tanja Reineke: »Bei diesem Case habe ich in der Praxis vor allem auf zwei Punkte geachtet: a) Hat der Kandidat »Business Sense«, d.h. entwickelt er realistische Ansätze, wodurch eine solche Plattform Geld verdienen könnte und b) Zieht der Kandidat den Case systematisch und stringent durch, ohne sich in Nebensächlichkeiten zu »verheddern?«

Lösungen zu den Zwischenfragen

1 - 5: Siehe Musterlösung im Text

Ergänzende Fragen zum Training

- »Wieso glauben Sie, hat das Verlagshaus dieses Ranking-Portal überhaupt gekauft?« Hierbei geht es um die Identifikation von möglichen Synergien – in einem weiteren Schritt eventuell auch um die finanzielle Bewertung der identifizierten Synergien.
- Eine weitere Entwicklung dieses Cases könnte auch wie folgt lauten: »Das Verlagshaus hat die Intention, das Portal schnellstmöglich wieder zu verkaufen. Um das Portal attraktiver zu machen, müssen die geplanten Umsätze vorgezogen werden. Wie kann das erreicht werden?«

18. Firma Metzger & Flottweil: Strategic Cost Management

Die Firma Metzger & Flottweil ist spezialisiert auf die Automatisierung von Verpackungs- und Kommissionierungsvorgängen. Der Aufgabenbereich erstreckt sich dabei von der Übernahme aus der Herstellungsanlage über Kommissionierung von gemischten Sortimenten mit anschließender Verpackung bis zur Palettierung. Dabei werden für die Kunden individuell angepasste optimale Verpackungslösungen gefunden. Die Firma steht nun vor der Bewertung der Frage, ob ein Auftrag eines langjährigen Kunden angenommen werden soll, bei dem es um die Verpackung von Halbfertigprodukten geht, für die drei spezielle und teure Roboter-Palettierer gekauft werden müssten. Nach dieser kurzen Einführung fordert der Interviewer Sie auf, zu erklären, wie Sie an die Bewertung dieser Frage herangehen würden.

Zwischenfrage 1: Bevor Sie beginnen unsere Musterlösung zu lesen, machen Sie sich Gedanken und Notizen dazu, wie Sie diese Frage angehen würden. Notieren Sie sich hierzu erste Stichpunkte.

Ihr Ansatz:

Bewerber: »Ich sehe zwei Themenbereiche, die meiner Meinung nach zu betrachten sind. Für beide geht es um eine grundlegende Berechnung der Kosten der neu anzuschaffenden Maschinen:

Zum einen geht es zunächst um eine Bewertung der Frage, ob sich der anstehende Auftrag für die Firma Metzger & Flottweil lohnt, selbst wenn spezielle, teure Verpackungsmaschinen nur für diesen Auftrag angeschafft werden müssten. Das heißt konkret: Ich schlage eine Rentabilitätsrechnung für den Auftrag an sich vor. So wie ich Sie aber verstanden habe, handelt es sich hier um den Auftrag eines langjährigen und möglicherweise bedeutenden Kunden; daher muss auf jeden Fall auch in Betracht gezogen werden, ob es sich um einen wichtigen Kunden handelt, von dem möglicherweise auch ein nicht rentabler Auftrag angenommen werden muss, der aber im Lauf der gesamten Geschäftsbeziehung profitabel für die Firma Metzger & Flottweil ist.

Gut: Der Bewerber sieht nicht nur den Investitions-Case, sondern beachtet zwei wichtige Faktoren, nämlich den gesamten »Warenkorb« des Kunden sowie mögliche weitere Aufträge, die die Profitabilität der Anschaffung beeinflussen. Diese beiden Punkte nicht zu beachten und nur den Investitions-Case zu rechnen, würde Sie nicht zwischen anderen Bewerbern herausragen lassen.

Der zweite Themenbereich, der dann analysiert werden muss, ist die Frage, ob die Chance besteht, dass die anzuschaffenden Roboter-Palettierer sich über ihren Lebenszyklus hindurch amortisieren, d.h. die Firma andere Aufträge damit ausführen kann und die Kosten sich dadurch auf mehrere Aufträge verteilen.«

Der Interviewer ist einverstanden mit diesem Ansatz und lenkt die Diskussion mit seiner nächsten Frage gezielt auf die Bestimmung der Kosten.

In der Praxis folgt an dieser Stelle oft ein kurzer Business Case (d.h. Umsatz minus Kosten) zur Bewertung der Frage, ob der Auftrag per se rentabel ist oder nicht. Die gängige Struktur hierfür und Hinweise zu Annahmen finden Sie jedoch bereits in vielen anderen Übungscases in diesem Buch.

Der Interviewer legt dem Kandidaten folgende Zahlen vor und sagt: »Wie kommen Sie zu einer Entscheidung, welcher Roboter-Palletierer gekauft werden soll?«

Zulieferer	1	2	3	4
Kaufpreis (pro Roboter-Palettierer) in Euro	81.000	78.000	80.500	79.000

Zwischenfrage 2: Was sind die wichtigsten weiteren Informationen, nach denen Sie fragen sollten, um eine Entscheidung zu treffen?

Wie unterscheiden sich die Maschinen

- ☐ a) hinsichtlich der Herstellermarke?
- ☐ b) hinsichtlich weiterer Kostenkomponenten?
- ☐ c) hinsichtlich ihrer Lebensdauer?
- ☐ d) hinsichtlich der Zahlungskonditionen?
- ☐ e) hinsichtlich der Anforderungen zur Abwicklung des Auftrages und ihrer Leistungsmerkmale?

Bewerber: »Entsprechen alle hier genannten Maschinen den Anforderungen für die Abwicklung des Auftrags?«

Interviewer: »Ja. Die Zulieferer wurden per Ausschreibung nach den genauen Spezifikationen ausgewählt. Gehen Sie davon aus, dass die Roboter-Palletierer gleichwertig sind, was ihre Leistungsmerkmale, Lebensdauer und Eignung angeht.«

Bewerber: »Da es sich hier um Investitionsgüter handelt, reicht es nicht, nur den ursprünglichen Kaufpreis zu betrachten. Um den günstigsten Anbieter zu identifizieren, muss ich die gesamten Kosten für die Maschine über die gesamte Nutzungszeit betrachten.«

Richtig! Der Bewerber spricht hier über das Konzept »Total Cost of Ownership (TCO)«. Dieser Fachbegriff muss nicht notwendigerweise verwendet werden – wichtig ist die Anwendung des Prinzips. Oft ist es bei Investitionsentscheidungen wichtig, nicht nur die Anschaffungskosten, sondern alle Kostenkomponenten über die Nutzungszeit zu vergleichen

Zwischenfrage 3: Überlegen Sie, welche weiteren Kostenkomponenten bei einer solchen Maschine neben den Anschaffungskosten relevant sein könnten. Brainstormen Sie kurz und strukturieren Sie ihre Punkte. Die Lösung finden Sie im folgenden Text.

Ihr Ansatz:

Der Bewerber fährt fort: »Um die Kosten, die neben dem Anschaffungspreis hinzukommen zu analysieren, überlege ich mir entlang des

Lebenszyklus der Maschine von Anschaffung bis Entsorgung, welche Kosten noch anfallen könnten:

- Finanzierungskosten (Lieferantenkredit)
- Transport (z.B. Frachtkosten, Zölle für die Einfuhr bei einem außereuropäischen Anbieter)
- Installation (Aufwand durch den Anbieter der Maschine, Schulung der Mitarbeiter, Reisekosten der Installateure)
- Betriebskosten (Strom, Schmierstoffe, Einstellung)
- Jährliche Wartung
- Anfallende Reparaturen
- Kosten für die Beseitigung der Maschine (Recyclingkosten, wiederum Frachtkosten für den Abtransport)
- Restwert der Maschine nach der Nutzungsdauer.

Wiederum sehr gut gemacht! Der Kandidat nennt nicht einfach alle möglichen Kosten, die ihm spontan einfallen, sondern er gibt sie strukturiert wieder, indem er den Lebenszyklus der Maschine zugrunde legt. Suchen Sie sich im Case Interview immer eine Struktur, bevor Sie drauflos brainstormen.

Es gilt also zu klären, wie hoch diese Kosten pro Anbieter sind, welche Kosten tatsächlich zum angebotenen Kaufpreis hinzukommen und ob möglicherweise zusätzliche Kosten anfallen. Es ist wichtig, die Gesamtkostenstruktur der Lieferanten transparent und damit vergleichbar zu machen.«

Interviewer: »Gut. Die Betriebskosten sind bei allen Maschinen gleich. Der Procurement Manager der Firma Metzger & Flottweil hat zum Glück bereits die Kostenvoranschläge der vier Zulieferer zerlegt und die Kostenkomponenten in der Tabelle notiert, die ich Ihnen nun gebe.«

Zulieferer		1	2	3	4
Kaufpreis (pro Roboter-Palettierer) in Euro		81.000	78.000	80.500	79.000
Frachtgebühr (pro Roboter-Palettierer) in Euro		350	430	380	400
Installation (pro Roboter-Palettierer) in Euro		250	270	120	150
Schulung der Arbeiter (einmalig) in Euro		0	35.000	22.500	10.000
Wartung und Reparatur (pro Jahr) pro Roboter-Palettierer in Euro	**1**	300	250	150	250
	2	500	450	300	450
	3	750	650	500	650
	4	950	900	700	850
	5	1.200	1.150	900	1.050
Restwert (nach 5 Jahren) in Euro		4.000	3.000	3.500	3.000
Abfallbeseitigung / Recyclingkosten pro Roboter-Palettierer in Euro		250	300	350	400

Zwischenfrage 4: Berechnen Sie die Total Cost of Ownership für einen Roboter-Palletierer nach dem vorliegenden Angebot der verschiedenen Lieferanten und treffen Sie eine Entscheidung, welche Maschine angeschafft werden sollte (Kapitalkosten: 3 %). Führen Sie die Rechnung auf einem Zettel durch und tragen Sie hier die Lösung ein. Versuchen Sie, zur Übung erstmal keinen Taschenrechner zu benutzen. Vergleichen Sie dann mit der Musterlösung.

Ihr Ansatz:

Bewerber: »Zulieferer 1 verzichtet auf Schulungskosten, diese sind bei den anderen Lieferanten nicht gerade unerheblich, bei Zulieferer 2 betragen sie sogar knapp 45 % des Kaufpreises. Die Anteile für Frachtgebühr, Installation, Wartung / Reparatur bzw. Abfallbeseitigung unterscheiden sich nicht wesentlich. Gut. Ich werde nun also die Gesamtkosten errechnen, indem ich pro Zulieferer den Kaufpreis, die Frachtgebühr und die Kosten für die Installierung des Roboter-Palettierers in der Firma addiere. Hinzu kommen die Kosten für Schulung, Wartung und Reparatur sowie die Abfallbeseitigungs- bzw. Recyclingkosten. Wenn die Maschine nach 5 Jahren nicht verschrottet werden soll, könnte sie zum angegebenen Restwert verkauft werden; in diesem Falle muss dann der Restwert (also der Wiederverkaufswert) subtrahiert werden und die Kosten für Abfallbeseitigung / Recycling entfallen.

Detailrechnung für Zulieferer Nr. 1:

Jahr 0 (Anschaffung):
Kaufpreis 81.000 Euro + Frachtgebühr 350 Euro + Installation 250 Euro + Schulung (im Falle des Zulieferers 1: 0 Euro) = 81.600 Euro
Dazu kommen die Kosten für Wartung, die ich abdiskontieren muss, um den Netto-Barwert (Net Present Value, NPV) zu erhalten:
Jahr 1: 300 Euro, d.h. bei Kapitalkosten von angenommenen 3 % = 291 Euro (eigentlich 291,3)
Jahr 2: 500 Euro, analog 471 Euro (eigentlich 471,3)
Jahr 3: 750 Euro, analog 686 Euro (eigentlich 686,4)
Jahr 4: 950 Euro, analog 844 Euro (eigentlich 844,1)
Jahr 5: 1.200 Euro, analog 1.035 (eigentlich 1035,1)

Wartungskosten Summe: + 3.328 Euro, also insgesamt 84.928 Euro.
Dann bleiben zwei Möglichkeiten:

Übungscases

1. Verschrottung der Maschine nach 5 Jahren, wofür nochmals 250 Euro fällig würden, d.h. abdiskontiert 216 Euro (eigentlich 215,6) was zu Total Costs von 85.144 Euro führt.
2. Verkauf der Maschine nach 5 Jahren zum Restwert 4.000 Euro, der – wiederum abdiskontiert (3450 Euro eigentlich 3450,4) – von dem bisher berechneten Wert abgezogen wird. Total Costs im Falle 2: 81.478 Euro.«

Die Total Costs of Ownership (TCO) der anderen Zulieferer werden analog berechnet:

Anbieter	Jahr 0 Anschaffung	Jahr 1	Jahr 2	Jahr 3	Jahr 4	Jahr 5	Kosten Verschrotung Jahr 5	TCO Verschrotung	Wert Weiterverkauf Jahr 5	TCO Weiterverkauf
1	81.600	291	471	686	844	1.035	216	85.144	3.450	81.478
2	113.700	243	424	595	800	992	259	117.012	2.588	114.166
3	103.500	146	283	458	622	776	302	106.086	3.019	102.765
4	89.550	243	424	595	755	906	345	92.818	2.588	89.885

Total Costs Zulieferer 2: 117.012 Euro (bzw.114.166 Euro im Falle eines Wiederverkaufes)
Total Costs Zulieferer 3: 106.086 Euro (bzw. 102.765 Euro im Falle eines Wiederverkaufes)
Total Costs Zulieferer 4: 92.818 Euro (bzw. 89.885 Euro im Falle eines Wiederverkaufes).«

> Im Case Interview werden Sie nicht alle Fälle »per Hand« durchrechnen müssen. Aber es kann schon sein, dass der Interviewer Sie einen Fall ohne Taschenrechner machen lässt und Ihnen die restlichen Daten vorlegt.

Interviewer: »Einverstanden. Schließen Sie nun bitte ab mit einer Empfehlung für unseren Kunden.«

Bewerber: »Meinen Berechnungen der Gesamtkosten zufolge, würde ich zu Anbieter 1 raten, da dieser das günstigste Angebot abgegeben hat. Zusätzlich sollte aber eventuell noch verhandelt werden zu den Themen Lieferantenkredit oder alternativ Skonto bei kurzfristiger Zahlung. Zudem sollten insbesondere Einsparungen bei Frachtkosten und Personalkosten für die Installation verhandelt werden, da drei Maschinen gekauft werden sollen.

Alternativ könnte mit den anderen Zulieferern, vor allem mit Nummer 4, über die Schulungskosten verhandelt werden, da ein

Wettbewerber ein schulungskostenfreies Angebot gemacht hat und sich die Höhe der Schulungskosten in den verschiedenen Angeboten drastisch unterscheidet.

In jedem Fall müssen alle berechneten Total Costs noch mit »3« multipliziert werden, da 3 Roboter-Palettierer bestellt werden sollen.«

> Zulieferer 2 hatte zwar den niedrigsten Kaufpreis angeboten, liegt aber bei den Schulungskosten deutlich über der Konkurrenz. Am Beispiel dieses Zulieferers wird also die Bedeutung einer TCO-Analyse im Vergleich zum Kaufpreis klar: Am Ende hatte Zulieferer 2 das teuerste Angebot gemacht. Vorschnelle Schlüsse hätten hier zum falschen Ergebnis geführt.

Interviewer: »Gut. Ich danke Ihnen für diese Analyse. Damit sind alle meine Fragen zu den Kosten beantwortet; auf die Bewertung der Rentabilität des Auftrages sowie die Gesamtrentabilität der Anschaffung können wir aus Zeitgründen nun nicht mehr eingehen.«

Lösungen zu den Zwischenfragen

1: Siehe Musterlösung im Text

2: Wir würden uns auf die Klärung von b), c) und e) fokussieren.

3: Siehe Musterlösung im Text

4: Siehe Musterlösung im Text. Die komplette Formel für die Berechnung des Net Present Values lautet:

$$NPV = -I_0 + \frac{I_1}{(1+r)} + \frac{I_2}{(1+r)^2} + \frac{I_3}{(1+r)^3} + \dots\dots\dots + \frac{I_n}{(1+r)^n}$$

Detaillierte Informationen zum Thema NPV finden Sie auch im Insider-Dossier »Bewerbung bei Unternehmensberatungen«.

Weitere Frage zum Training

- Nehmen wir an, Sie beraten nun Anbieter 2. Wie würden Sie dem Kunden ein konkurrenzfähiges Angebot machen, bei dem niedrigere Anschaffungs- und Schulungskosten aber höhere Wartungskosten kalkuliert werden?

19. Investition in konvergente Mobilfunk- und Festnetz- / DSL-Produkte

Unser Klient ist die deutsche Niederlassung eines großen, international tätigen Telekommunikationsunternehmens. Der Leiter der Strategieabteilung kommt mit folgender Fragestellung auf Sie zu: »Bisher haben wir uns auf das Mobilfunkgeschäft konzentriert, sehen jetzt aber, dass der Wettbewerb verstärkt in konvergente Festnetz- / DSL- und Mobilfunkprodukte investiert. Müssen wir das auch machen? Wie sehen Sie das?«

Um diese Frage beantworten zu können, müssen Sie zunächst weitere Informationen sammeln. Vor allem dürfen Sie diese Frage nicht isoliert von der Gesamtunternehmensstrategie betrachten. Der Lösungsweg kann sehr unterschiedlich ausfallen, je nachdem, wie die Ziele des Unternehmens als Ganzes aussehen. Im Falle von angestrebtem langfristigem Wachstum und Wettbewerbsfähigkeit lautet die Antwort sicher anders, als wenn es um kurzfristige Rentabilität geht, weil z.B. das Unternehmen verkauft werden soll. Stürzen Sie sich bitte auch bei diesem Case nicht sofort in Analysen, bevor Sie tatsächlich geklärt haben, welche Zielsetzung der Leiter der Strategieabteilung verfolgt. Eine gute Einstiegsfrage wäre in diesem Fall also: »Können Sie mir bitte noch einen Hinweis geben, welche strategische Zielsetzung das Unternehmen aktuell verfolgt?«

Interviewer: »Gehen Sie davon aus, dass es um langfristiges Wachstum und Steigerung des Shareholder Value geht.«

Gut: Fassen Sie die Fragestellung noch mal knapp zusammen. So zeigen Sie nicht nur, dass Sie die Problemstellung verstanden haben, Sie gewinnen auch wertvolle Zeit, über den Lösungsansatz nachzudenken.

Sie haben verstanden und formulieren die Fragestellung nochmals zusammengefasst: »Gut, unser Klient will also wachsen und fragt sich, ob er ebenso wie die Konkurrenz verstärkt Konvergenzprodukte, d.h. kombinierte Festnetz- und Mobilfunkprodukte, anbieten soll. Aktuell bietet er bereits Festnetz- und DSL-Lösungen an, aber es geht ihm darum, eine klare Empfehlung zu bekommen, ob dieses Geschäftsfeld ausgebaut werden soll. «

Zwischenfrage 1: Welche weiteren Informationen benötigen Sie, um diese Frage zu beantworten. Wie gehen Sie vor? Welche Analysen müssen Sie zuerst durchführen?

- ☐ a) Marktposition, d.h. Marktanteile des hier genannten Unternehmens in den relevanten Geschäftfeldern und seiner wichtigsten Wettbewerber
- ☐ b) Marktposition und Strategien der Wettbewerber
- ☐ c) Marktwachstum der relevanten Geschäftsfelder
- ☐ d) Information zu Kundenbedürfnissen und eine Aussage über deren mögliche zukünftige Entwicklung
- ☐ e) Trends im Mobilfunk
- ☐ f) Trends im Bereich technologischer Innovationen
- ☐ g) EBITDA-Ergebnisse der relevanten Wettbewerber des letzten Geschäftsjahres

Es empfiehlt sich, sich zuerst einen Gesamtüberblick über den Markt und die jeweiligen Marktpositionen des Unternehmens und seiner relevanten Wettbewerbern zu verschaffen. Dafür benötigen Sie also die Marktanteile in den hier zu betrachtenden Geschäftsfeldern. Um das Thema »Wachstum« bearbeiten zu können, ist es sinnvoll, nach dem Wachstum der zwei genannten Geschäftsfelder Festnetz / DSL und Mobilfunk zu fragen.

Als Sie den Interviewer nun nach den Marktanteilen des Klienten und seiner Wettbewerber in den zwei hier wichtigen Geschäftsfeldern fragen, legt dieser Ihnen folgende Tabellen vor.

Mobilfunk

Marktführer	42 %
Wettbewerber A	8 %
Klient	40 %

Festnetz & DSL

Marktführer	50 %
Wettbewerber B	20 %
Andere Wettbewerber	25 %
Klient	5 %

Marktwachstum bezogen auf Umsatz (CAGR der letzten 3 Jahre)

Mobilfunk	0,2 %
Festnetz & DSL	8 %

Umsätze des Klienten pro Geschäftsfeld im letzten Geschäftsjahr

Mobilfunk	3 Mrd. Euro
Festnetz & DSL	60 Mio. Euro

Interviewer: »Das als »Marktführer« bezeichnete Unternehmen ist in diesem Fall ein und dasselbe, nämlich ein großer, integrierter Telekommunikationskonzern, der also in beiden Geschäftsfeldern erfolgreich aktiv ist.«

Ausgehend von dieser Situation bittet Sie der Interviewer, die eben erhaltenen Daten zu den Geschäftsfeldern des Klienten zu analysieren.

Zwischenfrage 2: Was wäre ein gutes Framework, um die Situation zusammenfassend darzustellen und für die weitere Analyse Struktur zu geben?

- ☐ a) Marktwachstums-Marktanteils-Matrix (sog. BCG-Matrix)
- ☐ b) Vergleich der Geschäftsfelder anhand einer Darstellung des Produktlebenszyklus
- ☐ c) Bewertung des Kundenunternehmens in Bezug auf Stärken und Schwächen in den beiden relevanten Geschäftsfeldern durch SWOT-Analyse
- ☐ d) Porter's 5 Forces zur Bewertung der Wettbewerbschancen

Wir empfehlen Ihnen in diesem Fall die Visualisierung als Marktwachstums-Marktanteils-Matrix (sog. BCG-Matrix).

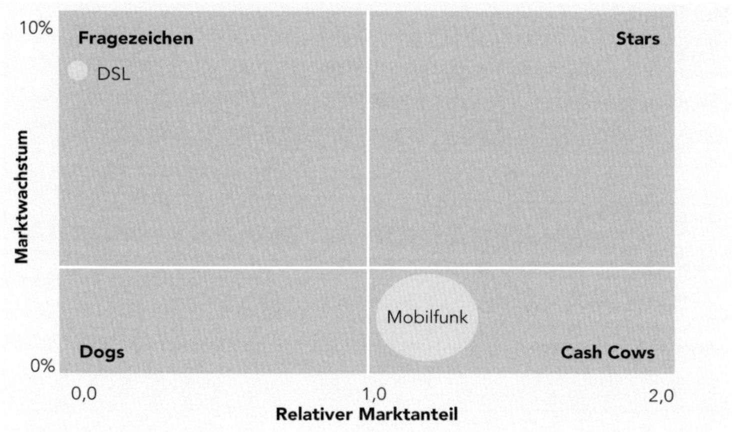

Anmerkungen: Um die BCG-Matrix erstellen zu können, benötigen Sie hier nur das Verhältnis des Klienten zum marktführenden Unternehmen. Die weiteren Informationen zu Wettbewerber A und B können Sie in diesem Fall getrost unter den Tisch fallen lassen. Die Größe der eingetragenen Kreise stellen im Übrigen nur grob das tatsächliche Verhältnis der Umsätze in den Geschäftsfeldern Mobilfunk und Festnetz / DSL dar.

Berater lieben Grafiken. Vor allem eine 2x2-Matrix kann einen komplexen Sachverhalt leicht veranschaulichen.

Was leiten Sie aus den Fakten bzw. der nun entwickelten BCG-Matrix ab?

- Der Geschäftsbereich DSL fällt in die Kategorie Fragezeichen – hohes Wachstumspotenzial aber nur geringer Marktanteil, d.h. hohe Investitionen wären für einen Ausbau des Geschäftes notwendig. Das Management steht in solchen Fällen genau vor der hier vorliegenden Frage: Soll investiert oder das Geschäft aufgegeben werden?
- Für den Klienten stellen die Umsätze aus dem Mobilfunkgeschäft einen soliden, umfangreichen Cash Flow dar.

Daraus können Sie nun folgende Schlussfolgerungen ziehen bzw. sollten Sie folgenden strategisch wichtigen Fragen stellen, die beide Geschäftsfelder zueinander in Verbindung setzen:

- Gewinne, die im Mobilfunk erzielt werden, könnten möglicherweise eine erforderliche Investition im DSL-Geschäft finanzieren.
- Aufgrund der grundlegenden Fragestellung dieses Cases (Konvergenz) muss auf jeden Fall überprüft werden, inwieweit ein Ausbau der DSL-Aktivitäten erforderlich sein könnte, um das Geschäft im Mobilfunk gegenüber Wettbewerbsangriffen zu schützen.

Interviewer: »Nachdem Sie jetzt die Ausgangssituation gut verstehen, kann die strategische Diskussion beginnen. Bitte überprüfen Sie vor allem den zuletzt genannten Punkt. Welche Vorgehensweise schlagen Sie vor?«

Zwischenfrage 3: Welche Vorgehensweise schlagen Sie vor?

- ☐ a) Bewertung der einzelnen Geschäftsfelder Festnetz / DSL und Mobilfunk, Analyse von möglichen Synergien und Entwicklung von Wettbewerbsstrategien
- ☐ b) Bewertung ausschließlich des Geschäftsfeldes Festnetz / DSL, da der Fokus ja auf der Frage liegt, ob in dieses Geschäftsfeld investiert werden soll
- ☐ c) Zunächst getrennte Bewertung der einzelnen Geschäftsfelder und anschließend deren Synergien, um den Gesamtzusammenhang der Geschäftsfelder umfassend einschätzen zu können
- ☐ d) Getrennte Bewertung der Geschäftsfelder Mobilfunk und Festnetz / DSL, da beide gleichermaßen zum Wachstumsziel beitragen können bzw. könnten

Sie antworten nach einer kurzen Denkpause: »Zunächst werde ich versuchen, die beiden Geschäftsfelder so gut wie möglich einzeln zu betrachten, um diese noch besser zu verstehen und daraus Schlussfolgerungen ziehen zu können, inwieweit Aktivitäten in diesen Geschäftsfeldern zum formulierten Unternehmensziel Wachstum beitragen können. Wenn ich diese Bewertung vorgenommen habe, werde ich die beiden Geschäftsfelder gedanklich weiter verknüpfen, sprich explizit nach Synergien forschen – da es ja darum geht, die Frage zu beantworten, ob unser Klient in diese von den Wettbewerbern vorgegebene Richtung folgen sollte – und ebenfalls zu einer strategischen Einschätzung kommen.«

Interviewer: »Gut. Fangen Sie mit der Analyse des Geschäftsfeldes Mobilfunk an.«

Einschätzung Geschäftsfeld Mobilfunk:

»Unser Klient hat aktuell 40 % Marktanteil im Mobilfunk. Um diesen Markanteil halten zu können, müsste er auf Dauer gesehen also einen ebenso hohen Anteil an Mobilfunkneukunden gewinnen können. Daraus ergibt sich die wichtige Frage: Wenn der Wettbewerb in konvergente, also kombinierte Mobilfunk- und Festnetzprodukte investiert, führt das sicherlich unweigerlich dazu, dass ein gewisser Anteil Kunden diese Produkte kauft (bzw. ist davon auszugehen, dass die Konkurrenz auch deswegen diese Produkte heute schon anbietet, weil diese bereits nachgefragt werden). Demnach wird der Anteil der Kunden, die reine, d.h. nicht-konvergente Mobilfunkprodukte haben wollen, sinken. Können Sie mir denn sagen, wie hoch die Nachfrage nach konvergenten Produkten heute ist bzw. welche Annahmen für die zukünftige Entwicklung getroffen werden?«

Interviewer: »Gehen Sie davon aus, dass heute schon etwa 15 % aller Kunden, die Telekommunikationsprodukte nachfragen, konvergente Produkte bevorzugen und kaufen. In 5 Jahren dürfte dieser Anteil bei 40 % liegen – davon gehen zumindest führende Marktforschungsunternehmen aus.«

Sie antworten nun: »Wenn ich in diesem Spiel nicht mitspielen kann weil ich kein Festnetz anbiete, d.h. kein relevanter Lieferant für diese Kunden, die konvergente Produkte nachfragen, bin, fallen diese 40 % weg und ich müsste, um meinen Marktanteil im Mobilfunk in Summe zu halten, von den verbleibenden 60 % des Marktes 66 % aller Kunden für mich gewinnen.

Dies erscheint mir – zumal in einem kommoditisierenden, heiß umkämpften Markt wie dem Mobilfunk – unrealistisch.

Verdeutlichung verbleibender Marktanteil

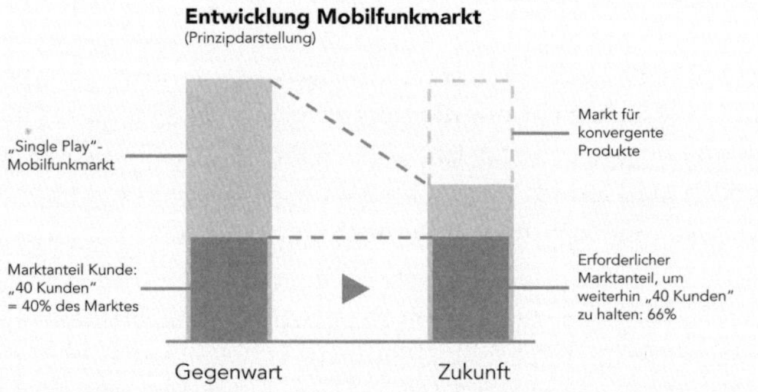

> Ein guter Bewerber würde an dieser Stelle zeigen, dass er die Aufgabenstellung in einen Gesamtkontext bringen kann und über die Grenzen des Cases hinaus denkt. Sie könnten nämlich anführen, dass diese simplifizierende Rechnung nur dann gilt, wenn weiterhin ausschließlich die zwei hier genannten Technologien Mobilfunk und Festnetz / DSL als separate Produkte im Spiel sind, bzw. keine alternative Lösung angeboten wird, z.B. DSL auf Basis der Mobilfunk-Technologie UMTS anzubieten sowie keine alternativen Technologien den Markt weiter segmentieren.

Mir liegt ja zusätzlich auch noch die Information vor, dass das Mobilfunkgeschäft nur noch sehr wenig wächst (0,2 %). Wie ich ja eben schon sagte, handelt es sich hier um einen Markt mit zunehmend weniger differenzierten Angeboten sowie mit hoher Wettbewerbsintensität. Demnach dürfte es schwierig sein, aus dem Kerngeschäft zusätzliches Wachstumspotenzial herauszuholen.

Aufgrund der beiden genannten Hypothesen

- Notwendigkeit im Konvergenzgeschäft dabei zu sein, um den bisherigen Marktanteil im Mobilfunk halten zu können und
- limitierte Möglichkeiten des Wachstums im Kerngeschäft Mobilfunk selbst

ziehe ich ein erstes Zwischenfazit, dass ein Ausbau der Festnetz- / DSL-Angebote durchaus interessant erscheint.

Einschätzung Geschäftsfeld Festnetz / DSL:
Aus den mir vorliegenden Informationen über das Festnetz- / DSL-Geschäft folgere ich:

a) Die vergleichsweise hohe Wachstumsrate des Festnetz- / DSL-Geschäftes (angegeben mit 8 %) sieht für einen Mobilfunkanbieter attraktiv aus.
b) Zukünftiges Wachstum wird angenommen (zunehmende Nachfrage nach konvergenten Produkten bis auf 40 % der Marktteilnehmer).

Bei der Frage nach verstärkten Investitionen in dieses Geschäftsfeld darf ich jedoch nicht nur die Umsatzseite betrachten, sondern muss auch die Frage nach der Rentabilität dieses Geschäftes fragen.« Sie wenden sich also mit einer konkreten Frage an Ihren Interviewer: »Können Sie mir bitte Informationen geben, wie rentabel das Festnetz- / DSL-Geschäft für unseren Klienten sein könnte?«

Interviewer: »Ohne tief in Details einzusteigen, kann ich Ihnen sagen, dass der Deckungsbeitrag von einem marktüblichen Festnetz- / DSL-Produkte vernachlässigbar ist. Dies liegt vor allem daran, dass ein neuer Wettbewerber in diesem Markt immer Zahlungen an die Deutsche Telekom (oder einen anderen Festnetzanbieter) leisten muss für die so genannte »letzte Meile«, d.h. den Anschluss bis ins Haus des Endkunden und die Netzinfrastruktur. Zudem fallen Kosten für Hardware und Provisionen an, die von einer bereits relativ niedrigen monatlichen Anschlussgebühr abgehen. Kurzum, aus dem Blickwinkel der Rentabilität wäre ein Fokus auf Festnetz- / DSL-Produkte nicht zu empfehlen.«

Einschätzung Synergien zwischen beiden Geschäftsfeldern
Sie fahren fort in Ihrer Analyse und widmen sich nun den möglichen Synergien zwischen beiden Geschäftsfeldern.

Zwischenfrage 4: Welche Synergien bestehen Ihrer Meinung nach zwischen den beiden betrachteten Geschäftsfeldern?

- ☐ a) Der Ausbau der Festnetz- / DSL-Aktivitäten bietet eventuell die Möglichkeit, die Cash Cow, also die Rentabilität des für unseren Klienten wichtigen Mobilfunkgeschäftes, abzusichern.
- ☐ b) Der Klient verfügt über einen Stamm von Kunden, die heute zwar nur Mobilfunknutzer sind, aber möglicherweise in den nächsten Jahren zu Nachfragern von konvergenten Produkten werden.
- ☐ c) Das zusätzliche Umsatzpotenzial der Festnetz- / DSL-Produkte kann möglicherweise sinkende Mobilfunkumsätze wettmachen.
- ☐ d) Das Mobilfunkunternehmen hat Kompetenzen und Aktivposten, die es gewinnbringend für einen verstärkten Ausbau des Festnetz- / DSL-Geschäftes nutzen kann, wie z.B. das Vertriebsnetz und bestehende Markenbekanntheit als Telekommunikationsunternehmen.
- ☐ e) Wettbewerber im Markt, z.B. der Marktführer, bearbeiten ebenfalls beide Geschäftsfelder, demnach muss es auf jeden Fall Synergien geben.

»In Bezug auf mögliche Synergien möchte ich folgende Fragestellungen beantworten:

a) Bietet der Ausbau der Festnetz- / DSL-Aktivitäten die Möglichkeit, die Cash Cow, also die Rentabilität des für unseren Klienten wichtigen Mobilfunkgeschäftes abzusichern?

b) Aktuell wächst die Mobilfunkbranche noch geringfügig, aber es ist davon auszugehen, dass die Umsätze eher rückläufig werden durch den Preisverfall. Kann das zusätzliche Umsatzpotenzial der Festnetz- / DSL-Produkte sinkende Mobilfunkumsätze wettmachen?

c) Grundsätzliche Betrachtung von Synergien: Welche Kompetenzen oder Aktivposten hat das Mobilfunkunternehmen, die es gewinnbringend für einen verstärkten Ausbau des Festnetz / DSL-Geschäftes nutzen kann?

Zu meinem ersten Punkt a): Wenn der Anteil aller Kunden im Markt, die konvergente Produkte nachfragen, in Zukunft deutlich steigen wird, ist davon auszugehen, dass auch ein Anteil der Bestandkunden unseres Klienten zukünftig diese Produkte nachfragen wird. Demnach kann das Anbieten dieser Produkte durch unseren Klienten verhindern, dass Bestandskunden abwandern. Zusätzlich gehe ich davon aus, dass die Wechselbereitschaft eines Kunden mit steigender Anzahl der gekauften Produkte bei einem Anbieter aufgrund des natürlichen Verharrungsvermögens sinkt. Werden zusätzlich Vergünstigungen für Kunden mit mehr als einem Produkt durch unseren Klienten angeboten, kann sicherlich die Wechselbereitschaft der Bestandskunden weiter positiv beeinflusst werden.

Zu Punkt b): Wie ja bereits gesagt, gehe ich davon aus, dass in naher Zukunft die Mobilfunkumsätze eher zurückgehen werden. Dies begründe ich wie folgt: Die Preise im Markt fallen um angenommene

10 % pro Jahr (diese grobe Annahme treffe ich basierend auf meiner Erfahrung als Nutzer von Mobilfunkdienstleistungen). Die Kunden telefonieren zwar mehr als vorher, dadurch dass es weniger kostet, kompensiert oder überkompensiert dies aber nicht den Preisverfall. Ich gehe von einer Preiselastizität < 1 aus, also angenommen 0,3 bis 0,5. Daher dürften die Mobilfunkumsätze um 3 - 5 % zurückgehen.«

Die Preiselastizität ist definiert als relative Mengenänderung (der am Markt zu diesem Preis angebotenen Güter oder der nachgefragten Güter) dividiert durch die relative Preisänderung.

Bewerber mit wirtschaftswissenschaftlichem Hintergrund sollten mit Fachwissen – wo sinnvoll – punkten können. Frameworks und Fachbegriffe werden in dem Buch »Das Insider-Dossier: Bewerbung bei Unternehmensberatungen« ausführlich behandelt.

Sie fahren fort: »Im Festnetz- / DSL-Geschäft hingegen sind Umsatzzuwächse zu erwarten, die ich auch grob quantifizieren möchte.« An Ihren Interviewer gewandt fragen Sie: »Könnten Sie mir sagen, wie die aktuelle DSL-Penetration in Deutschland liegt und welche Steigerungsraten erwartet werden?«

Der Interviewer antwortet Ihnen: »Heute liegt die Penetration bei etwa 50 % aller Haushalte in Deutschland und Sie können mit einem Wert von 75 % in den nächsten 5 Jahren rechnen.«

»Gut, dann kann ich nun grob quantifizieren, welche Umsätze durch ein gängiges Festnetz- / DSL-Produkt generiert werden könnten.

75 % aller Haushalte in Deutschland entspricht rund 30 Mio. Haushalte, die ein Festnetz- / DSL-Produkt innerhalb der nächsten 5 Jahre haben werden. Der Marktpreis eines gängigen Festnetz / DSL-Produktes liegt aktuell bei rund 25 Euro pro Monat (diesen Preis zahle ich selbst aktuell für ein Standard-Doppelflat-Produkt). Dieser Preis wird natürlich auch wieder sinken, so dass ich von durchschnittlich 20 Euro ausgehe. Angenommen unser Klient realisiert 10 % Marktanteil in diesem Geschäft, dürfte es sich dabei dann schon um folgende Umsätze handeln: 10 % von 30 Mio. Haushalte sind 3 Mio. Haushalte x 20 Euro x 12 Monate entspricht 720 Mio. Euro jährlichen Umsatzes. Im Vergleich zu den Mobilfunkumsätzen ist das natürlich noch wenig, allerdings sicherlich ein guter Ausgleich für Umsatzrückgänge.

Abschließend komme ich noch zu meinem letzten Punkt c) klassische Synergien:

- Das Mobilfunkunternehmen verfügt über eine bekannte Marke und wird sicherlich als kompetenter Telekommunikationsanbieter wahrgenommen.
- Unser Klient verfügt über ein bestehendes Vertriebsnetz, das auch für die konvergenten Produkte genutzt werden könnte.
- Mobilfunk- und Festnetz- / DSL-Produkte passen per se gut zusammen. Beispielsweise können interessante Produkt- bzw. Preisvarianten angeboten werden: Kostenlose »on-net«-Telefonate - d.h. Telefonate auf dem gleichen Netz des Anbieters - können nur dann angeboten werden, wenn ein solches vorhanden ist.

Abschließendes Fazit:
Die Betrachtung der beiden Geschäftsfelder sowie deren Zusammenhang lässt mich für den Klienten zu der abschließenden Empfehlung kommen, dass sich der Ausbau der Aktivitäten im Bereich konvergente Festnetz- / DSL- und Mobilfunkprodukte durchaus lohnen kann. Zwar lässt die Profitabilität des Geschäftsfeldes Festnetz / DSL zu wünschen übrig, allerdings deutet aktuell einiges darauf hin, dass es – insbesondere auch für den Erhalt des »Cash-Cow« Geschäftsfeldes Mobilfunk durchaus sinnvoll ist, in den Ausbau zu investieren. In einem nächsten Schritt gilt es die Kosten dieser Investition den Erträgen gegenüber zu stellen.«

Lösungen zu den Zwischenfragen

1: Antworten a) und c) sind richtig. Wir würden als nächsten Analyseschritt die Marktposition und das Marktwachstum erfragen.
2: Wie im Text erwähnt, könnte ein guter Bewerber an dieser Stelle die weitere Diskussion anhand einer 2x2-Matrix zusammenfassend visualisieren. Die sog. »BCG-Matrix« muss dabei nicht unbedingt genannt werden. Es geht im Case Interview weniger um die Kenntnis bestimmter Frameworks, als um die Fähigkeit, Probleme gut strukturieren zu können. Frameworks helfen dabei. Die »BCG-Matrix« ist solch ein Framework. Dieses und zahlreiche weitere Frameworks werden im Buch »Das Insider-Dossier: Bewerbung bei Unternehmensberatungen« ausführlich vorgestellt.
3: Option c) ist hier unserer Meinung nach die Sinnvollste. Die Entwicklung von Wettbewerbsstrategien ist zu diesem Zeitpunkt nicht erforderlich.
4: Die Optionen a), c) und d) sind hier die Bereiche, die weiter betrachtet werden sollten, um Synergien zwischen beiden Geschäftsfeldern zu identifizieren. Option b) ist zwar richtig, aber schon eine Detailebene unter Option d), daher sollte Letztere genannt werden.

Insider-Tipp

Case-Autorin Tanja Reineke: »Eine echt strategische Fragestellung! Hier zeigt sich, inwieweit ein Kandidat in der Lage ist, ein möglicherweise zunächst diffus erscheinendes Themenfeld zu durchdringen und konsequent zu analysieren. Ich habe viele Kandidaten erlebt, die Schwierigkeiten hatten, den richtigen Einstieg zu finden«.

20. Working Capital-Optimierung

Im Rahmen eines Restrukturierungsprojektes bei einem europäischen Hersteller von Dachziegeln leiten Sie ein Projektmodul. Der Kunde bittet Sie, am Beispiel einer der Ländergesellschaften Maßnahmen zu identifizieren, durch welche eine Reduktion des Working Capitals erfolgen kann, und in einem weiteren Schritt geeignete Analysemethoden vorzuschlagen, die von den Mitarbeitern in den Ländergesellschaften umgesetzt werden können.

Zwischenfrage 1: Welches sind die relevanten Bilanzpositionen zur Working Capital-Optimierung?

- ☐ a) Fuhrpark
- ☐ b) Kurzfristige Verbindlichkeiten
- ☐ c) Lagerbestände an Fertigerzeugnissen
- ☐ d) Lagerbestände an Rohstoffen
- ☐ e) Langfristige Verbindlichkeiten
- ☐ f) Kurzfristige Forderungen

Zwischenfrage 2: Welche Struktur würden Sie zur Herangehensweise an diesen Case wählen? Notieren Sie Ihre Ideen und vergleichen Sie dann mit der folgenden Lösung.

Ihr Ansatz:

Grundsätzlich ist hier für Sie von zentraler Bedeutung, mit dem Aufbau einer Bilanz vertraut zu sein. Das Working Capital berechnet sich aus der Summe der Vorräte an Rohstoffen, Zwischenprodukten und Fertigerzeugnissen eines Unternehmens und den kurzfristigen Forderungen, abzüglich der kurzfristigen Verbindlichkeiten. Diese Unterscheidung gibt die Struktur zur Lösung dieses Cases vor und sollte von Ihnen herausgestellt werden:

1) Reduktion Vorräte
2) Reduktion kurzfristiger Forderungen und Ausweitung kurzfristiger Verbindlichkeiten

Hinter der Zielsetzung der Working Capital-Reduzierung steht der Versuch, die Kapitalbindungskosten zu minimieren, der jedoch in einem Spannungsfeld zu den Lieferzielen bzw. -garantien des Herstellers steht. Um die einzelnen Komponenten des Working Capitals zu analysieren, bietet es sich an, sich an der Supply Chain entlang vorzuarbeiten, da man so alle Faktoren in den unterschiedlichen Verarbeitungsstufen systematisch und in logischer Reihenfolge betrachtet. Anschließend sollten Sie dann Forderungen sowie Verbindlichkeiten betrachten.

Supply Chain = Begriff, der auf die Lieferbeziehungen zwischen Zulieferern, Hersteller und Kunden abstellt.

Reduktion Vorräte: Einsparungen entlang der Supply Chain
Zunächst versuchen Sie sich also daran, mögliche Maßnahmen für die Reduzierung der Vorräte des Unternehmens abzuleiten. Sich den Aufbau der Supply Chain zu Gemüte zu führen erweist sich hier als nützliche Strukturierungshilfe.

Zwischenfrage 3: Welches sind potenzielle Hebel, um die Lagerbestände zu reduzieren? Tragen Sie Ihre Ansätze ein, lesen Sie dann die Lösung im Text.

Ihr Ansatz:

1. Zulieferer:
Ein wesentlicher Treiber, um den Wert der Vorräte zu reduzieren, wäre eine starke Verhandlungsposition bei den Zulieferern. Zum einen ließe sich durch eine Multiple-Sourcing-Strategie, also den Bezug von verschiedenen Quellen, zum Beispiel effektiver gegen den Produktionsausfall eines einzelnen Lieferanten absichern und somit der Sicherheitsbestand im Lager reduzieren. Darüber hinaus ist es wahrscheinlicher, so den besten Beschaffungspreis am Markt durch die Möglichkeit eines Preisvergleichs zu realisieren. Zum anderen hat eine starke Konzentration der Zulieferer von Rohstoffen wie Ton, Zement etc. (d.h. ein großer Teil des Einkaufsvolumens entfällt auf relativ wenige Zulieferer) in der Regel eine schwache Verhandlungsposition hinsichtlich Stückpreisen oder möglichen Losgrößen zur Folge – wenn man von einer Stückpreisdegression bei großen Auftragsmengen absieht. Eine mögliche Kennzahl zur Messung der Lieferantenkonzentration wäre also der Anteil der ersten 80% der größten Lieferanten (gemessen am Umsatz) an der Gesamtzahl der Lieferanten.

2. Produktion:
An den Produktionsstandorten erfolgt die Lagerung von Roh-, Hilfs- und Betriebsstoffen, um den Fortlauf der Produktion selbst bei Lieferverzögerungen seitens der Zulieferer zu ermöglichen.

Zwischenfrage 4: Was wäre ein geeignetes Tool, um kurzfristig einen Anhaltspunkt zum optimalen Lagerbestand zu erhalten?

Ihre Lösung:

Ein gutes Tool, um einen Anhaltspunkt zum optimalen Lagerbestand zu bekommen, ist eine Benchmarking-Analyse. Diese kann zwischen den einzelnen Produktionsstandorten, ggf. aber auch zwischen Wettbewerbern in Hinblick auf Ihre Rohstoffbestände durchgeführt werden. Entsprechend können exzessive Rohstoffbestände ausfindig gemacht und auf Zielniveau (z.B. durchschnittlicher Bestand aller Produktionsstätten) reduziert werden.

Tipp

Ein sehr guter Bewerber würde zusätzlich darauf hinweisen, dass eine übermäßige Reduktion der Rohstoffvorräte zu Engpässen und somit zu Produktionsausfällen führen kann und daher sorgfältig abgewogen werden sollte.

Ein hohes Maß an Produktionsdisziplin, d.h. Minimierung der Abweichung von Soll- und Ist-Produktionsmengen ist notwendig, um keine unnötigen Lagerbestände entstehen zu lassen. Gleichzeitig sollte eine ausreichende Produktionsflexibilität gegeben sein, die eine Anpassung der Herstellungsmengen an saisonale Schwankungen der Absatzmengen ermöglicht.

3. Produktportfolio:

Zwischenfrage 5: Was wäre ein geeignetes Framework, um übersichtlich das Produktportfolio auf die relative Bedeutung der einzelnen Produktvarianten zu analysieren?

Ihre Lösung:

Eine Konsolidierung des Produktportfolios durch Eliminierung einzelner Dachziegelvarianten bietet Potenzial zur Reduzierung der Fertigerzeugnisvorräte. Als erste Maßnahme empfehlen Sie die Durchführung einer ABC-Analyse, um den Grad der Umsatzkonzentration auf wenige, erfolgreiche Produkte zu ermitteln.

ABC Analyse = Graphische Analysemethode, die den Untersuchungseinheiten (z.B. Produkte, Kunden) gemäß ihres Bedeutungsranges anhand eines bestimmten Sortierungskriteriums eine entsprechende Kategoriezugehörigkeit zuweist.

Man könnte annehmen, dass sich bei selten nachgefragten Dachziegeln eine Make-to-Order Stockkeeping Policy anbieten würde, während bei Top Sellern eine unmittelbare Verfügbarkeit (Make-to-Stock) erwünscht wäre. Laut Auskunft des Interviewers entfallen 20 % des Umsatzes auf 4,500 von 5.000 bzw. 80 % des Umsatzes auf

500 Dachzielvarianten, was auf eine hohe Konzentration des Umsatzes hinweist. Hier sollten Sie sich nun unbedingt nach einer wesentlichen Information erkundigen: Wie hoch ist jeweils deren Anteil am Lagerbestand? Laut Interviewer beträgt der Anteil der 4.500 Dachziegelvarianten, die lediglich 20 % des Umsatzes generieren, 50 % des Lagerbestandes und ist damit also wesentlich höher als der Umsatzanteil. Entsprechend ist dies ein Indiz auf unnötig hohe Bestände im Bereich der »Ladenhüter«.

Der Interviewer legt Ihnen anschließend folgende Tabelle zum Dachziegeltyp »Provence« vor und fragt Sie nach ihrer Handlungsempfehlung:

Variante	Durchschnittlicher Lagerbestand (in Mio. Euro)	Umsatz (pro Jahr, in Mio. Euro)	Kennzahl	Rang
A	0,5	4,6		
B	0,4	1,1		
C	0,3	0,5		
D	0,4	2,8		

Zwischenfrage 6: Ranken Sie die Produktvarianten nach einer sinnvollen Kennzahl und tragen Sie sie in die Tabelle ein.

Wie im vorigen Paragraphen erwähnt, sollten Sie hier erkennen, dass der durchschnittliche Lagerbestand hier nicht allein das ausschlaggebende Kriterium für eine Reduktion der Variantenvielfalt sein darf. Grundsätzlich geht mit einem geringeren Lagerbestand auch eine Reduktion des Service Levels (Wahrscheinlichkeit, den Kunden unmittelbar bedienen zu können) einher, was unter Umständen zur Lieferschwierigkeiten führen kann. Daher sollte der Lagerbestand ins Verhältnis zum Umsatz der Variante gesetzt werden. Eine verbreitete Kennzahl in diesem Zusammenhang sind die sog. »Days of Sales« (DOS) (= Durchschnittlicher Lagerbestand / Jahresumsatz x 360). Während der Lagerbestand von Variante A für 39 Tage reichen dürfte, sind die Vorräte für Variante B, C und D nach jeweils 131, 216 und 51 Tagen erschöpft. Ihre Antwort lautet daher: Eine Reduktion der Service Levels (Stichwort: Make-to-Order) der Exotenvariante C erscheint daher angebracht und sollte gegebenenfalls auch für B in Erwägung gezogen werden.

Weiterhin schlagen Sie vor, dass Ersatzteile älterer Dachziegelmodelle reduziert werden oder zu einem deutlich erhöhten Preis verkauft werden, um die hohen Kapitalbindungskosten, die mit diesen selten nachgefragten Auslaufmodellen einhergehen, in den Griff zu bekommen.

Tipp

Ein guter Bewerber sollte einschränkend darauf hinweisen, dass die relativ hohen Vorräte bei B und C durch eine relativ hohe Nachfrageschwankung begründet werden könnten, die eine höhere Wahrscheinlichkeit an Lieferausfällen und möglicherweise längere Wartezeiten für Kunden zur Folge hat.

4. Vertrieb:

Die geographische Zusammenlegung von Lagerhäusern ist eine wesentliche Maßnahme, die die Lagerbestände an Dachziegeln reduzieren könnte, falls eine redundante Lagerung einzelner Dachziegeltypen erfolgt. Eine entscheidende Frage, die Sie in diesem Fall stellen sollten, ist die nach dem Vertriebskanal. Laut Auskunft des Interviewers holen 80 % der Kunden ihre Dachziegel persönlich am Lager ab, die restlichen 20 % werden vom der Produktionsstätte aus versendet. Hier wird deutlich, warum so viele »Ladenhüter« einen hohen Vorratsbestand aufweisen. Geographische Nähe aufgrund der Möglichkeit zur Selbstabholung ist ein zentrales Kriterium für die Kaufentscheidung.

Zwischenfrage 7: Welche Frameworks oder Tools bieten sich an, um die Kundenseite zu analysieren?

Ihr Ansatz:

Aufschluss über die Kundenstruktur kann eine Kundensegmentierung bieten. Auch hier wäre die ABC-Analyse ein geeignetes Mittel (Wie viel Prozent der Kunden erwirtschaften 60 % des Umsatzes? Wie viel die nächsten 20 %? Wie viel die letzten 20 %?). Um die Lagerbestände zu senken, sollte eine kundenspezifische Ausgestaltung des Vertriebskanals in Erwägung gezogen werden. Es wäre denkbar, nur den Key Accounts eine Selbstabholung zu ermöglichen, dagegen für kleinere Kunden ein zentrales Versandhaus einzurichten, von wo aus kleinere Bestellungen bedient werden.

Reduktion kurzfristiger Forderungen und Ausweitung kurzfristiger Verbindlichkeiten

Trotz der teilweise abstrakten und komplexen Thematik sollten Sie die Ihnen nur begrenzt zur Verfügung stehende Zeit nicht aus dem Auge verlieren und sich dem zweiten Teil der Studie zuwenden, der Reduktion der kurzfristigen Forderungen und Verbindlichkeiten. Dabei ist es hilfreich, sich im Groben die Prozesse in einer Debitorenbuchhaltung zu verdeutlichen.

Zwischenfrage 8: Welches sind potenzielle Stellengrößen zur Reduktion der kurzfristigen Forderungen?

- ☐ a) Zahlung per Einzugsermächtigung abschaffen
- ☐ b) Rechnungserstellungsprozess beschleunigen
- ☐ c) Längere Zahlungsziele mit Kunden aushandeln
- ☐ d) Qualitätsmanagement bei der Rechnungserstellung einführen

Zwischenfrage 9: Welche konkreten Maßnahmen fallen Ihnen zur Erreichung dieser Ziele ein?

Ihr Ansatz:

Übungscases

1. Zahlungsziele:

Die wesentlichen Komponenten, die die Höhe der Forderungen bestimmen, sind neben dem Umsatzvolumen die durchschnittliche Zeitdauer, nach der eine Forderung vom Kunden beglichen wird. Sie schlagen daher vor, den Bestand an Forderungen durch eine Reduktion der Zahlungsziele zu reduzieren.

Tipp

Ein guter Bewerber wird abwägend darauf hinweisen, dass Kunden der Reduktion der Zahlungsziele eher abgeneigt sind. In diesem Zusammenhang ist es wichtig zu beachten, welche Konditionen Wettbewerber anbieten. Die Durchsetzung einer Reduktion der Zahlungsziele mag bei Neukunden einfacher sein als bei Bestandskunden. Ein vorher definiertes, kundenspezifisches Vorgehen ist sinnvoll. Bei Großkunden ergeben sich entsprechend größere Einspareffekte und kompensieren eher den administrativen Aufwand.

2. Mahnungsmanagement:
Sie erkundigen sich beim Interviewer, ob die durchschnittliche Zeitdauer, nach der eine Forderung beglichen wird, sich signifikant von dem gesetzten Zahlungsziel unterscheidet. Der Interviewer bejaht diese Frage. Sie erkundigen sich bei dem Interviewer, wie der Mahnprozess im Unternehmen aussieht und wie viel Zeit zwischen der Zahlungsfrist, dem ersten und den weiteren beiden Mahnschritten vergeht. Der Zyklus zwischen diesen Schritten beträgt 30 Tagen laut Firmenpolitik. Sie schlagen vor, diesen Zyklus signifikant zu verkürzen und darüber hinaus Kunden mit einer schwächeren vergangenen Zahlungsdisziplin einige Tage vor Ablauf der Zahlungsfrist über den Ablauf der selbigen postalisch oder telefonisch zu erinnern.

3. Zahlungsmethoden:
Sie merken an, dass eine Umstellung auf Zahlungsmethoden, die Entscheidungsbefugnis über die Initiierung der Zahlung an Ihr Unternehmen übertragen (Bsp.: Einzugsermächtigung bei größeren Bestandskunden), zu einer wesentlichen Reduktion der verspäteten Zahlungseingänge führen würde.

4. Beschwerdemanagement:
Häufig auftretende Kundenbeschwerden können zu einer erheblichen Verzögerung des Zahlungseingangs führen. Auf Ihre Frage, welches der häufigste Grund für eine Beanstandung sei, entgegnet Ihr Interviewer »Mit Abstand die häufigste Ursache sind Fehler bei der Rechnungserstellung«. Sie schlagen also vor, dies durch geeignete Schulungsmaßnahmen in den Griff zu bekommen. Weiterhin könnte durch eine beschleunigte Bearbeitung die Rechnung schneller gestellt werden.

5. Preispolitik:
Sie erkundigen sich, ob Skonti als Anreiz für eine frühzeitige Begleichung der Forderungen als preispolitisches Instrument im Einsatz sind.

Zwischenfrage 10: Analog zu oben, welches sind die wesentlichen Hebel zur Erhöhung der kurzfristigen Verbindlichkeiten? Die Lösung finden Sie im Lösungsteil.

Ihr Ansatz:

Übungscases

Fazit:
Zum Schluss fassen Sie noch einmal Ihre wesentlichen Handlungsempfehlungen im Hinblick auf die wichtigsten Hebel und Analysen zur Reduktion des Working Capitals zusammen. Um die Lagerbestände zu steuern, haben Sie die vier wesentlichen Hebel »entlang« der Supply Chain identifiziert:

- Reduktion der Lieferantenkonzentration durch Multiple Sourcing
- Erhöhung der Produktionsdisziplin und -flexibilität und Site Benchmarking
- Konsolidierung des Produktportfolios oder Make-to-Order Policy für Ladenhüter
- Zusammenlegung von Lagerhäusern und Versand als bevorzugte Vertriebsform

Um den Bestand an kurzfristigen Forderungen zu reduzieren und die kurzfristigen Verbindlichkeiten betragsmäßig zu erhöhen, haben Sie Folgendes vorgeschlagen:

- Zahlungsziele für Kunden verkürzen und gegenüber Lieferanten verlängern; Ersteres unter Berücksichtigung kundespezifischer Besonderheiten
- Mahnungszyklen verkürzen
- Initiierung des Zahlungsvorgangs vom Kunden an das eigene Unternehmen durch geeignete Zahlungsmethoden (z.B. Einzugsermächtigung) übertragen
- Verfrühte Zahlungsausgänge vermeiden
- Qualitätssicherung bei der Rechungserstellung
- Preispolitische Maßnahmen, um einen monetären Anreiz für eine frühe Bezahlung zu schaffen

Working Capital =
Lagerbestände
zzgl. kurzfristige Forderungen
abzgl. kurzfristige Verbindlichkeiten

Lösungen zu den Zwischenfragen

1: b), c), d) und f) sind richtig

2: Siehe Lösung im Text. Wir strukturieren entlang der Komponenten des Working Capitals und der Supply Chain des Unternehmens. Wichtig ist, *dass* Sie eine Struktur haben.

3 - 5: Siehe Musterlösung im Text

6: Siehe Musterlösung im Text

7: Siehe Musterlösung im Text

8: b) und d) sind richtig.

9: Siehe Musterlösung im Text

10: Auf der Passiva-Seite nennen Sie analog zu den zuvor aufgeführten Punkten im Bereich Forderungsmanagement folgende Maßnahmen:

- eine Ausweitung der Zahlungsziele,
- eine Erhöhung der Banküberweisung (welche die Freiheit der Wahl des Zeitpunktes bieten)
- und eine Beseitigung verfrühter Zahlungsausgänge als Hebel zur Ausweitung kurzfristiger Verbindlichkeiten.

21. MVNO als lukrative Geschäftsfelderweiterung

Eine große deutsche Drogeriemarktkette beauftragt Sie, eine Empfehlung abzugeben, ob es sich für sie lohne, ebenso wie viele Mitbewerber als MVNO (Mobile Virtual Network Operator) in den Handel mit billigen Mobilfunk-Prepaid-Karten einzusteigen, d.h. eine Prepaid-Karte mit dem Namen der Drogeriemarktkette auf den Markt zu bringen.

Zunächst einmal sollte der Kandidat die möglichen Beweggründe nochmals genau hinterfragen bzw. sich vergewissern, welchen Aspekt der Interviewer gerne genauer beleuchtet haben möchte: Geht es darum, zusätzlichen Umsatz zu generieren bzw. steht hinter der Frage die Hoffnung, dass man das Sortiment um ein Produkt erweitern könne, das eine höhere Marge abwirft als bestehende Produkte? Ist dem Auftraggeber möglicherweise auch daran gelegen, zu verstehen, ob man dieses Produkt aus Wettbewerbsgründen anbieten müsse, um nicht auch andere Umsätze zu verlieren?

Interviewer: »Beantworten Sie zuerst einmal die Frage: Verdienen diese ganzen 9-Cent-Anbieter im deutschen Markt eigentlich Geld?«

Es geht also primär darum, das MVNO-Geschäftsmodell und damit auch die Rentabilität der MVNO- typischen Produkte an sich zu bewerten. Im Fokus stehen diejenigen Anbieter, die mit aggressiven Preisen von 9 Cent pro Minute innerhalb Deutschlands werben. Ihnen ist nach dieser Präzisierung durch den Interviewer klar, dass erstmal der rechnerische Teil der Aufgabe gelöst werden soll, bevor dann anhand der Ergebnisse auch eine strategische Diskussion folgen kann.

Kandidat: »Mit den hier angesprochenen Produkten von MVNO-Anbietern sind Prepaid-Handy-Karten ohne Handy-Subventionierung gemeint, die mittlerweile von fast allen Drogeriemärkten sowie Supermärkten in Deutschland angeboten werden. Ich werde jetzt für den Kunden zunächst überprüfen, ob das ein lohnendes Geschäft ist und dann eine entsprechende Empfehlung abgeben.«

Herangehensweise: Deckungsbeitrag

Leiten Sie sich die für diese Fragestellung am besten geeignete Herangehensweise ab. Bei den im deutschen Markt gängigen MVNOs und so auch bei den hier angesprochenen Angeboten von Drogerie- und Supermarktketten, handelt es sich durchweg um Angebote, die über das Internet oder in wenig aufwendigen Verpackungen verkauft werden und die sich durch Preis und nicht durch Service differenzieren. Das Geschäftsmodell ist demnach auf Volumen und eine möglichst geringe Kostenbasis ausgerichtet. In diesem Fall bietet sich an, den Deckungsbeitrag (d.h. Umsätze minus direkte variable Kosten pro Umsatzeinheit) zu ermitteln und dann – nach Festsetzung der angenommenen Fixkosten – die Rentabilitätsschwelle (den Break Even) zu errechnen.

Um entsprechende wirtschaftswissenschaftliche Grundbegriffe zu wiederholen, empfehlen wir unser Buch »Das Insider-Dossier: Bewerbung bei Unternehmensberatungen«.

Während der Interviewer sicherlich davon ausgeht, dass sich der Bewerber die Umsatzseite ohne weitere Hilfe herleiten kann, wird er ihm auf der Kostenseite mit den richtigen Informationen auf die Sprünge helfen, sofern dieser nach den einzelnen Kostenfaktoren fragt.

Eine entscheidende Information zu den variablen Kosten, nach denen der Bewerber fragen muss, sind die so genannten Terminierungsentgelte (oftmals auch Interconnect-Kosten genannt) – eine spezielle Begebenheit in der Telekommunikationsbranche. Unter dem Begriff Terminierungsentgelt versteht man den Betrag, den Telekommunikationsunternehmen bei der Netzzusammenschaltung für die Anrufzustellung in fremde Netze zahlen müssen. Die Terminierungsentgelte – die von der Regulierungsbehörde (d.h. in Deutschland von der BundesNetzAgentur) festgeschrieben sind – fallen dann jeweils an, wenn ein Anrufer ein Gespräch zu einem Teilnehmer über einen zweiten Netzbetreiber herstellt. Die Terminierungsentgelte fallen pro Minute an.

Deckungsbeitrag Minuten in deutschen Netzen

Zwischenfrage 1: Welche der untenstehenden Informationen benötigen Sie, um den Deckungsbeitrag im Inland berechnen zu können, welche sind für diese Berechnung irrelevant?

- ☐ a) Terminierungsentgelt in verschiedene Netze (Festnetz, Mobilnetze)
- ☐ b) Durchschnittliche Verteilung Telefonminuten auf Festnetz, Mobilnetze
- ☐ c) Overheadkosten
- ☐ d) Gesamtzahl Minuten zur Verteilung der Overheadkosten
- ☐ e) Anzahl Kunden
- ☐ f) Endkundenpreis pro Telefonminute
- ☐ g) Kosten der Netznutzung pro Minute
- ☐ h) Investition in Marketing etc.
- ☐ i) Provisionszahlung pro Neukunde an Vertriebsmitarbeiter

Der Interviewer nennt dem Bewerber auf Nachfrage folgende Interconnect-Kosten für Sprachminuten:

- Terminierung durch einen Mobilfunk-Netzbetreiber (als vereinfachende Annahme) 8 Cent / Min.
- Terminierung ins Festnetz (als vereinfachende Annahme) 1 Cent / Min.

Aus diesen Informationen kann der Bewerber ableiten, dass der Deckungsbeitrag des MVNOs davon abhängt, welchen Mix an Telefonminuten er realisieren wird.

Um die weiteren Berechnungen zu vereinfachen, bietet sich an, dass Sie nun einen durchschnittlichen Terminierungspreis ausrechnen. Vorher stellen Sie jedoch noch eine wichtige klärende Frage:

»Haben die hier angesprochenen MVNOs einen einheitlichen Preis für alle Netze oder liegt ein Preismodell zugrunde, das die Anrufe in eine bestimmte Richtung lenken könnte, wie z.B. nur auf das Netzwerk des MVNO Partners?«

Interviewer: »Gehen Sie von einem Einheitspreis aus.«

Zwischenfrage 2: Bevor Sie weiter lesen, machen Sie sich ein paar Minuten Gedanken und finden Sie Ihren eigenen Ansatz, um den Deckungsbeitrag pro Minute zu berechnen. Wo Ihnen Daten fehlen, nehmen Sie Ihre eigenen Annahmen. Vergleichen Sie erst dann mit der Musterlösung.

Ihr Ansatz:

Der Bewerber entwickelt eine Hypothese für die durchschnittliche Verteilung der Telefonminuten: »In Deutschland verfügt so gut wie jeder Haushalt über ein Festnetztelefon. Zudem verfügt aber auch jeder einzelne Bürger im Schnitt über ein Handy. Daraus leite ich ab, dass ich jedes Individuum über zwei Möglichkeiten erreichen kann, was für eine 50/50 Verteilung sprechen würde. Da meiner Einschätzung nach aber viele Telefonate nicht unbedingt auf ein einzelnes Individuum sondern eher z.B. die Familie abzielen plus im geschäftlichen Bereich sicher noch mehr auf das Festnetz telefoniert wird, gehe ich von einer Verteilung wie folgt aus: 60 % der Gespräche aufs Festnetz, 40 % auf ein Mobilfunknetz. Wenn ich mein eigenes Telefonverhalten zum Vergleich heranziehe, wird diese Einschätzung gestützt.

Demnach ergibt sich ein durchschnittlicher Interconnect-Preis von (0,4 x 8 ct) + (0,6 x 1 ct) = aufgerundet 4 ct (eigentlich 3,8)

Auf die Nachfrage, wie es mit den Netzkosten auf der Seite des MVNOs aussähe, antwortet der Interviewer mit der Bitte, die Frage zu präzisieren. Die Besonderheit des Mobile Virtual Network Operators liegt nämlich darin, dass er kein eigenes Netzwerk aufbaut, sondern variabel Telefonminuten bei seinem Netzwerkpartner einkauft. Der Bewerber fragt nochmals, diesmal präziser: »Welche variablen Kosten fallen für den MVNO zusätzlich zu den Terminierungskosten an, dafür dass er das Netzwerk von seinem Partner nutzen darf?«

Der Interviewer antwortet: »Das ist von Fall zu Fall unterschiedlich und hängt vor allem davon ab, welche Leistungen der MVNO selber übernimmt bzw. vom Netzwerkbetreiber kauft. Zudem liegt immer ein individuell verhandelter Kooperationsvertrag zugrunde. Je höher die Umsatzerwartung für den Netzwerkbetreiber, desto niedriger sind in der Regel die Kosten pro Minute. Nehmen Sie hier einfach 2 Cent pro Minute an. Zudem dürfen Sie weiter vereinfachen, indem Sie außer Acht lassen, dass kein Terminierungsentgelt für Gespräche ins Partnernetzwerk anfällt.«

Der Bewerber fasst seinen aktuellen Stand zusammen: »Gut, der Deckungsbeitrag pro Minute liegt also bei 3 Cent (9 Cent Endkundenpreis minus 4 Cent Interconnect minus 2 Cent für den Netzbetreiber). Da Minuten innerhalb Deutschlands nicht die einzige Dienstleistung des MVNOs sind, werde ich nun die weiteren Services betrachten.«

Weitere Produkte des MVNO

Um die Bewertung der weiteren Produkte des MVNO zu beschleunigen, legt der Interviewer dem Kandidaten eine aktuelle (gekürzte) Preisliste eines deutschen MVNOs vor, mit der Aufforderung, Einschätzungen für den Deckungsbeitrag der einzelnen Produkte zu liefern. Der Interviewer wird hierbei auf Folgendes achten: Kann der Bewerber das, was er eben bei der detaillierten Analyse der Minuten in den deutschen Netzen gelernt hat, schnell auf die anderen Produkte übertragen? Inwieweit hat er Geschäftssinn, d.h. ist er in der Lage, betriebswirtschaftliche Tatsachen annähernd richtig einzuschätzen, obwohl er kein Brancheninsider ist? Ist er gut informiert über Themen, die in jüngerer Vergangenheit in der Tagespresse zu lesen waren?

Zwischenfrage 3: Verdecken Sie die rechte Spalte mit der beispielhaften Musterlösung und gehen Sie die Tabelle selber durch und überlegen Sie, welchen Einfluss die Punkte auf den Deckungsbeitrag haben. Notieren Sie sich dazu jeweils Ihre Annahmen und daraus resultierenden Schlussfolgerungen, um Ihre Analyse so nachvollziehbar und begründbar zu machen wie möglich.

Produkt / Service	Endkundenpreis	Beispielhafte Musterlösung
Gespräche in alle dt. Mobilfunknetze	9 Cent pro Minute	Deckungsbeitrag liegt bei 3 Cent / Minute, d.h. 33 %
Gespräche ins dt. Festnetz	9 Cent pro Minute	
SMS an alle dt. Mobilfunknetze	9 Cent pro SMS	Annahmen: Eine SMS, die innerhalb von Sekunden versendet ist, kostet weniger als eine Telefonminute. Auf Kundenseite bleibt es jedoch bei dem einfachen Preis von 9 Cent (pro SMS). Schlussfolgerung: Daher gehe ich davon aus, dass der Deckungsbeitrag einer SMS mindestens doppelt so hoch ist wie bei einer Minute, also schätze ich 66 %.

Gespräche ins Ausland	1,09 Euro pro Minute	Annahme: Es gibt auch internationale Terminierungsentgelte. Die Marge ist jedoch sehr hoch, da 1,09 Euro deutlich teurer als nationale Gespräche ist und der Wettbewerb im Markt vor allem auf Preise für nationale Gespräche abzielt. Schlussfolgerung: Ich nehme einen relativ hohen Deckungsbeitrag von 50 % an.
Abgehende Gespräche im Ausland	54 Cent pro Minute bis 1,99 Euro pro Minute (je nach Zielland)	Annahme: Roaming-Gebühren wurden von der EU reguliert. Es schien sich also um ein hochprofitables Produkt gehandelt zu haben. Schlussfolgerung: Mit den gesenkten Endverbraucherpreisen, ist die Rentabilität gesunken, aber sicherlich noch vorhanden. Meine Annahme: 40 %
Ankommende Gespräche im Ausland	26 Cent pro Minute bis 1,69 Euro pro Minute (je nach Reiseland)	
MMS	49 Cent pro MMS	Annahme: Ausgehend von meiner eigenen Erfahrung schätze ich den Preis einer MMS als hoch ein. Schlussfolgerung: Daher lege ich den DB auf 50 % fest.
Tarifoption Internet-Tagesflatrate	3,00 Euro pro Tag	Annahme: Bei der Flatrate kommt es auf die durchschnittliche Nutzung an. Es ist anzunehmen, dass anfänglich vor allem die Kunden eine Flatrate kaufen, die das Produkt auch sehr häufig nutzen. Wenn sich der Kundenmix über den Produktlebenszyklus normalisiert, wird sich auch die durchschnittliche Nutzung reduzieren. Schlussfolgerung: Ich gehe bei diesem Produkt von einem geringen Deckungsbeitrag von 20 % aus.
Kundenbetreuung	30 Cent pro Minute	Annahme: Obwohl der Kunde des MVNO einen anscheinend hohen Betrag pro Minute für den Kundendienst zahlen muss, gehe ich nicht davon aus, dass der MVNO daran verdient, da Kundenbetreuung per Call Center personalintensiv und damit teuer ist. Schlussfolgerung: Ich werde daher diese Umsätze und auch Kosten aus meiner Bewertung ausnehmen unter der Annahme, dass die Kosten durch die Umsätze gedeckt werden. Die Tatsache, dass Service nicht zur Differenzierung des MVNO beiträgt oder beitragen soll, stützt meine Hypothese zudem.

Da der MVNO Terminierungsentgelte für die Zustellung der Telefonate seiner Kunden bezahlt, wird er ebenso Terminierungsentgelte erhalten. Demnach muss der Vollständigkeit halber angeführt werden, dass der MVNO auch Umsätze für die Terminierung verbuchen wird. Der Interviewer winkt aber ab, da es sich hierbei um ein komplexes Thema handelt.

Sie ergänzen noch: Die Prepaid-Karten werden meines Wissens nach immer in so genannten »Starter-Kits« verkauft, die die SIM-Karte und Instruktionen für das Aktivieren und Aufladen der Karte enthalten; oftmals ist damit auch ein Guthaben im Wert des Starter-Kits verbunden. Wenn der MVNO es sich leisten kann, dem Kunden ein Telefonie-Guthaben in der Höhe des zu bezahlenden Preises für das Starter-Kit zu schenken, gehe ich davon aus, dass aufgrund großer Stückzahlen die Produktionskosten für das Päckchen sowie die Einkaufskosten für die SIM-Karte gering sind und daher an dieser Stelle als einmalige Kosten vernachlässigt werden können.

Vorsicht! Es könnte natürlich sein, dass der Interviewer es ganz genau wissen will und Sie bittet, die einmaligen Kosten ins Verhältnis zu den fortlaufenden Deckungsbeiträgen pro Kunde zu setzen. Der Interviewer ist jedoch vielmehr an einer weiteren wichtigen Annahme interessiert und hinterfragt Ihre Vereinfachung nicht weiter.

Der Interviewer fährt nämlich fort: »Ein gutes Stichwort »große Stückzahlen«... Schätzen Sie doch bitte einmal ab, wie sich denn die Kundenanzahl im ersten Jahr entwickeln könnte.«

Zwischenfrage 4: Bevor Sie weiter lesen, schätzen Sie selber ab, wie sich die Kundenanzahl im ersten Jahr entwickeln könnte. Legen Sie Ihre eigenen Annahmen zugrunde. Vergleichen Sie Ihren Ansatz erst dann mit der Musterlösung unten.

Ihr Ansatz: Ihre Lösung:

Übungscases

Abschätzung Kundenanzahl

Gut für Sie, wenn Sie zufällig gelesen haben, wie viele Kunden andere MVNOs im Markt haben. An diesen Zahlen könnten Sie sich orientieren. Falls Sie keine Zahlen parat haben, müssen Sie sich die Zahlen herleiten.

Ein möglicher Ansatz sieht so aus:

- »In Deutschland leben rund 80 Mio. Bürger, von denen 100 % Mobilfunkkunden sind (Dies ist eine vereinfachte Annahme: Natürlich hat nicht jedes Baby oder jeder ältere Mitbürger tatsächlich ein Handy. Da die tatsächliche Penetration aber schon über 100 % liegt, d.h. einige Mobilfunknutzer zwei SIM-Karten nutzen, ist die hier genutzte Vereinfachung zulässig.)
- Kunden haben die Möglichkeit, einen Mobilfunkvertrag abzuschließen oder Prepaid-Karten zu nutzen. Wenn ich mir meinen

eigenen Bekanntenkreis ansehe, nutzt ca. jeder zweite eine Prepaid-Karte. Ich nehme also an, dass die Verteilung im Markt bei jeweils 50 % liegt.

- Ich gehe des Weiteren davon aus, dass Kunden nach einer gewissen Nutzungszeit den Anbieter wechseln. Ich selbst bin Vertragskunde und hatte ursprünglich eine Vertragslaufzeit von 24 Monaten. Allerdings bin ich nun schon seit 5 Jahren beim gleichen Anbieter. Wenn ich mir überlege, welche meiner Freunde oder Verwandten Prepaid nutzen und wie lange sie schon beim gleichen Anbieter sind, komme ich zu der Annahme, dass bei Prepaid die Lebenszeit – da keine Vertragsbindung besteht – kürzer ist als bei Postpaid. Außerdem ist davon auszugehen, dass der zunehmende Wettbewerb und die Möglichkeit, seine Nummer zum neuen Anbieter mitzunehmen, dazu führen, dass mehr Kunden wechseln. Um nun eine Einschätzung abgeben zu können, werde ich 3 Jahre als durchschnittliche Nutzungsdauer annehmen.

Aus diesen Annahmen folgt: 40 Mio. Prepaid-Nutzer, davon wechselt 1/3 jedes Jahr: 13,33 Mio. neue Prepaid-Karten jedes Jahr (=Marktvolumen).

- Als nächstes werde ich einschätzen, wie viele der neuen Prepaid-Karten auf die »klassischen«, großen Wettbewerber im Markt fallen und wie viele auf MVNOs. Da es MVNOs bereits seit ein paar Jahren gibt und die Preise durchaus aggressiv sind, denke ich, dass die Annahme 80 % große Wettbewerber, 20 % MVNOs gerechtfertigt ist.

13,33 Mio. neue Kunden x 20 % = 2,67 Mio.«

- Unter den MVNOs gibt es natürlich auch bereits größere und bekanntere. Mir fallen Namen wie Aldi und Tchibo ein. Ich gehe davon aus, dass diese ca. 50 % des Marktes für sich gewinnen. Die verbleibenden 50 % teilen sich meiner Einschätzung nach auf die kleineren Marken auf. Hier gibt es ja viele verschiedene Marken, so dass ich nun davon ausgehe, dass der neue MVNO im besten Fall auf 10 % des MVNO-Prepaid-Marktes nach einem Geschäftsjahr kommt.

10 % von 2,67 Mio. = 267.000 Kunden

Mit dieser Einschätzung ist der Interviewer zufrieden. Er sagt: »Die Entwicklung der Kundenzahlen hängt natürlich von vielen Faktoren ab. Mit der genannten Zahl liegen Sie aber durchaus in einem realistischen Bereich. Tatsächliche Kundenzahlen von MVNOs im deutschen Markt waren z.B.

300.000 bei Bild nach einem guten Jahr, 350.000 bei Fonic nach knapp 2 Jahren, Smobil 600.000 nach zweieinhalb Jahren.

Berechnung der Rentabilitätsschwelle / Break Even

Um den Break Even festzustellen, kann man nun entweder die Anzahl Minuten plus SMS berechnen, die zur Rentabilitätsschwelle führen, oder – was deutlich verständlicher und leichter auf Plausibilität zu überprüfen ist – den Deckungsbeitrag (DB) pro Kunden ausgehend von einem durchschnittlichen Nutzungsbeispiel. Hierzu gibt Ihnen der Interviewer folgende Daten:

	Nutzung / Kunde / Monat
Minuten national	30
SMS national	15
Minuten ins Ausland	1
Roaming Minuten	2
MMS	0,5
Internet Flatrate	0,02

Auch zu den Fixkosten macht der Interviewer Angaben:

- Netzwerkinvestitionen
  Diese können vernachlässigt werden. Je nach Kooperationsvertrag fallen diese unterschiedlich aus. In diesem Fall nehmen wir an, dass der MVNO selbst fast nichts investiert, aber einen entsprechend höheren Preis pro Minute an den Partner zahlen muss. Für die restlichen Fixkosten legt Ihnen der Interviewer eine Tabelle vor, die Sie dann auf das Jahr und die Gesamtsumme hochrechnen:
- Personal 80.000 Euro x 12 Monate
  (10 Headcount à 8.000 Euro brutto)
- Miete 3.000 Euro x 12 Monate
- Administration 3.000 Euro x 12 Monate
- Marketing 40.000 Euro x 12 Monate

Zwischenfrage 5: Im nachfolgenden Schritt berechnen Sie bitte die Rentabilitätsschwelle. Notieren Sie erst kurz in Stichworten, wie Sie vorgehen würden und führen Sie dann die Berechnung durch. Lesen Sie erst dann weiter.

Ihr Ansatz:

Der Bewerber kommt in seiner Rechnung auf einen Deckungsbeitrag von 2,80 Euro bei einem Durchschnittsumsatz pro Kunden von 6,30 Euro und jährlichen Fixkosten von 1.512.000 Euro.

Als Plausibilitätscheck bietet es sich an, den Umsatz pro Kunde und Monat auszurechnen. Für einen Prepaid-Kunden sind 6,30 Euro Umsatz pro Monat eine angemessene Schätzung.

Überlegen Sie sich anhand des Ihnen bekannten »Mobil-Telefonverhaltens« eines Wenignutzers wie z.B. Ihrer Mutter, ob der Betrag Ihnen plausibel erscheint. Falls Sie selbst Prepaid-Nutzer und Wenig-Telefonierer sind, können Sie natürlich auch Ihr eigenes Verhalten kurz bewerten.

Berechnung des Break Even: 1.512.000 Euro / 2,80 Euro Deckungsbeitrag pro Kunde: 540.000 Kunden.

Zwischenfrage 6: Nachdem Sie die Aufgaben gelöst haben, die der Interviewer von Ihnen hören wollte, fassen Sie abschließend nochmals Ihre Erkenntnisse zusammen und sprechen Sie dem Klienten eine klare Empfehlung aus. Notieren Sie Ihre Empfehlung in Stichworten und vergleichen Sie sie dann mit der folgenden Musterlösung.

Ihr Ansatz:

Zusammenfassung und Empfehlung:

Wichtig ist nun für den Bewerber, dieses Ergebnis richtig zu interpretieren und die ursprüngliche Frage des Interviewers zu beantworten. Für eine große deutsche Drogeriemarktkette mit entsprechendem Distributionsnetz und großer Anzahl Kunden dürfte eine Zahl von 540.000 Kunden durchaus erreichbar sein.

Grobe Plausibilitätsrechnung: 2.000 Filialen in Deutschland, geöffnet jeden Tag von 8 bis 20 Uhr mit 20 Kunden pro Stunde = 480.000 Kunden pro Tag; 480.000 Kunden pro Tag x 6 Tage pro Woche x 50 Wochen (2 Wochen pauschal abgezogen für Feiertage) = 144 Mio. Kundenbesuche pro Jahr. Die erforderlichen 540.000 Kunden für den MVNO entsprechen in Vergleich zu den Gesamtkundenbesuchen der Drogeriekette weniger als 0,4 %.

Zudem kann man die gleichen Betrachtungen wie oben bei der Abschätzung der Kundenanzahl des MVNO anstellen, d.h. 13,3 Mio. neue Prepaid-Karten werden jedes Jahr verkauft. Setzt man die hier errechneten 540.000 Kunden dazu ins Verhältnis (540.000 /

Übungscases

14.400.000 = 0,0375) sieht man, dass ein Marktanteil von unter 4 % erreicht werden müsste. Dieser Wert erscheint durchaus realisierbar.

Der Bewerber schließt mit den Worten: »Ausgehend von den Berechnungen, die ich angestellt habe, kann ich abschließend sagen, dass MVNO Anbieter im deutschen Markt mit Preisen von 9 Cent durchaus profitabel operieren können, vorausgesetzt, dass sie ein gewisses Kundenvolumen erreichen.

An dieser Stelle beendet der Interviewer den Case für den Bewerber.

Lösungen zu den Zwischenfragen

1: Um den Deckungsbeitrag pro Telefonminute zu berechnen, sind lediglich die hierfür relevanten variablen Kosten und Umsätze von Bedeutung. Also: a), b), f) und g)

2 - 4: Siehe Musterlösung im Text

5: Berechnung Deckungsbeitrag:

	Nutzung / Kunde / Monat	Preis / Einheit	Umsatz Euro	DB %	DB absolut
Minuten national	30	0,09	2,7	33 %	0,9
SMS national	15	0,09	1,4	66 %	0,9
Minuten ins Ausland	1	1,09	1,1	50 %	0,5
Roaming Minuten	2	0,45	0,9	40 %	0,4
MMS	0,5	0,49	0,2	50 %	0,1
Internet Flatrate	0,02	3,00	0,1	20 %	0,0
			6,3		2,8

Übungscases

Hinweis: Die 45 Cent für Roaming-Minuten sind ein geschätzter Durchschnittspreis (aus abgehenden und ankommenden Minuten und den verschiedenen Reiseländern). Da die Bedeutung dieser Einschätzung für den gesamten Case nicht entscheidend ist, empfiehlt es sich, hier schnell zu einer Einschätzung zu kommen anstatt eine komplizierte, gewichtete Berechnung anzuführen.

6: Siehe Musterlösung im Text

Ergänzende Fragen zum Training

Man könnte sich durchaus weitere, unterschiedliche Varianten oder Fortführungen dieses Cases vorstellen. Machen Sie sich zur weiterführenden Übung hierzu Gedanken:

- Raten Sie unserem Kunden nun, dieses neue Produkt einzuführen? Was könnten mögliche Gründe sein, es doch nicht zu tun?
- Diskutieren Sie den Einfluss des Preisverfalls und Wettbewerbs auf Ihr Ergebnis.

- Wie lange braucht die Firma, um ihre Investitionen plus 20 % Return zurück zu holen?
- Wie könnte der ARPU oder die Kundenanzahl weiter erhöht werden?

ARPU = Average Revenue Per User – eine gängige Kennzahl im Telekommunikationsgeschäft

Insider-Tipp

Case-Autorin Tanja Reineke: »Bei diesem Case geht es für den Kandidaten vor allem darum, die Lösung konsequent zu entwickeln und sich nicht durch die Spezifika einer möglicherweise unbekannten Industrie von den wichtigsten Business-Case-Hebeln ablenken zu lassen. Gute Kandidaten brillieren durch Fokus auf das Wesentliche!«

22. Neue Vertriebsstrategie für einen Hersteller von Telefonanlagen

Die Geschäftsführung von GATEWAY, einem Hersteller für Telefonanlagen, möchte, dass Sie sie bei der Entwicklung einer neuen Strategie für den Vertriebsbereich beraten. Da langjährige Geschäftsbeziehungen einen Großteil des sicheren Einkommensstroms des Unternehmens darstellen, sollen Sie sich dabei auf Bestandskunden fokussieren. Die meisten von diesen stehen zum gegenwärtigen Zeitpunkt vor der Wahl, eine Voice-over-IP (VoIP)-Technologie zu installieren (d.h. auf VoIP zu »migrieren«) oder weiterhin ein analoges System zu nutzen. Welches Vorgehen schlagen Sie vor?

Kandidat: Bevor ich Ihnen konkrete Vorschläge unterbreite, würde ich gerne einige Informationen über die beteiligten Stakeholder und die bisherige Vertriebsstrategie in Erfahrung bringen. Warum will man die Strategie ändern und welche Ziele werden damit verfolgt?

Interviewer: Die Geschäftsführung hat den Eindruck, dass die »Vertriebshaudegen« des Unternehmens Preispolitik in der Form von Verkaufspreisrabatten als einziges Argument im Verkaufsgespräch nutzen. Die Geschäftsführung vermutet dabei, dass die technischen Vorzüge der VoIP-Technologie zu kurz kommen. Darüber hinaus wünscht sich die Geschäftsführung mehr Proaktivität bei der Ansprache von Bestandskunden. Es ist jetzt mehrfach vorgekommen, dass die Bestandskunden mit unseren Wettbewerbern verhandelt haben, ohne dass GATEWAY ein eigenes Angebot unterbreiten konnte.

Kandidat: Kann man also zusammenfassend sagen, dass die drei Problembereiche

- Kundenansprache,
- Pricing und
- Verkaufsargumente

sind? Ich würde zum weiteren Vorgehen dann diese drei Bereiche weiter betrachten.

Interviewer: Genau.

Ansatzpunkt 1: Kundenansprache

Kandidat: Kommen wir zum ersten Punkt – Kundenansprache. Haben Sie ein Vorgehen zur Ansprache von Kunden definiert? Auf Basis welcher Regel sprechen Ihre Vertriebsmitarbeiter proaktiv Kunden an?

Interviewer: Unsere Mitarbeiter stehen regelmäßig mit unseren Kunden in Kontakt und horchen bei halbjährlichen Calls nach, wie zufrieden sie mit dem täglichen Betrieb unserer Anlagen sind.

Kandidat: Würde es Ihren Verkaufserfolg nicht steigern, wenn Sie mit einem konkreten Angebot an den Kunden herantreten, z.B. bei fortgeschrittenem Alter einer solchen Anlage? Wie sieht die Kundenstruktur aus?

Interviewer: Unsere Kundenbasis ist sehr heterogen. Es gibt Kunden aus dem Technologiesektor mit einem ausgeprägten Telefonverhalten, die bereitwillig auf VoIP-Systeme migrieren. Gleichzeitig versorgen wir auch Kommunalverwaltungen, die ein sehr beschränktes Budget haben und sich oftmals die hohen Anschaffungskosten eines VoIP-basierten Systems nicht leisten können. Im Übrigen verdienen wir mit den bestehenden Wartungsverträgen dieser Anlagen aufgrund der hohen Gewinnmargen von ca. 90 % viel Geld, so dass wir dort nicht unbedingt »schlafende Hunde« wecken möchten – zumal sich die Wartungsverträge bei Auslauf automatisch jahresweise verlängern.

Kandidat: Verstehe. Ich halte also fest, dass die neue Strategie mehr Proaktivität in der Kundenansprache in Abhängigkeit von der Wettbewerbssituation adressieren sollte, die von der Migrationsbereitschaft der Kunden bestimmt wird.

Ein weiterer Aspekt, den Sie ansprachen, war, dass die bestehenden Wartungsverträge aus einer Margenbetrachtung heraus vorteilhaft sind. Provokativ gefragt: Wieso sollte man aus betriebswirtschaftlicher Sicht überhaupt den Versuch unternehmen, den Kunden auf ein neues System zu migrieren? Wie sehen die Margen und Wartungsverträge bei den neuen Anlagen aus?

Interviewer: Mit dem Kauf einer neuen Telefonanlage, die eine um 40 Prozentpunkte geringere Marge generiert, geht der Kunde auch einen Wartungsvertrag über zumeist 5 Jahre ein. Je früher Sie einen Kunden ansprechen, desto eher ist der Einkommensstrom über die nächsten 5 Jahre gesichert (»Lock-In«). Wir verlieren pro Jahr 10 % unserer Bestandskunden an Wettbewerber, was wir durch proaktive Ansprache verhindern müssen. Und dann gibt es selbstverständlich noch die Kunden, die akut gefährdet sind, d.h. die sich bereits mit unseren Wettbewerbern in Verhandlungen befinden.

Zwischenfrage 1: Was wären die am besten geeigneten Ansatzpunkte, um die Kundenansprache zu optimieren?

- ☐ a) Segmentierung der Kunden nach Migrationsbereitschaft und Wettbewerbsintensität
- ☐ b) Benchmarking des Umsatzes pro Kunden mit dem Wettbewerb
- ☐ c) Segmentierung der Kunden in privaten und öffentlichen Sektor
- ☐ d) Analyse und Optimierung des Budgets für Marketingmaßnahmen und Verkaufsförderung
- ☐ e) Klassifizierung der Vertriebsmitarbeiter nach erwirtschaftetem Deckungsbeitrag und Vertriebserfolg
- ☐ f) Priorisierung der Kunden nach Wirtschaftlichkeit

Kandidat: Dann würde ich vorschlagen, die Kundenbasis nach zwei Kriterien zu gliedern. Einerseits würde ich die Kunden nach ihrer Migrationsbereitschaft und vorhandenen Wettbewerbsintensität segmentieren. Dann würde ich die Kunden nach ihrer Wirtschaftlichkeit für uns priorisieren.

Kundensegmentierung: Hierzu sollten die Bestandskunden mit grundsätzlich hoher Innovationsbereitschaft, deren Wartungsvertrag in naher Zukunft ausläuft, primär angesprochen werden. Besondere Aufmerksamkeit erfordern migrationsbereite Kunden, die sich bereits in Verhandlungen mit den Wettbewerbern befinden.

Wirtschaftlichkeit: In einem zweiten Schritt sollte für die relevanten Bestandskunden ermittelt werden, in wie weit eine Migration aus wirtschaftlicher Sicht für GATEWAY vorteilhaft ist. In diesem Sinne schlage ich vor, die Marge aus der jahresweisen Verlängerung eines auslaufenden Wartungsvertrages unter Berücksichtigung eines erwarteten jährlichen 10 %-igen Kundenverlustes der Marge gegenüber zu stellen, die sich aus der Migration auf ein neues System ergibt. Falls die Marge aus Migration über einen Fünf-Jahres-Zeitraum höher ist als die erwartete Marge resultierend aus der Nichtansprache des Kunden, sollte der Vertriebsmanager den Kundenkontakt initiieren.

Interviewer: Gut. Könnten Sie mir dies bitte anhand eines realen Kundenbeispiels verdeutlichen?

Ich zeige Ihnen hier die Daten zu einem unserer Kunden, einer mittelständischen GmbH mit 10.000 Usern:

		Umsatz	Gewinn-Marge
Analoge Telefonanlage:	Bestehender Wartungsvertrag	1,25 Mio. Euro (jährl.)	90 %
IP-basierte Telefonanlage:	Anschaffungspreis der Anlage bei Migration auf VoIP	6 Mio. Euro (einmalig)	30 %
	Neuer Wartungsvertrag	1,25 Mio. Euro (jährl.)	50 %

Darüber hinaus können wir für die neue technologische Plattform zusätzliche Leistungen verkaufen. Wir gehen davon aus, dass wir hierdurch weitere 750.000 Euro jährlich mit einer Marge von 60 % verkaufen können.

Kandidat: Um anhand des Beispiels die Wirtschaftlichkeit eines möglichen Verkaufes einer neuen VoIP-Anlage zu berechnen, stelle ich die resultierenden Zahlungsströme aus

1. dem Verkauf einer neuen Anlage und
2. der Fortlauf des bestehenden Wartungsvertrages

gegenüber.

Zwischenfrage 2: Bevor Sie weiter lesen, machen Sie die folgende Rechnung zur Übung selbst: Wie hoch ist die erwartete Marge aus dem bestehenden Wartungsvertrag über den Fünf-Jahres-Zeitraum unter Berücksichtigung der Wechselwahrscheinlichkeit? Die Lösung erfolgt unmittelbar im Anschluss im Text.

- ☐ a) 4,1 Mio. Euro
- ☐ b) 4,4 Mio. Euro
- ☐ c) 4,9 Mio. Euro
- ☐ d) 5,6 Mio. Euro

Hierzu berechnen Sie die Marge bei jahresweiser Verlängerung des bestehenden Wartungsvertrages unter Berücksichtigung der erwarteten jährlichen Kundenabwanderung :

	t = 1	t = 2	t = 3	t = 4	t = 5	Summe
Bestehender Wartungsvertrag (fortgeschriebene Marge)	1.125.000 (= 1,25 Mio. x 90 %)	1.125.000	1.125.000	1.125.000	1.125.000	5.625.000
Bestehender Wartungsvertrag (Erwartungswert der Marge)	1.012.500 (= 1,125 Mio. x (1 - 10 %))	911.250 (= 1,125 Mio. x (1 - 10 %)^2)	820.125	738.113	664.301	4.146.289

Gerundet ergibt sich bei dem bestehenden Wartungsvertrag und angenommener Wechselwahrscheinlichkeit eine Marge von 4,1 Mio. Euro. Im nächsten Schritt gilt es, diese Marge der Alternative, einer Migration auf eine neue VoIP-Anlage, gegenüberzustellen.

Um den Gewinnüberschuss der aus einer Migration resultiert zu berechnen, multiplizieren Sie die einzelnen Erlösbestandteile der neuen Anlage mit den Margen aus der Tabelle, die Ihnen der Interviewer vorgelegt hat:

	t = 1	t = 2	t = 3	t = 4	t = 5	Summe
Anschaffungspreis	1.800.000 (= 6 Mio. x 30 %)					1.800.000
Neuer Wartungsvertrag	625.000 (= 1,25 Mio. x 50 %)	625.000	625.000	625.000	625.000	3.125.000
Weitere Leistungen	450.000 (= 0,75 Mio. x 60 %)	450.000	450.000	450.000	450.000	2.250.000
					Summe:	7.175.000

In Summe ergibt sich durch das neue System also eine Marge von 7,2 Mio. Euro.

Kandidat: Auf Basis der zur Verfügung gestellten Erlös- und Margenangaben habe ich die Profitabilität der beiden Handlungsalternativen aus der Sicht von GATEWAY ermittelt. Aus dieser Gegenüberstellung wird deutlich, dass die Installation und die Hardware eines neuen Systems zusammen mit einem neuen Wartungsvertrag über 5 Jahre eine geringere absolute Marge generiert als der bestehende Vertrag (1,8 Mio. + 3,1 Mio. = 4,9 Mio. für Installation und Wartung des VoIP-Systems vs. 5,6 Mio. für das alte System). Berücksichtigt man jedoch die Wahrscheinlichkeit des Kundenverlustes aufgrund ausgebliebener Kundenansprache und das Up-Selling weiterer Leistungen, so erscheint eine aktive Ansprache des Kunden in Bezug auf eine Migration vorteilhaft (7,2 Mio. Euro vs. 4,1 Mio. Euro). Ich halte also fest, dass das neue System bei zutreffenden Prognosen auf den zweiten Blick profitabler ist.

Ansatzpunkt 2: Kreatives Pricing als Differenzierungsmerkmal

Interviewer: So weit einverstanden. Allerdings möchte ich anzweifeln, dass diese Entscheidungsregel für Bestandskunden sinnvoll ist, die bereits in Verhandlungen mit den Wettbewerbern stehen.

Kandidat: Da haben Sie Recht. Der Umsatz aus dem alten Wartungsvertrag muss bei diesen Kunden als bereits verloren gelten. Dies ist der Punkt, an dem die beiden anderen Eckpfeiler der Strategie – Pricing und Verkaufsargumente – in den Vordergrund treten sollten. In diesem Zusammenhang würde ich gerne wissen, welche Instrumente der Preispolitik Ihren Mitarbeitern zur Verfügung stehen?

Interviewer: Der Eindruck der Geschäftsführung ist, dass die Vertriebsmitarbeiter in unternehmensinternen Verhandlungen mit der Geschäftsführung versuchen, eine Genehmigung für so hohe Nachlässe auf den Anschaffungspreis der neuen Anlagen wie möglich zu bekommen.

Kandidat: Wie hoch ist die tatsächliche Preissensitivität der Kunden? Bringen Preisnachlässe einen tatsächlichen Vorteil? Welche Rolle spielen strategische Überlegungen, d.h. führt die Gewährung von Rabatten zu einem Preiskrieg?

Interviewer: In der Tat sind Rabatte auf den Anschaffungspreis der Anlage von mehr als 30 % in den letzten Jahren marktüblich geworden. In vielen Fällen subventionieren die hohen Margen aus den Wartungsverträgen den Verkauf der Hardware und die Installation der Anlage. Trotzdem klagen viele Kunden über die hohen Anschaffungspreise, insbesondere in Krisenzeiten.

Kandidat: Sind die VoIP-Anlagen in der Wahrnehmung der Kunden zu teuer? Spielen Kosten-Nutzen-Erwägungen bei der Kaufentscheidung eine Rolle? Oder existieren gar interne Beschränkungen, z.B. in Form stark gestrichener Investitionsbudgets, insbesondere in Krisenzeiten? Wer trifft die Kaufentscheidung auf Kundenseite?

Interviewer: Über den Nutzen der Anlagen wird natürlich im Rahmen der Verhandlungen gesprochen. Mit der Nutzung der VoIP-Technologie geht eine Reihe von Vorteilen einher. Im Fokus stehen jedoch zumeist die Kosten – insbesondere für Kunden, die ein beschränktes Telekommunikationsbudget haben. Zudem trifft zumeist der CFO des Kunden die Entscheidung für oder gegen den Kauf. Das Investitionsbudget setzt hierfür den begrenzenden Rahmen.

Kandidat: An dieser Stelle erkenne ich mehrere Anknüpfungspunkte für eine neue strategische Ausrichtung des Pricings. Investitionsbudgets sind oftmals ein beschränkender Faktor. Um dies zu umgehen, könnte versucht werden, die hohe Anfangsauszahlung von 6 Mio. Euro auf den Nutzungszeitraum zu verteilen.

- Erstens könnte man in Betracht ziehen, ein Leasing- oder Finanzierungskonzept mit einem kooperierenden oder hauseigenen Finanzinstitut zu entwerfen, um eine Aktivierung im Anlagevermögen des Kunden zu umgehen und die Investitionen in einen jährlichen operativen Aufwand zu transformieren.
- Zweitens könnte mit dem Kunden auch eine jahresweise Verteilung des Anschaffungspreises über den Nutzungszeitraum vereinbart werden.
- Ein dritter Vorschlag wäre dem Kunden die Möglichkeit einer sukzessiven Migration anzubieten, bei dem einige Standorte erst zu einem späteren Zeitpunkt umgerüstet werden.

Interviewer: Das sind interessante Vorschläge, die wir intern diskutieren sollten. Haben Sie noch weitere Ideen bezüglich einer kreativeren Preispolitik?

Kandidat: Man könnte die Verwendung alternativer Rabatte prüfen, die sich von den marktüblichen Rabatten der Wettbewerber abheben. Beispielsweise könnte man den Bestandskunden bei erfolgreicher Migration einen Treuerabatt auf die Wartungsgebühr im ersten Jahr anbieten. Außerdem wäre es interessant zu prüfen, ob GATEWAY bei der Migration zu einem IP-basierten System aus technischer Sicht einen strategischen Vorteil gegenüber den Wettbewerbern hat, die eine komplett neue Anlage installieren müssten? Einen solchen Preisvorteil könnte man an den Kunden weiterreichen.

Interviewer: Unsere Techniker und Vertriebsmitarbeiter berichten von einem geringeren Aufwand bei der Angebotserstellung und Installation, da die Bedürfnisse in Hinblick auf das Telefonverhalten und die technischen Gegebenheiten vor Ort bereits unseren Mitarbeitern bekannt sind. Grundsätzlich würde dies unser preispolitisches Spektrum erweitern.

Ansatzpunkt 3: Rentabilitäts- statt Kostenbetrachtung als Verkaufsargument

Kandidat: Wir haben nun ausführlich den Kostenpunkt diskutiert. Bei mir ist der Eindruck entstanden, dass die Betrachtung der Cost of Ownership bei der Kaufentscheidung des Kunden stark im Vordergrund steht. Wäre eine Rentabilitätsbetrachtung im Sinne eines Return on Investment nicht wesentlich angebrachter, um einen CFO auf Kundenseite von den Vorteilen einer Migration zu überzeugen? Sie haben ja bereits angesprochen, dass bei der Migration auf VoIP operative Effizienzvorteile zu realisieren sind. Können Sie mir diese nennen und erläutern? Werden diese von Ihren Vertriebsmitarbeitern im Verkaufsgespräch angesprochen bzw. quantifiziert?

Interviewer: Es gibt keine zentrale Anleitung, nach der die Vertriebsmitarbeiter vorgehen. Bisher dominiert die Überzeugung, der regelmäßige Kundenkontakt und die Kundenzufriedenheit seien die zentralen Zielgrößen. Es wird auch über die Effizienzvorteile der IP-basierten Telefonie gesprochen. Wie würden Sie diese in einem Kundengespräch adressieren?

Kandidat: Ein stimmiger Business Case mit – je nach Zielsetzung des CFOs – einem positiven Net Present Value bzw. einer dauerhaften Erhöhung des Betriebsergebnisses liefert dem CFO ein starkes Argument für eine Migration.

Zwischenfrage 4: In Bezug auf die Kundenentscheidung auf VoIP zu migrieren, welches sind die entscheidungsrelevanten Kosten?

- ☐ a) Die gesamten Kosten der IP-basierten Anlage, sprich Anschaffungsauszahlung, Kosten für Wartung und weitere Serviceleistungen
- ☐ b) Die Kosten für die Wartung der IP-basierten Anlage, abzüglich der entfallenden Kosten für die Wartung der analogen Anlage
- ☐ c) Die gesamten Kosten der IP-basierten Anlage (inkl. Wartung, Anschaffung, etc.), abzüglich der Ausgaben für den entfallenden Wartungsvertrag der analogen Anlage
- ☐ d) Die gesamten Kosten der IP-basierten Anlage (inkl. Wartung, Anschaffung, etc.), abzüglich dem Erwartungswert der Ausgaben für den entfallenden Wartungsvertrag der analogen Anlage

Erstellen Sie dann zur Übung Ihre eigene Berechnung der inkrementellen Kosten der Migration aus Sicht des Kunden der Firma. Die Lösung erfolgt im Anschluss im Text.

Interviewer: Ich würde Ihren Vorschlag besser verstehen, wenn Sie mir dies anhand eines solchen Business Cases über einen Fünf-Jahres-Zeitraum näher skizzieren könnten.

Kandidat: Selbstverständlich gerne. Bei einer rein investitionsorientierten Betrachtung sollten zunächst die inkrementellen Kosten einer Migration – als die resultierenden Mehrkosten – ermittelt werden. Diese errechnen sich aus der Mehrzahlung gegenüber einer jahresweisen Verlängerung des Wartungsvertrages der alten Anlage, d.h. aus der Differenz der Kosten der neuen IP-basierten Anlage und dem Wartungsaufwand bei Weiterbetrieb der analogen Telefonanlage. Bei einer Migration fallen neben der jährlichen Wartungsgebühr von 1,25 Mio. Euro noch jährlich 0,75 Mio. Euro weitere Kosten (u.a. Software Updates) an. Darüber hinaus schlägt der Anschaffungspreis der neuen Anlage mit 6 Mio. Euro im ersten Jahr zu Buche.

Zahlungsströme	t = 1	t = 2	t = 3	t = 4	t = 5	Summe
VoIP-Migration	8.000.000 (= 6 Mio. + 1,25 Mio. + 0,75 Mio.)	2.000.000 (= 1,25 Mio. + 0,75 Mio.)	2.000.000	2.000.000	2.000.000	16.000.000
Fortsetzung Wartungsvertrag der analogen Anlage	1.250.000	1.250.000	1.250.000	1.250.000	1.250.000	6.250.000
Inkrementelle »Kosten« der Migration	6.750.000 (= 8 Mio. – 1,25 Mio.)	750.000	750.000	750.000	750.000	9.750.000

Übungscases

Kandidat: Über einen Fünf-Jahres-Zeitraum entstehen somit der Mittelständler XYZ GmbH inkrementelle Kosten von 9,75 Mio. Euro. Damit der Kunde diese zusätzliche Investition tätigt, sollte versucht werden, möglichst greifbar die Vorteile einer IP-basierten Telefonie-Lösung zu ermitteln. Damit ich diese für Sie skizzieren kann, müsste ich allerdings verstehen, auf welchen Faktoren die technische Überlegenheit gegenüber der analogen Lösung gründet. In meinem Verständnis erfolgt bei der IP-Telefonie das Telefonat über einen Internet-Anschluss bzw. eine Netzwerkverbindung, während bei der analogen Telefonie die Verbindung über eine herkömmliche Telefonleitung hergestellt wird.

Interviewer: Das haben Sie durchaus treffend beschrieben. Nun würde ich gerne von Ihnen wissen, wie der Vertriebsmanager von GATEWAY den CFO der Mittelständler XYZ GmbH von der Notwendigkeit einer 9,75 Mio. Euro teuren Investition überzeugen soll.

Kandidat: Ich möchte auf die quantifizierbaren Einsparungen durch günstigere Telefonate fokussieren. Hierzu möchte ich die Anzahl an Telefonaten, die über das IP-System umsonst geführt werden können mit den derzeitigen Kosten über das analoge System vergleichen. Hierzu fallen mir folgende Szenarien ein, die ich analysieren würde:

- Gespräche zwischen Standorten
- Telefonkonferenzen
- Home Office / Telearbeit

Geben Sie immer einen Vorgehensplan an und steigen Sie dann in die Analyse ein.

Gehe ich richtig in der Annahme, dass bei einem organisationsweiten Roll-out alle internen Telefonate zwischen verschiedenen Standorten via VoIP laufen, während externe Telefonate in das Telefonnetz des Anbieters gespeist werden? Existieren Erfahrungswerte, welcher Teil des Gesprächsaufkommens auf interne, und welcher Teil auf externe Telefonate entfällt?

Interviewer: Die Mittelständler XYZ GmbH hat eine stark dezentrale Struktur mit Niederlassungen auf fast allen Kontinenten, die Vertriebsmannschaften, Logistikzentren und Produktionsstätten beherbergen. Entsprechend entfallen 30 % des Gesprächsvolumens auf externe Telefonate, 50 % auf interne Telefonate zwischen den Standorten und 20 % auf standortinterne Telefonate, die ohnehin keine Grenzkosten verursachen. Beantwortet das ihre Frage? Telefonate zwischen Standorten lassen sich in der Tat IP-basiert führen, während Sie bei externen Telefonaten, z.B. ins Festnetz oder Mobilfunknetz, nach wie vor auf das Telefonnetz externer Anbieter angewiesen sind.

Kandidat: Ich denke, das liefert einen ersten guten Anhaltspunkt. Auf Basis dieser Zahlen möchte ich die variablen Telefonkosten, die auf Telefonate zwischen den Standorten zurückzuführen sind, abschätzen, da diese bei einer IP-basierten Telefonie überflüssig werden. Dazu treffe ich die stark vereinfachende Annahme, dass 80 % des Volumens der Gespräche von Standort-zu-Standort innerhalb eines Landes erfolgen. Wie hoch sind die variablen Kosten eines nationalen und internationalen Telefongesprächs?

Interviewer: Natürlich von Land zu Land unterschiedlich. Sie können mit 0,03 Euro / Minute für nationale Gespräche und 0,06 Euro / Minute für internationale Gespräche rechnen.

Zusammenfassung – Einsparpotenzial bei der Telefonie:

	Standort-intern	**Standort-zu-Standort**	**Extern**
% des Telefonaufkommens entfällt auf	20 %	50 %	30 %
Einsparpotenzialeinschätzung	Kein Potenzial: Über Standort-eigene Telefonanlage	National: 80 % zu 0,03 Euro / Min. International: 20 % zu 0,06 Euro / Min.	Kein Potenzial: Ins Festnetz / Mobilfunknetz / ausländische Netze

Gut: Zeigen Sie, dass Sie weitere Einflussfaktoren beachten. Erläutern Sie Ihre Annahmen explizit. Fokussieren Sie sich auf wesentliche Treiber.

Kandidat: Durchschnittlich ergibt sich eine Einsparung von 0,036 Euro pro Minute (80 % x 0,03 Euro + 20 % x 0,06 Euro) bei Telefonaten zwischen den Standorten. Bei eingangs erwähnten 10.000 eingetragenen Nutzern möchte ich konservativ mit 7.000 aktiven Nutzern rechnen. Beispielsweise gibt es zusätzlich zu den personenbezogenen Lizenzen Nutzlizenzen für Konferenzräume etc., die in unserer Betrachtung vernachlässigbar sind. Im nächsten Schritt möchte ich abschätzen, wie viel ein Mitarbeiter im Jahr telefoniert.

Pro Woche veranschlage ich einen halben Tag, d.h. 4h. Dies ist wahrscheinlich wenig für einen Top-Manager oder einen Vertriebsmitarbeiter, mag aber für andere Bereiche mit geringem Telefonie-Aufkommen viel sein. Dieser Logik folgend würde ein durchschnittlicher Mitarbeiter pro Jahr 11.520 (4 x 60 Min. x 4 Wochen x 12 Monate) telefonieren und entsprechend 1.451.520 Euro jährlich (bzw. rund 7,3 Mio. Euro über fünf Jahre) bei Telefongesprächen zwischen den Standorten eingespart werden (7.000 Mitarbeiter x 11.520 Min. x 50 % Anteil der Standort-zu-Standort-Telefonate x 0,036 Euro Einsparpotenzial).

Die Berechnung ist gut, jedoch geht der Bewerber von 12 x 4 = 48 Wochen im Jahr aus. Das Jahr hat aber 52 Wochen. Außerdem hat der Bewerber die Urlaubs- und Krankheitstage nicht berücksichtigt, die ca. 6 Wochen im Jahr ausmachen.

Des Weiteren vermute ich Einsparmöglichkeiten bei der Nutzung von Telefonkonferenzen, bei dem sich die Mitarbeiter bei einem externen Betreiber, der nach Minutenpreis abrechnet, einwählen. Bei solchen Anbietern erhalten die Mitarbeiter ein eigenes Konto, von dem Sie ein solches Gespräch hosten können. Ich nehme hier an, dass vor allem das mittlere und Top-Management diese Art der Kommunikation nutzt, d.h. 2.000 Mitarbeiter, die durchschnittlich 0,5 h pro Woche einen Account bei einem externen Anbieter nutzen. Aus eigener Erfahrung kosten solche Gespräche 0,20 Euro pro Minute. Entsprechend ließen sich die jährlichen Ausgaben für Telefonkonferenzen von 576.000 Euro (= 0.5 h x 60 Min. x 4 Wochen x 12 Monate x 2.000 Mitarbeiter x 0.20Euro / Min.) einsparen. Dies entspricht 2,9 Mio. Euro über die fünf Jahre.

Immer mehr Unternehmen gehen des Weiteren dazu über, ihren Mitarbeitern Arbeitsplätze zu Hause einzurichten. Diese so genannten Tele-Worker erhalten dann einen Internet- und Telefonanschluss. Auch hier beherbergen Telefonate der Tele-Worker zu den Standorten ein erhebliches Einsparungspotenzial. Ist die Annahme realistisch, dass nur die Top-Manager des Unternehmens, also rund 500 User, über einen solchen Heimanschluss verfügen?

Interviewer: Diese Annahme ist nicht unrealistisch.

Kandidat: Gut. Davon ausgehend, dass Manager diesen Anschluss vor allem abends oder an einem Tag der Woche, von dem sie zu Hause arbeiten, nutzen, würde ich 3 Stunden pro Woche an Gesprächszeit von zu Hause veranschlagen, d.h. 4.320.000 Minuten jährlich (500 Manager x 3 h x 60 Min. x 4 Wochen x 12 Monate). Davon können 50 % wieder durch VoIP-Telefonie à 0,036 Euro pro Minute eingespart werden. Somit lassen sich die jährlichen Einsparungen mit 155.520 Euro (bzw. rund 0,8 Mio. Euro über fünf Jahre) quantifizieren.

> Manchmal ist es im Interview besser, sich auf die Berechnung der wesentlichen Hebel zu beschränken und kleinere Hebel pauschal abzuschätzen. Fragen Sie jedoch den Interviewer, ob dieses Vorgehen zulässig ist. In der Realität werden Sie wahrscheinlich nicht so viele Einzelrechnungen ohne Taschenrechner durchführen müssen.

Interviewer: Kommen Sie bitte zu Ihrer abschließenden Analyse. Angenommen Sie müssten die Vorteilhaftigkeit der IP-Migration auf einer Präsentationsfolie für den CFO der Mittelständler XYZ GmbH zusammenfassen, was würden Sie ihm zeigen?

Kandidat: Ich würde eine graphische Darstellungsweise wählen, die die Vorteilhaftigkeit der Investition über einen langfristigen Zeitraum von 5 Jahren widerspiegelt. Wie bereits erläutert birgt die IP-Migration inkrementelle Kosten in Höhe von ca. 9,8 Mio. Euro. Diese lassen sich durch Einsparungen bei Telefongesprächen zwischen Standorten, bei Telefonkonferenzen und bei den Tele-Workern überkompensieren. Entsprechend lassen sich die Total Cost of Ownership im Vergleich zur Fortführung des aktuellen Wartungsvertrages um 1,2 Mio. Euro von 6,3 auf 5,1 Mio. Euro senken.

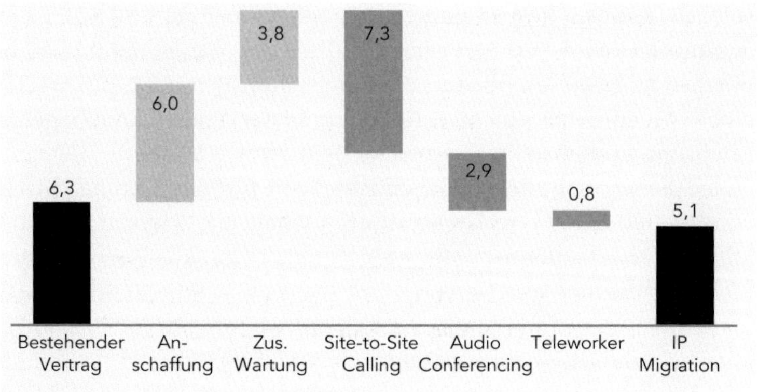

Um Zahlungsströme zu verschiedenen Zeitpunkten miteinander vergleichen zu können, ist die Berechnung des Net Present Value (NPV) oder Netto-Barwertes notwendig. Das Konzept wird ausführlich in dem »Insider-Dossier: Bewerbung bei Unternehmensberatungen« wiederholt. Nicht jeder Interviewer wird die NPV-Berechnung verlangen, aber Sie sollten mit dem Konzept vertraut sein.

Kandidat: Aus einer einfachen Total-Cost-of-Ownership-Betrachtung, die den Einfluss der Migrationsentscheidung auf die GuV über den Fünf-Jahres-Zeitraum abbildet, erscheint die Migration vorteilhaft. Dabei ist der Zeitwert der entstehenden Zahlungsströme in diesem Fall noch nicht berücksichtigt.

Zwischenfrage 5: Wie verändert sich das Bild, wenn Sie Kapitalkosten von 10 % annehmen? Berechnen Sie den Netto-Barwert.

Ihr Ansatz:

Fazit

Zusammenfassend adressiert die neue Vertriebsstrategie für GATEWAY drei wesentliche Fragestellungen der Geschäftsführung:

- In einem zweistufigen Verfahren wird ermittelt, welche Kunden proaktiv bezüglich einer Migration angesprochen werden. Wichtige Kriterien sind dabei das individuelle Risiko den Kunden an den Wettbewerb zu verlieren und die Restdauer des bestehenden Wartungsvertrages. In einem zweiten Schritt sollte auf Basis einer Margen- und Risikobetrachtung ermittelt werden, inwiefern eine Migration und somit die Ablösung des bestehenden Wartungsvertrages aus wirtschaftlicher Perspektive für GATEWAY vorteilhaft ist.

- Ein kreatives Pricing-Konzept ersetzt die bisher vorherrschenden Rabatte auf den Anschaffungspreis. Dieses Pricing beinhaltet Maßnahmen, die das Investitionsbudget des Kunden schonen, z.B. Leasingkonzepte, Loyalitäts- und Installationsrabatte.
- Über die Ermittlung operativer Einsparpotenziale auf Basis der VoIP-Telefonie soll die Vorteilhaftigkeit einer Migration über die Kostenbetrachtung hinaus im Rahmen eines Barwert- oder langfristigen Gewinnbetrachtung herausgestellt werden.

Lösungen zu den Zwischenfragen

1: Wir denken, dass der Bewerber an dieser Stelle am besten eine Segmentierung anhand der Migrationsbereitschaft der Kunden und anschließend eine Priorisierung der Kunden anhand der Profitabilität für GATEWAY als Leitkriterium zum weiteren gezielten Vorgehen des Vertriebes vorschlagen sollte. a) und f) sind also richtig.

2: a) Siehe Musterlösung im Text

3: d) Siehe Musterlösung im Text

4: c) ist richtig

5: Berechnung des Netto-Barwertes (NPV):

Anschaffungspreis	Zusätzliche Kosten der Wartung	Effizienzgewinne	Jährlicher Zahlungs-überschuss	Netto-Barwert bei 10 % Cost of Capital
t = 0	t = 1..5	t = 1..5	t = 1..5	
-6.000.000	-750.000 (jährl.) (1,25 Mio. + 0,75 Mio. – 1,25 Mio.)	2.182.000 (jährl.) (= 1,45 Mio. + 0,58 Mio. + 0,16 Mio.)	1.432.000 (jährl.)	-571.593

Es ergibt sich ein negativer Barwert von -571.593 Euro. Um einen positiven Barwert zu erreichen und den Business Case zu stärken, könnte man wie eingangs erwähnt durch entsprechend kreatives Pricing (z.B. Leasing der Hardware) eine hohe Anfangsauszahlung vermeiden.

23. Produkteinführung in der Pharmabranche

Unser Kunde ist ein global agierender, aber auf Deutschland konzentrierter Pharmahersteller mit seinem Schwerpunkt auf der Entwicklung und Vermarktung von Antidepressiva. Kürzlich wurde ein neuer Wirkstoff gefunden, der nun für die Markteinführung weiterentwickelt werden soll. Eine erste interne Studie hat ergeben, dass die Wirksamkeit vergleichbar mit den bereits existierenden Medikamenten ist, allerdings kostengünstiger produziert werden kann und weniger Nebenwirkungen haben soll.

Das Unternehmen fragt sich nun, ob sich die Investition für den Einstieg in den deutschen Markt rentieren wird und mit welcher Strategie das Produkt eingeführt werden soll.

Einstieg in den Case

Zunächst fassen Sie noch einmal die Fragestellung zusammen um sich zu vergewissern, dass Sie verstanden haben, worum es geht: »Unser Kunde möchte also von uns eine Empfehlung dazu erhalten, ob sich die Weiterentwicklung des Produktes und die Produkteinführung lohnt.«

Zwischenfrage 1: Überlegen Sie sich kurz, mit welcher Struktur Sie an die Lösung dieses Cases herangehen könnten.

Ihr Ansatz:

Sie fahren fort: »Es gilt also eine Investitionsrechnung anzustellen, um zu prüfen, ob die Markteinführung rentabel ist.«

Hier bremst Sie der Interviewer und fragt: »Das ist richtig. Was gilt es aber noch bei der Entwicklung einer Strategie zur Markteinführung zu beachten?« Sie haben mit Ihrer Antwort also nur einen Teil der Problematik behandelt. Eine gute Antwort würde sowohl die interne Investitionsrechnung als oberstes Entscheidungskriterium, aber auch eine Betrachtung der Marktgegebenheiten mit Wettbewerbern, Lieferanten, Kunden usw. berücksichtigen. Eine gutes Framework, um die wesentlichen Marktkräfte zu analysieren ist »Porter's Five Forces«.

Als Sie die wesentlichen Marktkräfte erwähnen, ist der Interviewer zufrieden und bittet Sie, sich im Folgenden aus Zeitgründen auf die Investitionsrechnung zu beschränken.

Sie beginnen mit einer betriebswirtschaftlichen Definition, um eine Struktur zum weiteren Vorgehen zu haben: »Die Vorteilhaftigkeit einer Investition zeigt sich anhand eines positiven Nettobarwertes / Net Present Values. Die auf den Investitionszeitpunkt diskontierten zukünftigen Gewinne pro Periode müssen also die Investitionen übertreffen.«

Zwischenfrage 2: Welche Daten brauchen Sie also?

- ☐ a) Anfangsinvestition, jährliche Umsätze, jährliche Kosten, Diskontfaktor, Betrachtungszeitraum
- ☐ b) Anfangsinvestition, diskontierte jährliche Umsätze, Betrachtungszeitraum
- ☐ c) Patentlaufzeit, Kosten der R&D, Marketinginvestition, jährliche Gewinne
- ☐ d) Anfangsinvestition, bereits getätigte Investitionen, jährliche Gewinne, Diskontfaktor, Betrachtungszeitraum

Der Net Present Value setzt sich aus den folgenden Komponenten zusammen, die für die Analyse aufgespalten werden sollten und als Struktur zur Lösung dienen:

- Anfangsinvestition
- jährliche Umsätze
- jährlich anfallende Kosten
- Diskontfaktor

NPV-Zeitraum

Für die Analyse einer Produktneueinführung können Sie als Zeitraum die Patentlaufzeit annehmen. Nach Ablauf des Patents ändert sich die Gewinnerwartung grundlegend, weil Generika-Hersteller das Produkt ohne die Berücksichtigung von Entwicklungskosten anbieten können.

Mit dieser Herangehensweise ist der Interviewer zufrieden, fragt Sie aber, ob es sich hier um einen Standard-Fall handelt. An einer solchen Stelle ist es nicht unüblich, dass der Interviewer Sie bittet, die Charakteristika des Marktes zu umschreiben. Es wird nicht erwartet, dass Sie Profi-Wissen über jeden Markt mitbringen, schon aber, dass Sie Ihr allgemeines Wirtschaftswissen aus der Tagespresse und Ihren gesunden Menschenverstand zur Analyse des Marktes einsetzen können.

Sie erkennen, dass der Pharmamarkt und das Gesundheitswesen stark reglementiert sind und daher einige Besonderheiten aufweisen. Ihr Endabnehmer, der Patient, ist durch die Komplexität der Produkte unerfahren und die Entscheidung zur Wahl eines bestimmten Medikamentes wird stark von anderen Marktteilnehmern, nämlich Ärzten, Krankenkassen und Apothekern beeinflusst.

Anfangsinvestition

Nachdem Sie sich mit dem Interviewer auf das Vorgehen geeinigt haben, fragt er Sie, welche Kostenpositionen noch anfallen werden, bis das Produkt Umsätze generieren wird.

Zwischenfrage 3: Entlang welcher strukturierenden Punkte könnte man die Kostenpositionen für die Investitionsrechnung analysieren? Tragen Sie Ihre Ideen ein und vergleichen Sie dann mit dem folgenden Text.

Ihr Ansatz:

Gehen Sie immer strukturiert vor: Eine mögliche Herangehensweise wäre eine Funktionsorientierung:

- Forschung und Entwicklung
- Marketing
- Produktion
- Vertrieb
- Rechtsabteilung (Gebühren für das Patent, gesetzliche Vorgaben)

Alternativ können Sie prozessorientiert vorgehen, wofür Sie sich entscheiden und die notwendigen Schritte auflisten:

- Wirkstoffentwicklung
- Tests zur Wirkung und Verträglichkeit
- Zulassung des Produktes
- Vermarktung

Sunk Costs

... sind Kosten, die in der Vergangenheit irreversibel angefallen sind und somit nicht mehr relevant für zukünftige Entscheidungen.

Damit ist der Interviewer zufrieden und fragt Sie, was Sie für die einzelnen Positionen veranschlagen würden. Sie beziehen sich auf die Ausgangs-Fragestellung aus der hervorging, dass der Wirkstoff an sich schon entwickelt wurde. Die Kosten für die Wirkstoffentwicklung stellen also Sunk Costs dar, die Sie nicht in Ihre Kalkulation mit einbeziehen.

Der nächste Kostenblock sind die verschiedene Testphasen zur Wirksamkeit, Verträglichkeit und zu möglichen Nebenwirkungen. Ihre Aufgabe wäre jetzt, eine Abschätzung dieser Kosten zu geben. Sie haben keine Erfahrung mit der Pharmabranche und äußern dies. Sie können an dieser Stelle versuchen, die Berechnung anhand von Allgemeinwissen oder den Informationen, die sie mal auf Beipackzetteln gelesen haben, durchzuführen. Dies könnte sich jedoch schwierig gestalten.

Also fragt Sie der Interviewer: »Wenn Sie es nicht wissen, was würden Sie tun, um es herauszufinden?«

Zwischenfrage 4: Überlegen Sie sich Ansatzpunkte, um die Frage des Interviewers zu beantworten.

Ihr Ansatz:

Diese Frage zieht auf Ihre Kreativität ab und ob Sie schnell und pragmatisch Informationen herausfinden können. Sie strukturieren Ihre Ideen in primäre und sekundäre Recherche. Zu Letzterer zählt z.B. Ihre eigene Recherche in Branchenberichten aus Fachzeitschriften, Branchenverbänden und eigene Internetrecherche. Als eine andere Möglichkeit führen Sie Primär-Recherchen durch Expertenbefragungen und eigens durchgeführte Studien an.

Der Interviewer fordert Sie auf, die Kosten für eine signifikante Studie mit Probanden, die das Medikament probeweise einnehmen, durchzurechnen.

Zwischenfrage 5: Welche Informationen benötigen Sie, um die Kosten einer solchen Studie abschätzen zu können? Sammeln Sie die Informationen, die Sie brauchen. Im folgenden Text gibt Ihnen der Interviewer eine Reihe an Daten an die Hand.

Ihr Ansatz:

Auf Ihre Rückfragen gibt Ihnen der Interviewer folgende Angaben:

- Die Studie läuft über einen Zeitraum von drei Monaten, in der das Medikament zweimal täglich von 1.000 Probanden eingenommen wird.
- Die Selbstkosten einer Tablette sind 0,20 Euro.

- Jeder Proband wird wöchentlich eine Stunde von den Forschern untersucht.
- Ein Forscher kostet 8.000 Euro im Monat.
- Der Betrieb der Labore kostet 500.000 Euro monatlich.
- Die Probanden werden mit 1.000 Euro pro Person vergütet.

Zwischenfrage 6: Zur Übung: Berechnen Sie mit diesen Angaben die Kosten der Studie. Die Lösung folgt im Text.

Ihre Lösung:

- Kosten der Tabletten: Kosten pro Tablette 0,20 Euro x 1.000 Personen x 2 Tage x 90 Tage = 36.000 Euro
- Regelmäßige Untersuchungen durch hochqualifizierte Wissenschaftler
  - pro Proband eine Untersuchung von 1 Stunde pro Woche = 1.000 h pro Woche
  - Wochenarbeitszeit der Forscher von 40 h: 1.000 h / 40 h = 25 Forscher
  - Personalkosten von 8.000 Euro pro Monat: 25 Forscher x 8.000 Euro x 3 Monate = 600.000 Euro
- Kosten für den Betrieb der Labore von monatlich 500.000 Euro: 1.500.000 Euro
- Auswahl und Entlohnung der Probanden für die Teilnahme an der Studie: 1.000 Probanden x 1.000 Euro = 1.000.000 Euro

Sie fassen alle Kostenpunkte zusammen und kommen auf eine Gesamtsumme von 3.136.000 Euro für eine dreimonatige Studie.

Da der Interviewer an dieser Beispielrechnung erstmal Ihre quantitativen Fähigkeiten testen konnte, gibt er Ihnen die weiteren Kostenpunkte an. In Summe kommen Sie auf eine Investition über den Zulassungszeitraum von fünf Jahren in Höhe von 60 Mio. Euro. Sie können also mit der Umsatzseite fortfahren.

Umsatzschätzung

Für die Berechnung des Umsatzes bietet es sich an, dass Sie zur Strukturierung zunächst das folgende Schema skizzieren und die verschiedenen Komponenten mit Hilfe der Informationen, die Sie vom Interviewer erhalten, bearbeiten.

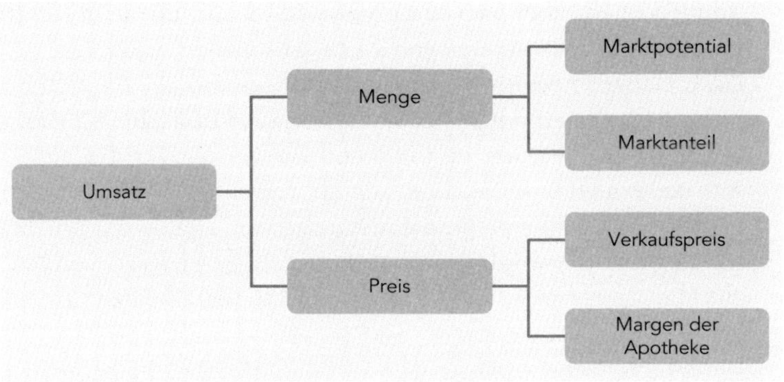

Menge

Zwischenfrage 7: Market Sizing: Berechnen Sie basierend auf Ihren Annahmen, wie viele Tabletten jährlich abgesetzt werden können. Lesen Sie dann die Musterlösung im folgenden Text.

Ihr Ansatz:

- Für die potenzielle Absatzmenge ist es entscheidend, bei wie vielen Menschen in Deutschland Depressionen diagnostiziert werden (in diesem Sinne das Marktpotenzial) und welchen Marktanteil bzw. welche Kaufmenge mit welcher Frequenz über welche Laufzeit Sie erwarten.
- Sie kennen keine exakten Werte zur Häufigkeit der Krankheit. Es wäre jedoch eine Möglichkeit sich zu fragen, wie viele Menschen aus Ihrem Umfeld an Depressionen leiden und dies hochzurechnen. Wenn z.B. Ihre Stichprobe Ihre Kommilitonen sind, könnte man von 100 Personen ausgehen, die man kennt und davon drei, die depressiv sind. Da viele nicht darüber sprechen, werden 3 % etwas gering sein und rechnen mit einem Anteil von 5 % weiter.
- Sie ermitteln ausgehend von 80 Mio. Einwohner in Deutschland, von denen 5 % der Bevölkerung an Depressionen leiden, ein Marktpotenzial von 4 Mio. Patienten.
- Sie haben noch keine Informationen zu dem erwarteten Markt-anteil, wissen allerdings, dass die Unternehmenskonzentration im Pharmamarkt sehr stark ist, da es nur wenige große Firmen gibt. Der Interviewer bestätigt, dass auch der Wettbewerb um

Übungscases

Antidepressiva hoch ist. Somit nehmen Sie an, mit dem neuen Produkt einen Marktanteil von 5 - 10 % erreichen zu können.

- Die erwartete Anzahl Ihrer »Kunden« liegt also bei 200.000 bis 400.000 Personen (80 Mio. x 5 % x 5 % = 200.000 bzw. 80 Mio. x 5 % x 10 % = 400.000).
- Aus der Produktspezifikation, die Sie vom Interviewer erhalten, geht hervor, dass eine Einnahmemenge von 2 Tabletten pro Tag die Regel ist. Dies ergibt einen jährlichen Tablettenabsatz von 146 - 292 Mio. Tabletten. (2 x 365 x 200.000 = 146.000.000 bzw. 2 x 365 x 400.000 = 292.000.000).
- Der Interviewer stimmt zu, dass Sie der Einfachhalt halber im Folgenden mit jährlich 200 Mio. Tabletten weiter rechnen.

Preis

Für die Preiskomponente wäre es von Vorteil den Marktpreis zu kennen. Allerdings ist in der Pharmabranche der Preisbildungsprozess in der Regel komplexer als bei einem Konsumgut, bei dem sich der Preis über die Nachfrage des Konsumenten bildet.

Eine interessante Frage die Sie hier stellen könnten wäre, ob es sich bei dem Medikament um ein verschreibungspflichtiges oder ein freiverkäufliches Mittel, auch Over-the-counter (OTC) genannt, handelt. Ein OTC würde eher in die Richtung des klassischen Preisbildungsprozess gehen. Die Frage bezüglich OTC oder Verschreibungspflicht gibt der Interviewer an Sie, mit der Bitte eine realistische Annahme darüber zu treffen, zurück. Sie erläutern, dass es höchstwahrscheinlich aufgrund der Besonderheiten der Krankheit, also der Möglichkeit von Abhängigkeit oder Missbrauch, wohl eher nicht als ein OTC-Produkt vertrieben wird.

Hier beginnt ein sehr interessanter Teil, in dem wieder der Bogen zu den anfänglichen Überlegungen bezüglich der Marktbesonderheiten im Gesundheitsmarkt geschlagen werden kann. Da Sie entschieden haben, das Produkt als verschreibungspflichtig auf den Markt zu bringen, spielt die Aussage, dass der Markt reguliert ist, eine große Rolle. Es wird nicht erwartet, dass Sie über das entsprechende Wissen verfügen, jedoch anhand von strukturierten Fragen die Kennzeichen des Gesundheitssystems gemeinsam mit dem Interviewer entwickeln können. So sind verschiedene Stakeholder relevant, die die Produkteinführung und Kaufentscheidung beeinflussen. Es bietet sich an, die Prozesse und Wirkungsrichtungen visuell darzustellen. Zu nennen wären u.a. der Patient, Ärzte oder Apotheker, die Krankenkassen und das Wettbewerbsumfeld.

Marktbesonderheiten

Jeder Markt hat seine Besonderheiten, die häufig die spannenden Knackpunkte eines Consulting Cases ausmachen. Trainieren Sie diese Markteigenheiten mit den Cases in diesem Buch – und überlegen Sie, welche es noch gibt.

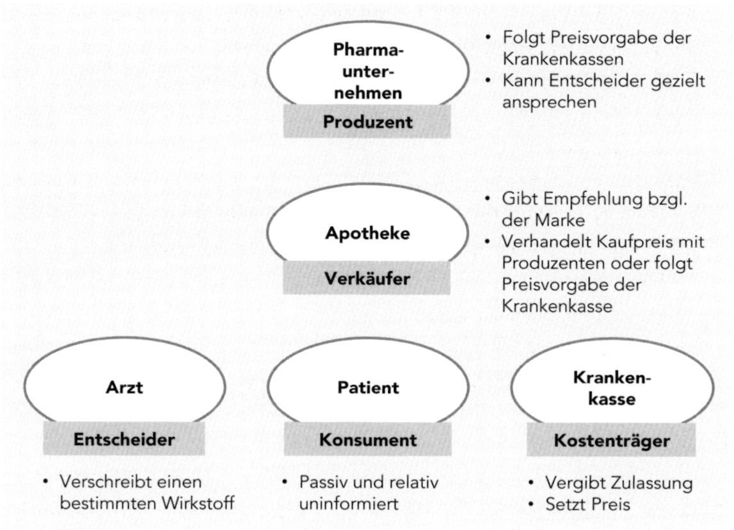

Nun wäre es sinnvoll herauszufinden, welcher der involvierten Player Verhandlungsmacht besitzt. Der Arzt hat mit den Kosten des Produktes wenig zu tun, er verschreibt lediglich den Wirkstoff und die Dosierung des Antidepressivums. Der Patient ist zwar der Konsument, er folgt in der Regel jedoch der Verschreibung des Arztes und hat neben der gesetzlich vorgeschriebenen Zuzahlung keine Kosten. Somit sollten Sie sich im Folgenden auf unseren Kunden, die Apotheke und die Krankenkasse konzentrieren. Der Interviewer gibt Ihnen die Information, dass die Apotheke den Abgabepreis an den Patienten vorgeschrieben bekommt, der von den Krankenkassen übernommen wird und lediglich mit dem Pharmaunternehmen im Rahmen von Rabattverträgen Verhandlungsspielraum hat. Somit ist für Sie klar, dass die Preissetzung zwischen Pharmaunternehmen und Krankenkassen erfolgt.

Sie fragen sich, wann es für die Krankenkasse einen Grund gibt, ein neues Produkt zuzulassen. Sie sehen dafür zwei Möglichkeiten, einerseits, dass ein Medikament eine neue oder verbesserte Wirksamkeit aufweist oder andererseits, dass Kosten gespart werden können. Entsprechend der Fragestellung liegt Letzteres vor. Das bedeutet, dass unser Kunde einen günstigeren Preis anbieten muss. Der Interviewer gibt Ihnen an, dass ein vergleichbares Antidepressivum von den Apotheken für 62 Euro pro 100er Packung abgegeben wird. Also wählen Sie einen Preis, der unter diesem liegt und beginnen Ihre Rechnung mit einem Apothekenpreis von 60 Euro.

Nun benötigen Sie die Marge der Apotheken. Wenn diese Ihnen nicht bekannt ist, könnten die Margen anderer spezialisierter Handelsunternehmen als Vergleich hinzuziehen. Sie schätzen die Marge der Apotheken auf 25 %.

- Für Ihren Kunden bleiben somit pro Tablettenpackung 60 Euro – 25 % x 60 Euro = 45 Euro
- Dies entspricht einem Gesamtumsatz von jährlich 45 Euro / 100 Tabletten x 200 Mio. = 90 Mio. Euro

Kosten

Nun benötigen Sie noch die anfallenden Stückkosten der Tabletten. Diese kennen Sie schon aus der Kostenschätzung der Studie.

- Diese liegen pro 100er Packung bei 20 Euro: 20 Euro / 100 x 200 Mio. = 40 Mio. Euro

Die Kosten der Distribution und Vermarktung und sonstigen operativen Kosten gibt Ihnen der Interviewer aus interner Quelle mit ca. einem Drittel des Nettoumsatzes an. Dies entspricht jährlich 30 Mio. Euro.

Jährliche Zahlungsüberschüsse

Sie fassen Erlöse von 90 Mio. Euro und die Kosten von 70 Mio. Euro zu den jährlichen Zahlungsüberschüssen zusammen und kommen auf einen Wert von 20 Mio. Euro.

Investitionsrechnung

Liegen die Abschätzungen für die einzelnen Komponenten vor, würden Sie die Investitionsrechnung durchführen. Es ist zu empfehlen, dass Sie an dieser Stelle den Zeitstrahl aufzeichnen und versuchen, die einzelnen Rechenschritte im Kopf und für den Interviewer nachvollziehbar ausrechnen. Zu klären ist noch der Betrachtungszeitraum der Investition. Sie denken an die Patentvergabe, über die Sie anfangs gesprochen hatten. Für Medikamente liegt die Laufzeit eines Patents in der Regel bei 20 Jahren. Der Interviewer weist Sie jedoch darauf hin, dass der Wirkstoff schon vor fünf Jahren angemeldet wurde. Da sie noch weitere fünf Jahre für Tests einplanen, nehmen Sie für die Investition zehn Jahre an. Der Diskontfaktor ist 10 %.

Zwischenfrage 8: Berechnen Sie mit den angegebenen und berechneten Daten den NPV. Benutzen Sie zur Übung keinen Taschenrechner. Die Lösung folgt im Text.

Ihr Ansatz:

Ihr Ergebnis:

Die NPV-Formel:

$$NPV = -I_0 + \frac{I_1}{(1+r)} + \frac{I_2}{(1+r)^2} + \frac{I_3}{(1+r)^3} + \dots\dots\dots + \frac{I_n}{(1+r)^n}$$

Berechnung:
$Co = -60$ Mio. Euro + 20 Mio. Euro x $((1{,}1)^{10}-1)$ / $(1{,}1^{10}$ x 0,1)
≈ -60 Mio. Euro + 20 Mio. Euro x 1,6 / 0,26
≈ -60 Mio. Euro + 20 Mio. Euro x 1,5 x 4
= -60 Mio. Euro + 20 Mio. Euro x 6
= -60 Mio. Euro + 120 Mio. Euro
= 60 Mio. Euro > 0

Der Nettobarwert ist also 60 Mio. Euro.

Potenzen

Die Potenz auszurechnen, stellt natürlich eine Herausforderung ans Kopfrechnen. Sie können sich aber immer die Zeit nehmen, schwierige Rechnungen stückweise aufzuspalten, z.B.:
$1{,}1^2 = 1{,}21$
$1{,}1^4 = 1{,}21^2 \approx 1{,}46$
$1{,}1^8 = 1{,}46^2 \approx 2{,}2$
$1{,}1^{10} = 2{,}2 \times 1{,}1^2 \approx 2{,}6$

Strategieempfehlung
Sie empfehlen, das Produkt einzuführen, da Sie einen deutlich positiven Net Present Value errechnet haben. Wichtig hierbei ist allerdings, die Ergebnisse mit einem Stück Intuition auf Plausibilität zu überprüfen. Einerseits gilt es, vor der konkreten Markteinführung die erwähnten Marktkräfte genauer zu untersuchen. Ein weiterer Punkt der zu klären wäre ist, ob es sich wirklich um eine Produktneueinführung handelt oder nicht vielleicht um eine Ersatzentscheidung. Aus der Fragestellung geht nämlich hervor, dass schon andere Antidepressiva zum Portfolio gehören. Sie führen weiter aus, dass dies davon abhängt, inwiefern das neue Produkt das bestehende Portfolio beeinflusst. Für den Fall, dass dies ein Unternehmen ist, dessen Umsätze sehr von einen »Blockbuster-Medikament« abhängig sind und dessen Patent in absehbarer Zeit ausläuft, würde es sich anbieten, ein neues viel versprechendes Medikament wirksam zu vermarkten und könnte die Rechnung so bestehen lassen. Denn nach Wegfall des Patentschutzes kann der Preis für das Alt-Produkt durch die Generika-Hersteller, die keine F&E Kosten decken müssen, so weit gesenkt werden, dass das Alt-Produkt nicht mehr profitabel ist.

Andererseits könnte auch ein Risiko der Kannibalisierung bestehen. Dieses würden Sie anhand eines NPV-Vergleichs bewerten. Dann müssten Sie ihre Zahlungsströme dahingehend modifizieren, dass der Stückkostenunterschied zwischen Alt- und Neu-Produkt allein die Kosten der Anfangsinvestition kompensieren müsste. Der Interviewer fragt Sie, wie hoch die Kosten des Alt-Produktes sein müssten, damit sich die Investition immer noch lohnt. Ausgehend von 60 Mio. Euro NPV müsste bei der Rückwärtsrechnung jährlich eine Ersparnis von 10 Mio. Euro zu erzielen sein. Da wir mit dem neuen Produkt bei gleicher Absatzmenge Kosten von 40 Mio. Euro haben, wäre das pro 100er Packung für 20 Euro ein Kostenunterschied von 5 Euro. Daraus folgen Sie, dass die Ersatzinvestition sich lohnen würde, wenn die Kosten des alten Produktes pro 100er Packung bei 25 Euro liegen würden.

Lösungen zu den Zwischenfragen

1: NPV-Berechnung für die Investitionsrechnung und Porter's Five Forces für die Marktanalyse. Beide werden in dem »Insider-Dossier: Bewerbung bei Unternehmensberatungen« dargestellt.

2: Antwort a) ist richtig.

3 - 8: Siehe Musterlösung im Text

Ergänzende Frage zum Training

- Am Anfang des Cases wurde kurz die Analyse der Marktattraktivität unter Zuhilfenahme von Porter's Five Forces erwähnt. Führen Sie diese Analyse zur Übung durch.

24. Kassenausfall im Weihnachtsgeschäft

Wir sind gerade dabei, ein Restrukturierungsprojekt für eine große deutsche Supermarktkette zu bearbeiten und noch eine wichtige Präsentation für den letzten Lenkungsausschuss vor der Weihnachtspause abzuliefern. Plötzlich kommt der Auftraggeber in den Teamraum und sagt: »Ich brauche eine schnelle Empfehlung von Ihnen: In unserer umsatzstärksten Supermarktfiliale ist soeben das Kassensystem ausgefallen. Was sollen wir tun? Der Laden muss offen bleiben!«

Zugegeben ein etwas ungewöhnlicher Case, bei dem es dem Interviewer vor allem darauf ankommt, Ihre Kreativität und Entscheidungsfreudigkeit sowie Ihren Pragmatismus unter die Lupe zu nehmen. Es bieten sich zwei Vorgehensweisen an: Entweder erfragen Sie vom Interviewer ein paar Kennzahlen (wie z.B. Umsatz pro Tag), um Ihre Lösungsvorschläge zwischendurch zu validieren und bewerten oder Sie entwickeln zunächst ein paar kreative Lösungsvorschläge, für die Sie dann eigene Bewertungskriterien aufstellen, um schließlich zu einer Empfehlung zu kommen.

Wie immer bietet sich auch hier an, die Fragestellung nochmals in eigene Worte zu fassen, um Missverständnisse auszuschließen. »In einem Supermarkt ist das Kassensystem ausgefallen. Gehe ich richtig in der Annahme, dass das Kernproblem darin besteht, dass die Preise der vom Kunden ausgewählten Artikel nicht automatisch von der Kasse erfasst werden, nicht an der Kasse verfügbar sind und demnach auch nicht der vom Kunden zu zahlende Gesamtpreis ermittelt wird?« Der Interviewer nickt. »Es geht also darum, die bestmögliche Lösung aus der Sicht des Betreibers des Supermarktes zu finden unter der Prämisse, dass die Filiale nicht geschlossen werden soll. Daher werde ich nun Lösungsvorschläge darstellen, wie mit der Situation umgegangen werden könnte, sie anschließend bewerten und dem Kunden eine Empfehlung aussprechen.«

In diesem Fall gibt Ihnen der Interviewer klar zu verstehen, dass er Ihnen vorerst keine weiteren Informationen geben wird: »Stellen Sie sich vor, der Kunde ist stark unter Druck, hochgradig nervös und nicht bereit, Ihre Fragen zu beantworten.«

Zwischenfrage 1: Machen Sie sich kurz Gedanken. Bevor Sie konkrete Lösungsvorschläge brainstormen, stellen Sie eine Struktur zur Herangehensweise an diese Problemstellung auf. Notieren Sie die Hauptpunkte Ihrer Struktur und lesen Sie dann weiter.

Ihr Ansatz:

Zur Lösung dieses kreativen Falles reicht eine simple Struktur aus. Diese könnte darin bestehen, dass Sie vorab festlegen, wie Sie die Ideen darstellen werden und mit Hilfe welcher Bewertungskriterien Sie gedenken, zu einer Empfehlung zu kommen. Denken Sie aber daran: Der Interviewer hat in der Aufgabenstellung deutlich gemacht, dass die Zeit drängt. Eine pragmatische Vorgehensweise ist sicherlich die beste. Sie fangen an: »Ich werde verschiedene Ideen vorstellen. Dabei nenne ich zunächst Argumente, die für die Idee sprechen, dann Argumente dagegen. Zu den Bewertungskriterien: Es handelt sich um die umsatzstärkste Filiale und das kurz vor Weihnachten. Das wichtigste Bewertungskriterium ist in jedem Fall Umsatz, der trotz des Ausfalls gemacht werden kann. Als nächstes Gewinnspanne und schließlich »Einfachheit bzw. Schnelligkeit der Umsetzung«.

Stellen Sie eine Struktur auf. So signalisieren Sie von Anfang an, dass Sie das Problem durchdrungen haben – auch wenn Sie zu diesem Zeitpunkt wahrscheinlich noch keine klare Meinung haben, welches die beste Lösung sein wird.

Zwischenfrage 2: Sammeln Sie einige mögliche Lösungsansätze. Sie sollten selber auf 3 - 5 Ansätze kommen.

Ihr Ansatz:

Zwischenfrage 3: Visualisierung: Machen Sie sich nun über Ihre Lösungsansätze mehr Detailgedanken. Überlegen Sie sich, wie Sie die Bewertung Ihrer Vorschläge effizient und klar kommunizieren können. Erstellen Sie ein Übersichtsbild, das dem Kunden einen guten Überblick bietet. Notieren Sie die Vor- und Nachteile Ihrer Ansätze und bewerten Sie sie kurz anhand der bereits definierten Kriterien Umsatz – Gewinnspanne und Einfachheit / Schnelligkeit. Zeichnen Sie hier Ihre Präsentationsfolie ein:

Ihre Grafik:

Lösungsvorschlag Nummer Eins: Einheitspreis

Beschreibung der Idee: Festsetzen eines Einheitspreis, d.h. jeder Artikel kostet X Euro.

Pro:

- Sehr leicht kommunizierbar; leicht verständlich für den Kunden
- Sehr einfache Abwicklung an der Kasse (zu zahlende Summe leicht errechenbar auch ohne Kassensystem). Einfachste Abwicklung bei Höhe des Preises 1 Euro

Contra:

- Schwierigkeit bei der Festsetzung des Einheitspreises: Gerade im Weihnachtgeschäft ist anzunehmen, dass Kunden teurere Artikel (z.B. Wein, Champagner, Frischfleisch) kaufen. Kunden könnten sich optimieren, indem Sie lediglich die teuren Artikel in diesem Supermarkt zu einem niedrigen Einheitspreis kaufen und andere Artikel, bei denen der Kunde durch den festgelegten Einheitspreis mehr als sonst zahlen würde (z.B. Reis, Salz) woanders besorgen. Der Kunde realisiert seine Konsumentenrente (d.h. kauft nur Artikel, bei denen er weniger bezahlt als er theoretisch bereit wäre zu zahlen).
- Da Umsatz zudem natürlich auch noch die Funktion Preis pro Artikel mal Anzahl Artikel ist, stellt sich hier die Frage, bei welchem Preis der Gesamtumsatz am höchsten ist. In umgekehrter Betrachtungsweise spricht man hier von der Preiselastizität, die angibt, wie Kunden ihre gekaufte Menge anpassen je nach Höhe des Preises.

Detaillierte Analysen und Berechnungen würden diesen Ansatz weniger riskant machen:

- Durchschnittlicher Umsatz pro Kunde und durchschnittliche Anzahl Artikel pro Kunde oder durchschnittlicher Preis
- Durchschnittlicher Einkaufspreis pro Artikel oder durchschnittliche Kosten pro Artikel
- Durchschnittliche Gewinnspanne pro Artikel
- Weitere qualitative Informationen: Nutzen Kunden diese Filiale eher als »One-Stop-Shop« oder nur für einige Spezialitätenartikel?

> Es ist möglich, dass der Interviewer solche Informationen bereit stellt, so dass Sie dann tiefer in diese Idee einsteigen oder z.B. die Frage der Preiselastizität genauer beleuchten können. Im hier dargestellten Fall lässt Sie der Interviewer direkt zur nächsten Idee weiterziehen. Dadurch, dass Sie jedoch die zusätzlich erforderlichen Informationen angesprochen haben, zeigen Sie, dass Sie eine klare Vorstellung davon haben, wie Sie eine rechnerische Bewertung dieser Idee vornehmen würden.

Bewertung: Bei treffsicherem Setzen des Einheitspreises hat dieser Vorschlag das Potenzial, einen beträchtlichen Teil des »Normal«-Umsatzes zu ermöglichen. Allerdings wiegen die Risiken des

Einheitspreises schwer – besonders wenn keine Daten vorliegen bzw. keine Zeit für die Datenanalyse gegeben ist. Das Gleiche gilt auch für die Gewinnspanne. Die hohe Einfachheit der Umsetzung und Kommunizierbarkeit dem Kunden gegenüber wiegen diese Risiken nicht auf.

Varianten von Lösung Nummer Eins:
a) Verschiedene Einheitspreise je nach Produktgruppe
b) »Ausverkauf« nach Einheitspreisen beginnend mit einem hohen Einheitspreis, der dann jede Stunde um einen Euro gesenkt wird. Kunden würden dann jeweils die Artikel kaufen, von denen sie überzeugt sind, dass der jeweils stündlich gültige Einheitspreis ein fairer, wenn nicht sogar günstiger Preis ist. Würden die Regale während des Tages nicht aufgefüllt, könnte man über diese Variante verhindern, dass die Konsumentenrente mit sinkendem Einheitspreis immer größer wird bzw. der Einheitspreis weit unter den Kosten der teureren Artikel läge (unter der Annahme, dass diese Artikel bereits zum höheren Einheitspreis ausverkauft worden sind).

Lösungsvorschlag Nummer Zwei: Kunden durch Vorteile zur Mitarbeit animieren
Beschreibung der Idee: Der Kunde wird darum gebeten, während seines Einkaufs den Wert seines Warenkorbs zu errechnen. Damit er dies tut (schließlich wird ihm dies in anderen Supermärkten nicht zugemutet), muss ihm ein Anreiz geboten werden. Da man zudem nicht uneingeschränkt von der Ehrlichkeit aller Kunden ausgehen kann, muss es einen Kontrollmechanismus an der Kasse geben. Eine mögliche Variante könnte so aussehen: An der Kasse wird stichprobenartig genau kontrolliert. Liegt der vom Kunden angegebene Wert im Toleranzbereich +/- 20 %, zahlt er nur die Hälfte für seinen Einkauf. Hat er den korrekten Preis (z.B. innerhalb einer Toleranzspanne von 5 %) genannt, bekommt er seinen kompletten Einkauf geschenkt.

Pro:
- Verlagert das Problem »Kassenausfall« zum Teil zum Kunden und ermöglicht relativ schnelle Kaufabwicklung an der Kasse
- Der Kontrollmechanismus kann gleichzeitig zur Belohnung des Kunden führen
- Kein Preisrisiko
- Angegebener und schließlich realisierter Umsatzwert dürfte relativ nahe an eigentlichem Umsatzwert liegen

Contra
- Aufwendigere Erklärung dem Kunden gegenüber notwendig als bei Idee 1

- Negative »Bloßstellung« des Kunden bei Rechenfehlern ist ein Risiko und muss vermieden werden
- Aufwendige Umsetzung, da Preisinformationen nicht leicht zugängig an der Kasse verfügbar sind

Bewertung: Trotz der Belohnung der Kunden für ihre Mitarbeit lässt sich der mögliche Umsatzausfall drastisch reduzieren. Die festgeschriebenen Preise der Artikel werden berücksichtigt, so dass das Gewinnspannenrisiko ebenfalls reduziert wird (mit Ausnahme der »Belohnungen«, deren Anzahl aber kontrolliert werden kann).

Lösungsvorschlag Nummer Drei: Jetzt aussuchen, bei Lieferung später zahlen

Beschreibung der Idee: Kunde liefert seinen gewünschten Warenkorb an der Kasse ab und erhält das Versprechen, dass seine Einkäufe kostenlos nach Hause geliefert werden. Bis zur Auslieferung der Ware kann der Warenwert manuell errechnet werden, allerdings muss dann eine Lösung gefunden werden, wie der Kunde bei Auslieferung der Ware zahlen kann.

Pro:
- Mehrwert für den Kunden, steigert möglicherweise die Kundenzufriedenheit
- Theoretisch gute Möglichkeit, um tatsächliche Preise des Einkaufs zu realisieren
- Sehr leicht zu kommunizieren und zu erklären

Contra
- Falls keine Home-Delivery-Logistik besteht und verfügbar ist, wird die Organisation des Auslieferns sowohl extrem aufwendig als auch kostspielig. Schnelligkeit spielt bei Lebensmitteleinkäufen eine große Rolle. Schwierigkeiten verursacht auch die erforderliche Kühlung von frischen Artikeln (eine mögliche Variante wäre, für die Kühlwaren wieder einen geringen Einheitspreis zu verlangen und sie den Kunden gleich mitzugeben)
- Manuelles Errechnen des Warenwertes sehr personal- und zeitaufwendig
- Zahlungseingang verzögert mit Ausfallrisiko

Informationen, die zudem erforderlich wären:
Besteht ein Lieferservice (mit Bezahlsystem? Mit Kühlwägen?)

Bewertung: Umsatzmäßig sicherlich die solideste Idee. Da die zu erwartenden hohen Kosten der Auslieferung stark auf die Marge drücken sowie die Auslieferung logistisch höchst anspruchsvoll würde, ist diese Idee dennoch die am wenigsten realisierbare.

Gut ist natürlich, wenn Sie zusätzliche Kriterien verwenden, die nicht nur die Maximierung der Umsätze bewerten, sondern auch andere Faktoren wie z.B. Kundenzufriedenheit. Für die schnell erforderliche Entscheidung müssen diese nicht vorrangig in die Bewertung einfließen. Da es jedoch am Ende des Cases darum geht, den Kunden von der Idee zu überzeugen, können solche weiteren Argumente nützlich sein.

Führen Sie den Case nun in jedem Fall ordentlich zu Ende. Ausgehend von Ihren Bewertungen der Ideen - die Sie am besten für die favorisierte Idee noch einmal kurz rekapitulieren - sprechen Sie Ihre Empfehlung aus. In diesem Fall wird der Bewerber also die zweite Idee empfehlen und dem Kunden der Unternehmensberatung die Entscheidung sowie natürlich die Argumente mitteilen. Da der Interviewer den Case so gestellt hat, macht es einen guten Eindruck, wenn Sie auch mit einem fiktiven »Kundengespräch« enden.

Insider-Tipp

Case-Autorin Tanja Reineke: »Dieser Case ist mir einmal gestellt worden und ich habe ihn dann gerne selbst verwendet, wenn ein Kandidat in vorhergehenden Interviews quantitative Cases bereits gut gemeistert hatte. Hier lässt sich nämlich wirklich gut die Problemlösungsorientierung eines Kandidaten feststellen sowie der Mut, auch ungewöhnlichere Lösungsansätze zu durchdenken.«

Lösungen zu den Zwischenfragen

1 - 2: Siehe Musterlösung im Text

3: Hier ein Beispiel zur Visualisierung der Ergebnisse:

Ansatz	Pro	Con	Bewertung			
			Umsatz	Gewinn	Schnelligkeit	Einfachkeit
1. Einheitspreis	… …	… …	+	- -	++	++
2. …	… …	… …	- -	0	+	+
3. …	… …	… …	+	0	++	++

Berater schätzen die Fähigkeit, komplexe Sachverhalte in eine einfache Übersicht zu bringen.

Ergänzende Fragen zum Training

- Welchen Umsatz macht ein Supermarkt mit 2.000 qm Verkaufsfläche an einem durchschnittlichen Tag in der Vorweihnachtszeit?
- Ein Supermarkt mit einer Verkaufsfläche von 1.500 qm macht einen Jahresumsatz von 5 Mio. Euro. Die Verkaufsfläche wird um 3.000

qm erweitert und neue Produkte gelistet. Durch weitere Optimierungsmaßnahmen kann der Umsatz pro Einkauf zusätzlich um 10 % gesteigert werden. Wie hoch ist der zu erwartende neue Umsatz?

25. Videotaxi Frankfurt

Stellen Sie sich vor, Sie befinden sich im Auftrag unserer Beratung auf dem Weg von Hamburg nach München im Flugzeug und unterhalten sich auf dem Flug mit Ihrem Sitznachbarn über aktuelle Kinofilme. Nach kurzer Zeit kommen Sie so auf die vorherrschenden Trends im Filmgeschäft, wie z.B. »Video-on-Demand« und Pay-TV, sowie auf das inzwischen weit verbreitete »Videothekensterben« zu sprechen. Daraufhin berichtet Ihnen Ihr Gesprächspartner von einem Geschäftskonzept für eine »Videothek der Zukunft«, mit der er den Risiken aus besagten Trends trotzen will. Das Konzept sieht die Eröffnung einer Videothek in Frankfurt am Main vor, welche neben dem Standardangebot von DVD, Videos und Games im Laden, einen Zusatzdienst bieten soll. Dieser beinhaltet die kostenlose Lieferung der Waren zu den Hauptzeiten am Abend direkt zu den Kunden nach Hause. Geben Sie eine Empfehlung bezüglich der Umsatzerwartung und Rentabilität, sowie möglichen zusätzlichen Einnahmequellen an Ihren Gesprächspartner ab.

Bei dieser Fallstudie ist Ihr unternehmerisches Denken gefragt. Ihre Überlegungen treffen Sie hierbei beispielhaft für eine Filiale und nur auf den Lieferdienst beschränkt.

Auch hier gilt es durch Annahmen auf plausible Ergebnisse für Umsatz und Rentabilität zu kommen.

Für die Lösung dieses Falls gibt es verschiedene Herangehensweisen. Grundlegende Annahmen für das gesamte weitere Vorgehen sind jedoch, dass die Kunden immer zu der nächstgelegenen Videothek gehen werden und ausgeliehene oder gelieferte Stücke immer nur für einen Tag behalten.

Schritt 1: Schätzung des potenziellen Kundenstamms

Insider-Tipp

Case-Autor Ralph Razisberger: »Man könnte auch von der Kostenseite her kommen. Es gibt, wie erwähnt viele Herangehensweisen für diesen Case. Aber häufig kam es vor, dass Bewerber mit einer rein qualitativen Argumentation versuchten, sich zu einer Empfehlung »zu retten«. Das führte niemals zu einem sinnvollen Abschluss des Cases. Gehen Sie davon aus, dass in 90 % der Cases Zahlen eine Rolle spielen, um Ihre Argumente zu untermauern.«

Im ersten Schritt sollte zunächst einmal ermittelt werden, welches Potenzial für einen Lieferdienst gegeben ist. Geht man davon aus, dass Frankfurt am Main ungefähr 675.000 Einwohner hat, muss nun die Größe des Kundenkreises geschätzt werden.

Zwischenfrage 1: Welchen Lösungsweg, um die Zahl potenzieller Kunden in Erfahrung zu bringen, wird Ihr Interviewer vermutlich am besten bewerten?

- ☐ a) Ich teile die Gesamteinwohnerzahl durch eine geschätzte Zahl von 125 Videotheken.
- ☐ b) Ich schätze die Einwohnerzahl eines Stadtteils bzw. die Bevölkerungsdichte pro km² sowie die Anzahl der Videotheken in dem Stadtteil und errechne, wie viel km² pro Videothek mit wie vielen Kunden verbleiben.
- ☐ c) Ich nenne einen Erfahrungswert für die Zahl der Videotheken meiner Heimatstadt, durch den ich die Einwohnerzahl dividiere. Diesen Wert von x Einwohnern pro Videothek übertrage ich auf Frankfurt.
- ☐ d) Ich frage meinen Interviewer nach der Zahl der potenziellen Kunden pro Videothek.

In dieser Fallstudie ist es wichtig, dass Sie den Umkreis in km² kennen bzw. plausibel abschätzen können, da Sie zwischen potenziellen Kunden mit und ohne Lieferservice unterscheiden wollen.

Ihr Gesprächspartner teilt Ihnen mit, dass die Videothek in einem zentralen Stadtteil mit ungefähr 60.000 Menschen lokalisiert ist, in dem im Schnitt 2.000 Menschen auf einem Quadratkilometer wohnen. Insgesamt ergibt dies somit eine Fläche des Stadtteils von circa 30 km^2. Außerdem teilt er Ihnen mit, dass im direkten Einzugsgebiet (ohne Lieferservice) keine weiteren Videotheken angesiedelt sind.

Zwischenfrage 2: Finden Sie einen Weg, das Einzugsgebiet der Videothek mit und ohne Lieferservice und die resultierende potenzielle Kundenzahl mit diesen Daten und Ihren weiteren Annahmen zu berechnen.

Ihr Ansatz:

Übungscases

Um nun das Einzugsgebiet der geplanten Videothek zu schätzen, können Sie sich überlegen, dass ein durchschnittlicher Videothekenkunde heutzutage nicht weiter als 1 km zurücklegen wird, um zur Videothek zu gelangen. Wenn man sich nun das Einzugsgebiet als einen Kreis um die Videothek mit einem Radius von 1 km vorstellt, ergibt sich die Fläche über die Formel π x r^2 (mit einem geschätzten Wert für Pi von 3) zu 3 km^2. Dies ist das Gebiet, welches die Videothek ohne den Lieferservice abdecken kann. Das würde einem Kundenkreis von 6.000 Menschen entsprechen. Davon verfügen etwa 50 %

über das entsprechende Einkommen und sind im Alter zwischen 14 und 49 und interessieren sich für den Verleih von Videos und DVDs, was sie als potenzielle Kunden für den Dienst der Videothek qualifiziert. Das wären in diesem Fall 3.000 Menschen.

Wenn Sie nun abschätzen, dass bei Einführung des Lieferservices, die Anwohner im Umkreis von etwa 3 km hauptsächlich den Service nutzen würden, ergibt sich das erweiterte Einzugsgebiet analog zur obigen Rechnung mit 27 km^2 (3^2 x 3 = 27). Der gesamte potenzielle Kundenstamm wäre dann also 54.000 Menschen, von denen sich wieder 50 %, also 27.000 Menschen für den Lieferdienst interessieren. Berücksichtigt man, dass von diesen ungefähr 2/3 Stammkunden bei anderen Videotheken sind sowie die 3.000 potenziellen Kunden die im direkten Einzugsgebiet leben, können durch den Lieferservice also 6.000 potenzielle Neukunden erreicht werden (27.000 x 1/3 = 9.000; 9.000 – 3.000 = 6.000).

Manchmal können Sie im Interview relativ einfache Annahmen treffen – so wie hier. Oft müssen Sie diese jedoch detailliert herleiten.

Schritt 2: Das Tagesgeschäft sowie Rahmenbedingungen des Lieferservice

Nachdem nun der potenzielle Kundenstamm einer Videothek mit Lieferservice ermittelt wurde, beschäftigen wir uns zunächst mit dem Betrieb und der Nachfrage des normalen Tagesgeschäfts ohne die Lieferungen.

Basisdaten und wichtige Formeln für Größenabschätzungen haben wir in dem »Insider-Dossier: Bewerbung bei Unternehmensberatungen« für Sie zusammengefasst.

Zwischenfrage 3: Erstellen Sie Ihre eigene Abschätzung der Kundenzahl der Videothek pro Stunde mit und ohne Lieferservice. Hiervon ausgehend können Sie berechnen, wie viel zusätzliches Personal die Videothek für Fahrer benötigt.

Ihr Ansatz:

Wenn Sie annehmen, dass die 3.000 Menschen im direkten Einzugsgebiet jeweils einmal alle 2 Wochen (also zweimal im Monat) zur Videothek gehen und etwas ausleihen, so ergeben sich 6.000 Kundenbesuche im Monat. Um nun die durchschnittliche Kundenzahl pro Woche berechnen zu können, müssen Sie die Öffnungszeiten der Videothek erfragen. Diese sind, wie Ihnen Ihr Interviewer mitteilt, von 10 bis 23 Uhr, sieben Tage die Woche. Somit ergibt sich eine durchschnittliche Kundenzahl pro Stunde von 15 (30 Tage im Monat x 13 Stunden Öffnungszeit = 390 Stunden im Monat; 6.000 Kunden / 390 Stunden = ca. 15 Kunden pro Stunde). Da sich die Kunden jedoch nicht homogen auf die Öffnungszeiten verteilen werden, können Sie für die Stoßzeiten in den Abendstunden und am Wochenende von ungefähr dem Doppelten, also 30 Stunden pro Stunde ausgehen (in den restlichen Zeiten dementsprechend deutlich weniger). Wenn ein Kundenstamm von insgesamt 3.000 Menschen in der Stoßzeit zu 30 Kunden pro Stunde führt, würden die übrigen 6.000 Menschen im Einzugsgebiet des Lieferservice weitere 60 Kunden in der Stunde bringen, die den Lieferdienst beanspruchen.

Es ist aber nicht davon auszugehen, dass das Potential zu 100 % abgeschöpft wird, da auch unter diesen Menschen nicht alle den Service der Videothek nutzen wollen oder können. Nimmt man an, dass 50 % den Dienst in Anspruch nehmen, wären es also noch mal 30 Kunden während der Stoßzeit, die neu hinzukommen. Allerdings ist zu berücksichtigen, dass Kunden, die vorher direkt in die Videothek gekommen wären, aus Bequemlichkeit auf den Lieferdienst umsteigen. Dies ändert zwar an den Umsatzzahlen nichts, sollte aber bei der Kostenaufstellung berücksichtigt werden. Nimmt man an, dass schätzungsweise 20 % der Kunden, die zu der Hauptbetriebszeit in den Laden gekommen wären, die Vorteile des Lieferservices schätzen und von diesem Gebrauch machen, sind dies sechs zusätzliche Kunden in der Stunde, die beliefert werden müssen. Demnach müssen nun 36 anstatt 30 Kunden pro Stunde beliefert werden.

Wenn man pro Lieferung durchschnittlich 10 Minuten ansetzt, kann ein Fahrer in 60 Minuten im Schnitt sechs Kunden beliefern. Demnach müsste die Videothek sechs Fahrer beschäftigen, um der Nachfrage gerecht zu werden (36 / 6 = 6).

Schritt 3: Ermittlung der Kosten

Zwischenfrage 4: Wenn der Lieferservice in der Hauptzeit an zwei Stunden am Abend angeboten werden soll: Welche Personalkosten entstehen?

Ihr Ansatz:

Nachdem nun die grundsätzlichen Fakten und Rahmenbedingungen geklärt sind, fahren Sie mit der Ermittlung der Kosten fort. Bei dem Lieferdienst beinhalten diese hauptsächlich die zwei Positionen Personal und sämtliche Kosten in Verbindung mit den Lieferfahrzeugen.

Zunächst zu den Ausgaben für das Personal: Das übliche Gehalt eines Pizzalieferanten beträgt 6 Euro die Stunde (plus Trinkgeld), was Sie ohne Probleme auch auf diese Art der Lieferung übertragen können. Erfahrungsgemäß kommen in Deutschland für den Arbeitgeber rund 30 % des Lohns als Lohnnebenkosten hinzu. Das wären bei 6 Euro ein Betrag von 1,80 Euro, insgesamt also 7,80 Euro Lohnkosten.

Gerade haben wir ermittelt, dass die Videothek sechs Fahrer beschäftigen muss, damit keine zu langen Lieferzeiten entstehen und die Kunden möglichst schnell zufrieden gestellt werden. Das bedeutet pro Stunde der Lieferung 46,80 Euro an Gehältern. Die Artikel der Videothek werden allerdings nicht den ganzen Tag ausgeliefert, sondern beschränken sich auf lediglich zwei Stunden am Abend – da hier wie bereits erwähnt der regste Betrieb stattfindet und zu anderen Zeiten die Nachfrage zu gering ist. Das ergibt folglich einen Wert von 93,60 Euro pro Tag. In der Woche wird an sieben Tagen ausgeliefert, was zu Kosten von 655,20 Euro in der Woche und im Monat zu ca. 2.600 Euro führt.

Als nächstes sind die Kosten für die Autos und das Fahrtgeld zu bewerten. Da die finanziellen Mittel eingeschränkt sind, empfiehlt es sich für die Lieferung, eine Reihe kleinerer Gebrauchtwagen mit geringem Benzinverbrauch anzuschaffen, die mit eigener Werbung bedruckt werden können. Für einen Smart Gebrauchtwagen, der 80.000 km gelaufen ist und sich aufgrund der Größe und des Verbrauchs optimal für den Stadtverkehr eignet, müssen in etwa 3.000 Euro in der Anschaffung berücksichtigt werden. Insgesamt müssten sechs Stück zu Gesamtkosten von 18.000 Euro gekauft werden. Schreibt man die Fahrzeuge über drei Jahre linear ab, so kommt man auf einen monatlich zu zahlenden Betrag von 500 Euro.

Jetzt müssen die Ausgaben für die Lieferfahrten eingeschätzt werden. Der Smart verbraucht circa fünf Liter auf 100 Kilometer im Stadtverkehr und es ist davon auszugehen, dass man im Schnitt 50 km / h fährt. Jedes Auto verbraucht also bei zwei Stunden Lieferzeit und den 100 Kilometer Weg, die zurückgelegt wurden, in etwa 5 Liter Benzin pro Tag. Bei einem Benzinpreis von 1,40 Euro ergibt das pro Auto 7 Euro Kosten, für sechs Autos demnach 42 Euro. Auf den Monat hochgerechnet bei sieben Tagen Lieferung ergibt das rund 1.200 Euro (42 Euro x 7 Tage = 294 Euro, 294 Euro x 4 Wochen = 1.176 Euro – vereinfacht: 1.200 Euro). Zuletzt müssen noch die Unterhaltskosten für das Auto berücksichtigt werden. Die Steuern für einen Smart belaufen sich in etwa auf 100 Euro im Jahr, also auf ungefähr 8,30 Euro im Monat. Für die monatliche Versicherung ist ein Betrag von circa 40 Euro anzusetzen – natürlich ist dies sehr abhängig vom Fahrzeughalter. In etwa beträgt dann der monatliche Unterhalt 48 Euro. Für sechs Autos ergibt dies einen Wert von rund 290 Euro.

Damit müssen alle die Autos und das Personal betreffenden Kosten abgedeckt sein. Wenn man alle Positionen aufsummiert, ergibt das Gesamtkosten von 4.590 Euro.

Übersicht der Kosten:

- Personal:
  6 Euro Stundenlohn;
  1,80 Euro Lohnnebenkosten pro Gehalt;
  2 Stunden Lieferung von 18.30 bis 20.30 an 7 Tagen in der Woche;
  6 Fahrer
  = gerundet 2.600 Euro
- Auto und Fahrtkosten:
  6 Gebrauchtwagen à 3.000 Euro in der Anschaffung
  = 500 Euro / Monat
- Benzinkosten: 1.200 Euro / Monat
- Unterhaltskosten: 290 Euro / Monat
- Kosten gesamt: 4.590 Euro / Monat

Schritt 4: Bepreisung des Lieferservice

Zwischenfrage 5: Was sind die Kosten pro geliefertem Leihartikel, wenn der durchschnittliche Kunde 2 Artikel ausleiht?

Ihre Lösung:

Von diesen Gesamtkosten ausgehend kann auf Basis der ausgelieferten Artikel der Preis pro Stück kalkuliert werden. Um die Anzahl der gelieferten Artikel zu schätzen, geht man davon aus, dass die 36 Kunden, die pro Stunde beliefert werden im Schnitt je zwei Artikel ausleihen. Bei 4.032 gelieferten Artikeln im Monat (36 Kunden x 2 Stunden x 2 Artikel = 144 Artikel pro Tag, 7 Tage die Woche), ergibt das Lieferkosten von rund 1,15 Euro (genau: 1,14) pro verliehenem, ausgeliefertem Artikel. Diese Kosten geben schon Aufschluss über den Lieferpreis oder zusätzlich zu erwirtschaftenden Deckungsbeitrag, um keine Verluste mit dem Lieferservice zu machen.

Kommen wir nun zu den Einnahmen bei den bisherigen Preisen ohne Aufschlag für die Lieferungen. Hierzu müssen wir zunächst das Leistungsangebot der Videothek betrachten. Wie aus den Angaben des Interviewers bzw. Ihres Gesprächspartners im Flugzeug hervorgeht, können DVDs und Videospiele ausgeliehen werden. Es ist üblich, dass Videotheken je nach Erscheinungsdatum verschiedene Preise für ihre Artikel verlangen. Die aktuellsten DVDs und Videospiele werden ungefähr für einen Preis von 3 Euro angeboten, Standard-DVDs für 2 Euro und für alte DVDs sowie Videos werden 1 Euro verlangt (alle Angaben jeweils pro Leih-Tag).

Zwischenfrage 6: Welchen Gewinn oder Verlust erwirtschaftet die Videothek mit dem Lieferservice?

Ihre Lösung:

Man kann die Annahme treffen, dass im Schnitt zwei Artikel pro Lieferung mit einem Mittelwert von 2 Euro nachgefragt werden. Das ergibt bei 144 Artikeln pro Tag (36 Kunden à 2 Artikel pro Stunde) in den zwei Lieferstunden an sieben Tagen einen wöchentlichen Umsatz von 2.016 Euro, auf den Monat hochgerechnet werden 8.064 Euro umgesetzt.

Verglichen mit den Kosten ergibt dies einen monatlichen Gewinn von 3.474 Euro bezogen auf das Liefergeschäft. Dies bedeutet, dass von den Kunden nicht unbedingt ein Aufpreis für die Lieferungen verlangt werden muss.

Schritt 5: Zusatzeinnahmen durch Cross-Selling-Effekte

Wie die Aufgabenstellung verlangt, sollten Sie sich an dieser Stelle noch kurz überlegen, wie durch den Lieferservice zusätzlicher Umsatz generiert werden kann.

Ein weitere Einnahmequelle wären Erlöse durch Cross-Selling-Effekte, wie zum Beispiel das Mitliefern von Snacks und Getränken zum Film. Man könnte annehmen, dass 30 % der Lieferkunden zusätzlich auch noch den Snack-Service in Anspruch nehmen (30 % von 2.016 Kunden im Monat = 605 Kunden, die den Snack Service nutzen). Mit einem geschätzten zusätzlichen Warenwert von 5 Euro pro Lieferung, wären das 3.025 Euro an zusätzlichem Umsatz im Monat. Sie sollten allerdings darauf hinweisen, dass durch diesen Service selbstverständlich auch zusätzliche Kosten entstehen würden.

Schritt 6: Fazit und Handlungsempfehlung

An dieser Stelle ist von Ihrer Seite eine abschließende Empfehlung gefragt. Der Interviewer würde gerne eine kurze Zusammenfassung und ein Fazit auf Basis der angestellten Berechnungen von Ihnen hören.

Den obigen Aufstellungen zufolge ist das Konzept für die Videothek mit Lieferservice lohnenswert. Jedoch sollten Sie darauf hinweisen, dass den Berechnungen viele Schätzungen und Annahmen zugrunde liegen, welche noch durch eine genauere Analyse verifiziert werden müssten, sollte dieses Projekt tatsächlich durchgeführt werden.

Unter dieser Prämisse können Sie demnach Ihrem Sitznachbarn im Flugzeug eine Empfehlung für sein Konzept aussprechen. Darüber hinaus können Sie empfehlen, den Lieferdienst von Cross-Selling-Effekten profitieren zu lassen, um den Service für die Videothek noch lukrativer zu gestalten.

Ihr Interviewer bemerkt aber, dass Sie einen wichtigen Punkt noch übersehen haben: Wie kommen die gelieferten Leihprodukte von den Kunden zurück zur Videothek? Hier können Sie die verschiedenen Möglichkeiten kurz durchgehen: Als erstes könnten die Kunden die Stücke natürlich selbst zurück zur Videothek bringen. Alternativ könnten die Produkte bei den Kunden abgeholt werden, z.B. wenn eine neue Lieferung getätigt wird. Weiterhin wäre es möglich, dass die Kunden die Produkte per Post zurück schicken, wobei die Videothek die Kosten hierfür übernehmen könnte. All diese Möglichkeiten wären jedoch mit zusätzlichen Kosten für die Videothek (und / oder Unannehmlichkeiten für die Kunden) verbunden, wodurch der Case ins Negative drehen könnte.

Lösungen zu den Zwischenfragen

1: b) ist am sinnvollsten

2 - 6: Siehe Musterlösung im Text

Ergänzende Fragen zum Training

- Finden Sie eine Lösung, wie die Leihprodukte am besten von den Kunden wieder zurück in die Videothek kommen. Berechnen Sie die verschiedenen Szenarien.
- Videotheken sterben nicht ohne Grund: Es gibt zunehmend Filme zum Download im Internet – legal und illegal. Darüber hinaus gibt es Pay-TV, Video-on-Demand und Versandvideotheken. Rechnen Sie doch mal den Business Case einer reinen Versandvideothek, bei der man im Internet DVDs bestellen kann, immer zwei DVDs gleichzeitig (egal wie lange) ausleihen kann und hierfür einen fixen monatlichen Betrag, aber keine Postgebühren bezahlen muss. Schicken Sie uns Ihre komplette Case-Lösung und wir drucken sie vielleicht im nächsten Buch ab oder veröffentlichen Sie auf squeaker.net.

26. Wachstumsstrategien in gesättigten Märkten

Ein Touristikunternehmen mit hohem relativem Marktanteil und damit nahezu marktbeherrschender Stellung steckt in einer Krise: Bisher legte der Umsatz stetig im zweistelligen Prozentbereich zu und die Gewinne stiegen. Doch seit geraumer Zeit sackt die Wachstumsrate ab und bewegt sich derzeit im unteren einstelligen Prozentbereich. Da das Unternehmen börsennotiert ist, spiegelt sich dieser Umstand sofort im Aktienkurs negativ wider. Das Unternehmen agiert im Markt für Pauschalreisen der mittleren Preisklasse. Mit dem Argument der Kapitalmarktorientierung und damit unzufriedener Shareholder auf der letzten Hauptversammlung, wirft der Vorstand

dem Verantwortlichen für CRM (Customer Relationship Management) des Unternehmens eine wenig rentable Kundenstruktur vor und macht ihn damit für die langsamer wachsenden Umsätze verantwortlich. Dieser wendet sich an Sie und bittet Sie um Rat sowie eine konkrete Handlungsempfehlung.

Sie beginnen mit einer Zusammenfassung Ihres Verständnisses der Situation: »Dieser Klient sieht sich mit rückläufigem Wachstum konfrontiert – die Umsätze wachsen langsamer als zuvor. Neben diesem Problem wurde jedoch auch das Thema Rentabilität angesprochen (»wenig rentable Kundenstruktur«). Diese beiden Themen müssen differenziert betrachtet werden. Außerdem muss geprüft werden, ob der Vorwurf gerechtfertigt ist, die Kundenstruktur sei verantwortlich für die langsamer wachsenden Umsätze. Das könnte, aber muss nicht notwendigerweise der Fall sein.«

Aufgepasst

Umsatz und Profitabilität stehen zwar in einer Beziehung zueinander, aber korrelieren keineswegs zwangsläufig miteinander. Dieser Frage muss also in jedem Fall auf den Grund gegangen werden bzw. muss der Bewerber herausfinden, ob er nur eines der beiden Themen betrachten soll oder beide.

Der Interviewer stimmt Ihnen zu und erläutert: »Sie haben vollkommen recht. Das grundlegende Problem ist tatsächlich das rückläufige Umsatzwachstum des Unternehmens. Der Auftraggeber für dieses Projekt ist jedoch der CRM-Manager, dessen Ziele an Rentabilität geknüpft sind. Demnach sind beide Aspekte zu betrachten.«

Sie erklären zuerst, dass Sie vorab einige Informationen benötigen, um den Markt besser zu verstehen und herauszufinden, warum die Umsätze langsamer wachsen als zuvor. Daher erfragen Sie erste konkrete Informationen zum Markt für Pauschalreisen.

Zwischenfrage 1: Welche Informationen sollten Sie an dieser Stellen sinnvollerweise erfragen?:

- ☐ a) Gibt es Trends, die die Gesellschaft zu einem veränderten Kaufverhalten angeregt haben oder anregen?
- ☐ b) Befindet sich der Markt möglicherweise in der Phase der Marktsättigung? Wie ist der Marktsättigungsgrad?
- ☐ c) Wurde versucht, die Markenkommunikation zu verbessern?
- ☐ d) Wurden gegensteuernde allgemeine Marketing-Maßnahmen wie z.B. Preiserhöhungen oder -senkungen getroffen?
- ☐ e) Sind neue Wettbewerber in den Markt eingedrungen oder gibt es alternative Dienstleistungen, die Kunden den angebotenen Pauschalreisen neuerdings vorziehen?

Sie fragen den CRM-Manager gezielt nach der Entwicklung des Marktes für Pauschalreisen sowie dessen Sättigungsgrad. Der CRM-Manager antwortet Ihnen, dass eine in Auftrag gegebene Marktforschung ergab, dass der Markt tatsächlich im Begriff sei, in eine Sättigungsphase einzutreten. Pauschalreisen sind ein schon seit Längerem akzeptiertes Produkt im Touristikmarkt und viele Wettbewerber – insbesondere mit Fokus auf das relativ umsatzstarke mittlere Preissegment – sind in den letzten Jahren in diesen Markt eingetreten. Dies mache eine Erschließung neuer Marktanteile beziehungsweise benachbarter strategischer Geschäftsfelder aus seiner Sicht schwierig. Aufgrund der finanziellen Situation sei eine solche strategische Entscheidung nicht tragbar, da Investitionen vonnöten wären, die mit einem hohen Risiko verbunden seien und die er daher vor dem Vorstand nicht rechtfertigen könne. Der CRM-Manager sagt Ihnen zusätzlich, dass seiner Meinung nach die strategischen Wachstumsoptionen in gesättigten Märkten mit Wettbewerbern, die potenzielle Kunden hart umkämpfen, stark begrenzt sind. Auch habe er das Problem, dass die meisten potenziellen Kunden aus seiner Sicht bereits erreicht sind.

Problemanalyse

Auf diese Äußerungen des CRM-Managers hin fassen Sie die wichtigsten Fakten nochmals wie folgt zusammen: »Sie müssen stärkeres Umsatzwachstum generieren als in der jüngeren Vergangenheit. Marktforschungsergebnisse lieferten bereits Indizien dafür, dass die Erschließung neuer strategischer Geschäftsfelder keine oder zumindest wenig Wachstumspotenziale bietet. Ihnen wird zudem durch den Vorstand eine wenig profitable Kundenstruktur zur Last gelegt. Habe ich Sie bis hierhin richtig verstanden?« Der CRM-Manager bestätigt Ihnen den Inhalt Ihrer Aussage.

Daraufhin brechen Sie die vorliegende Problematik in zwei Grundprobleme herunter, die es zu analysieren und lösen gilt: Zum einen das Wachstumsproblem in einem (nahezu) gesättigten Markt und zum anderen die wenig rentable Kundenstruktur.

Sie entscheiden sich dafür, das Bestandskundenpotenzial zu analysieren, um einen möglichen Optimierungsbedarf zu erkennen. Sie argumentieren gegenüber dem CRM-Manager folgendermaßen: »Aufgrund der wohl bevorstehenden Marktsättigungsphase hat die konsequente Ausschöpfung des Potenzials der vorhandenen Kunden als wichtigste Wachstumsquelle zunächst höchste Priorität. Investitionen kommen nach Aussage des Kunden nicht in Frage. Daher fällt die Möglichkeit, einen Wettbewerber zu kaufen, weg. Um nun Maßnahmen der Optimierung des bestehenden Kundenstammes einleiten zu können, ist es jedoch zunächst wichtig, ein möglichst präzises Bild der Kundenstruktur zu entwickeln, um daraus Wachstumsoptionen ableiten zu können.« Sie empfehlen deshalb im ersten Schritt, die vorhandenen Kunden in Kundensegmenten abzubilden, um eine Vorstellung der Situation zu erhalten. Daraufhin fragt Sie der CRM-Manager, wie Sie sich das genau vorstellen.

Segmentierung des Kundenstammes

Zwischenfrage 2: Was für sinnvolle Möglichkeiten zur Gruppierung von Kundensegmenten sehen Sie im Bezug auf den vorliegenden Fall?

- ☐ a) nach soziodemographischen Merkmalen
- ☐ b) nach Buchungsverhalten und -präferenzen
- ☐ c) nach Umsatz sowie Rentabilität, d.h. Deckungsbeitrag

Sie führen aus: »Ich schlage eine Segmentierung der bestehenden Kundensegmente vor. Da es für das Unternehmen als auch insbesondere Sie als CRM-Manager wichtig ist, die Rentabilität der Kunden zu beachten, schlage ich vor, dass wir uns auf eine Segmentierung anhand des Deckungsbeitrages pro Kunde (Umsatz pro Kunde minus variable Kosten pro Kunde, da diese Kosten direkt einzelnen Kunden zugeordnet werden können) fokussieren. Wenn wir nämlich Möglichkeiten finden, den Profit pro Kunden bzw. Kundensegment zu steigern, können auch die Umsätze profitabel wachsen. Eine Segmentierung anhand des Umsatzes pro Kunde wäre natürlich auch denkbar. Aber da wir mit der Betrachtung des Deckungsbeitrags auf der sicheren Seite, was die Gewinnspanne angeht sind, erscheint mir das als der beste Weg zum gewünschten Ziel für das Unternehmen.«

Sie fahren also fort: »Um nun also den Deckungsbeitrag der vorhandenen Kundensegmente zu bestimmen und die Kunden demnach in möglichst (untereinander) homogene Gruppen zu segmentieren, müssen wir für alle Kunden, die in der Vergangenheit getätigten Umsätze und die damit verbundenen variablen Kosten berechnen. Ich gehe davon aus, dass in der Kundenstruktur des Klienten folgende grundlegende Typen vorliegen: Meist existiert eine recht geringe Anzahl an Kunden, die einen hohen Deckungsbeitrag aufzeigen (Most Valuable Customers, MVCs), eine ebenso kleine Anzahl von Kunden, die weniger einbringen als sie Kosten verursachen (Below Zeroes, BZs) und eine Großzahl an Kunden, mit denen ein mittlerer Deckungsbeitrag erzielt wird (Most Growable Customers, MGCs).«

Der Bewerber nutzt hier einige Fachbegriffe aus der Welt der Segmentierung bzw. des CRMs. Diese sind nicht notwendigerweise erforderlich. Wichtig ist, dass die Sachverhalte erkannt und benannt werden - wenn auch mit anderen Termini.

Konkret schlagen Sie nun vor, die Kunden des Unternehmens nach dem Kriterium der Höhe des Deckungsbeitrages in diese drei

Gruppierungen zu unterteilen und diese grafisch darzustellen, um ein möglichst genaues Bild der Situation zu erhalten.

Der Interviewer ist weiterhin mit Ihrem Vorgehen einverstanden und skizziert kurzerhand folgende Grafik für Sie:

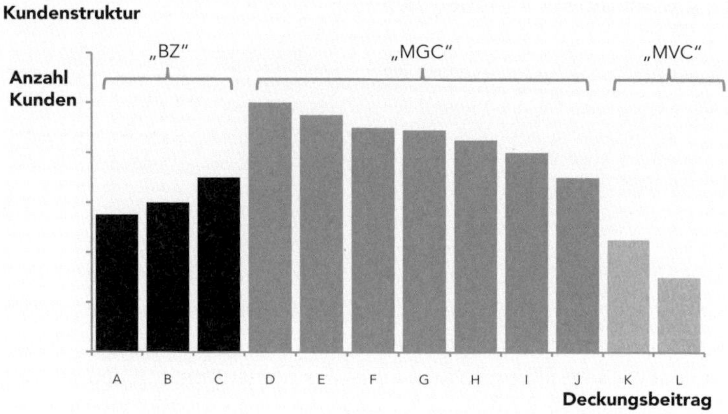

Der Interviewer teilt Ihnen noch mit, dass mit dieser Grafik alle Kunden des Unternehmens in den von Ihnen genannten Gruppen dargestellt sind.

Für Sie ist der Fall offensichtlich: »Nun liegt klar auf der Hand, dass der Bereich der BZs deutlich zu groß ist und die anderen Bereiche gestärkt werden müssten.« Dies verdeutlichen Sie in der Folge mit dem Wachstumskonzept, das Sie nun erarbeiten werden.

Insider-Tipp

Case-Autorin Tanja Reineke: »Lassen Sie sich nicht durch die pessimistischen Aussagen des CRM-Managers davon abhalten, der Frage nach Wachstumsoptionen in diesem von ihm als »schwierig« bezeichneten Markt dennoch nachzugehen! Das ist schließlich Teil der Aufgabenstellung.«

Wachstum in gesättigten Märkten?

Zwischenfrage 3: Was wäre eine gute Methode und strukturierte Vorgehensweise, um die Wachstumsoptionen im Markt für Pauschalreisen für den Klienten zu prüfen?

- ☐ a) Porter's 5 Forces
- ☐ b) Ansoff-Matrix
- ☐ c) SWOT-Analyse
- ☐ d) Benchmarking gegen Wettbewerber

Ein strategisches Tool, das die Wachstumsmöglichkeiten innerhalb eines Marktes dimensioniert und Handlungsoptionen aufzeigt, ist die Ansoff-Matrix. Sie skizzieren diese und erläutern Ihrem Interviewer: »Ich habe erfahren, dass der Kernmarkt des Klienten dabei ist, in die Phase der Marktsättigung einzutreten. Zudem ist mir bekannt, dass die Kundenstruktur unseres Klienten rentabler werden muss. Um eine vollständige und strukturierte Analyse der möglichen Wachstumsoptionen durchzuführen, werde ich hier die Ansoff-Matrix verwenden – allerdings schon etwas abgewandelt mit Fokus auf die

Tatsache, dass vor allem im Hinblick auf die Bestandskunden Maßnahmen ergriffen werden sollen. Daher erweitere ich die klassische Dimension »Bestehende Märkte« direkt auf »Bestehende Kunden«, so dass dann aus der Option der Marktdurchdringung für den hier vorliegenden Fall die Kundendurchdringung entsteht sowie aus der Option Produktentwicklung die Kundenentwicklung.«

Kunden / Absatzprodukte	ALTE	NEUE
ALTE	Kundendurchdringung	Kundenentwicklung
NEUE	Produktentwicklung	Diversifikation

Sie führen weiter erläuternd aus: »Bevor ich nun fokussiert auf die Optionen »Kundendurchdringung« und »Kundenentwicklung« eingehe, möchte ich nochmals auf die Grafik eingehen, die die Kundenstruktur unseres Klienten zeigt. Wachstums-Strategien klassischer Art zielen auf eine Erhöhung von Marktanteilen (Verschiebung untenstehender Datenpunkte in Pfeilrichtung), das heißt, den Zugewinn neuer Kunden.«

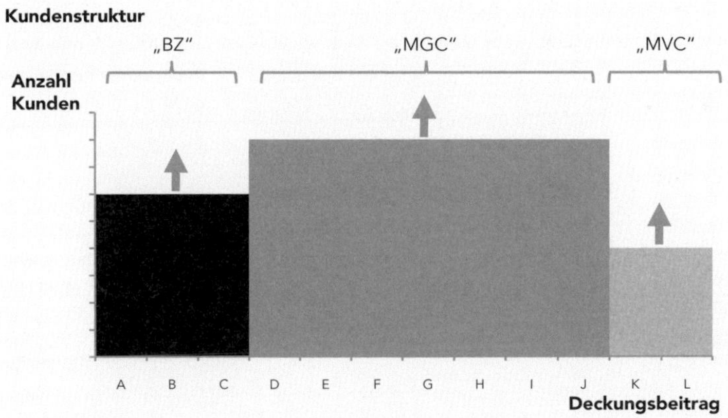

Herleitung einer Wachstumsstrategie mit Fokus auf Bestandskunden
Sie argumentieren weiter anhand des Schaubilds: »Um nun eine positive Änderung der Kundenrentabilität zu erreichen, ist das Ziel, die Datenpunkte statt nach oben nach rechts zu verschieben. Dafür können nun die zwei bereits genannten Wachstumsoptionen Kundendurchdringung sowie Kundenentwicklung eingesetzt werden.

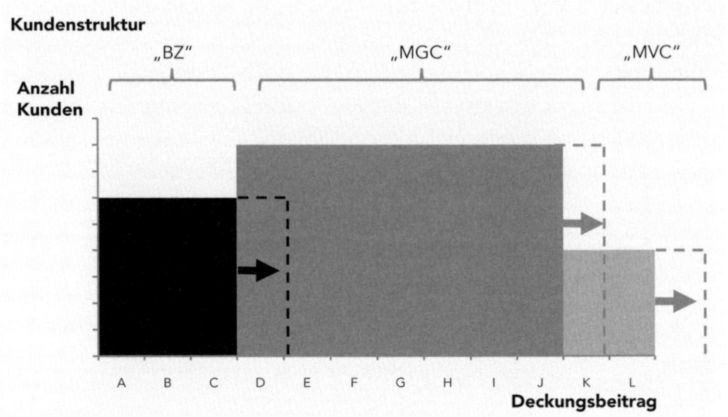

Zwischenfrage 4: Wie muss nun also vorgegangen werden, um die Verschiebung der Datenpunkte nach rechts, d.h. eine rentablere Kundenstruktur zu erreichen? Welche konkreten Handlungsempfehlungen zur Kundendurchdringung und Kundenentwicklung können Sie für den Kunden liefern?

Ihr Ansatz: 1. Kundendurchdringung

Ihr Ansatz: 2. Kundenentwicklung

Übungscases

Wachstumsoption Kundendurchdringung

Sie nehmen sich nun die Erläuterung der Wachstumsoption durch Kundendurchdringung vor: »Kundendurchdringung heißt im Fall unseres Klienten, die Anzahl sowie den Gesamtwert der Buchungen der Bestandskunden zu erhöhen. Es ist durchaus vorstellbar, dass bestehende Kunden nicht alle ihre Reisen beim gleichen Anbieter buchen, so dass Wachstum durch eine Erhöhung des Gesamtumsatzes eines Kunden durch Steigerung der Anzahl von Buchungen aus dem bestehenden Angebot sowie deren Wertigkeit durch geeignete CRM-Maßnahmen erzielt werden kann. Konkrete Beispiele für Maßnahmen, die natürlich alle zunächst auf Machbarkeit und Eignung überprüft werden müssten, könnten also sein:

- Mehrfach-Bucher oder Treue-Rabatt einführen (natürlich muss hier zunächst überprüft werden, inwieweit Gewinnspannen solche Rabatte erlauben, da schließlich die Erhöhung der Rentabilität im Vordergrund steht)
- Kunden, die in der Vergangenheit häufiger gebucht haben, im letzten Quartal / Halbjahr / Jahr aber nicht mehr, mit einem maßgeschneiderten Reiseangebot kontaktieren, um eine erneute Buchung zu stimulieren

Grundsätzlich führen derartige Maßnahmen zu einer erhöhten Intensität der Kundenbeziehung mit dem Ziel, die kumulierten Gesamtumsätze über den Lebenszyklus eines jeweiligen Kunden zu steigern. Zudem wird die Kundenbindung verbessert, was eine Verlängerung des Lebenszyklusses zur Folge hat.«

Wachstumsoption Kundenentwicklung

»Hier könnte man zunächst überprüfen, ob eventuell Marktforschungsergebnisse darüber vorliegen, welche zusätzlichen Präferenzen Bestandskunden haben, die aktuell noch nicht durch Produkte des Klienten abgebildet werden. Zielsetzung der Kundenentwicklung ist ja, den bestehenden Kunden zusätzliche, neue Produkte anzubieten und auf diesem Weg den Gesamtumsatz eines Kunden zu erhöhen. Ohne eine eingehende Prüfung der Rentabilität der möglichen neuen Produkte sollte jedoch auch hier keine Entscheidung getroffen werden. Dennoch möchte ich ein paar Beispiele nennen, in welche Richtung diese Kundenentwicklung gehen könnte, um meine Argumentation zu verdeutlichen:

- Anbieten von günstigen Reisen (d.h. unter der bisher angebotenen Preisklasse) z.B. für Kinder der Bestandskunden als eine für den Kunden logische Erweiterung des Produktportfolios.
- Anbieten zusätzlicher Produkte rund um das Kernprodukt »Pauschalreisen«, möglicherweise mit Hilfe von Partnerunternehmen, wie z.B. Reiserücktrittsversicherungen, Finanzierung, Zubringer zum Flughafen.«

Zusammenfassung und Fazit:

Der Interviewer bittet Sie um eine Zusammenfassung der bisherigen Analyse. Sie kommen seinem Wunsch nach: »Im Anschluss an eine Problemanalyse hatte ich zwei Grundprobleme identifiziert (gesättigter Markt sowie wenig profitable Kundenstruktur). Diese bin ich angegangen, indem ich zunächst den vorhandenen Kundenstamm segmentiert habe. In der Folge habe ich ein Konzept zum Wachstum in gesättigten Märkten vorgeschlagen, nämlich durch die intensive

Bearbeitung des bestehenden Kundenstammes in zwei Richtungen (Kundendurchdringung, Kundenentwicklung). Einige Beispiele für konkrete Maßnahmen habe ich bereits genannt.«

Lösungen zu den Zwischenfragen

1: b) trifft den Nagel auf den Kopf. Siehe Musterlösung im Text

2: Hier ist c) richtig. Siehe Musterantwort im Text

3: Antwort im Text. Die Ansoff-Matrix oder auch Produkt-Markt-Matrix genannt, ist hier das beste Framework. Durch die klare Kategorisierung in bestehende und neue Produkte sowie Märkte können die Handlungsoptionen für das Unternehmen klar entwickelt und aufgezeigt werden.

4: Siehe Musterlösung im Text

Ergänzende Fragen zum Training

In der Praxis lässt dieser Case viele interessante Varianten zu. Als Beispiele seien genannt:

- Ausweitung und Vertiefung der Diskussion der CRM-Maßnahmen oder auch zur Segmentierung
- Entwicklung einer Kennzahl zur Überprüfung der CRM-Maßnahmen (Beispiel: Customer Lifetime Value) und Berechnung
- Maßnahmen zur Akquisition von Neukunden ohne finanziellen Mehraufwand, da dieser vom Vorstand nicht genehmigt wird (z.B. Distribution im Niedrigpreissegment über Food Discounter).

27. M&A in der Automobilzuliefererbranche

Auf einer dienstlichen Reise mit dem ICE von Köln nach Nürnberg werden Sie von einem Mann angesprochen. Es stellt sich heraus, dass dieser wegen des Logo Ihres Beratungsunternehmens auf einer Ihrer Unterlagen auf Sie aufmerksam geworden ist. Der Mann stellt sich Ihnen als Finanzvorstand (CFO) der Wälzlager KG vor, einem großen Familienunternehmen aus der Automobilzulieferbranche. Er berichtet Ihnen weiter, dass er den Auftrag habe, sich nach geeigneten Akquisitionszielen innerhalb der Reifenbranche umzusehen, da hier aufgrund der aktuellen Marktlage einige attraktive Übernahmechancen erwartet werden. Dies wiederum gäbe der Wälzlager KG die Chance, über ihren Stammmarkt hinaus wachsen zu können und das eigene Geschäft ein Stück weit zu diversifizieren. Diese Chance wolle sich die Geschäftsleitung nicht entgehen lassen.

Sie vereinbaren, sich kurze Zeit später im Hauptquartier des Unternehmens zu treffen, um das weitere Vorgehen zu besprechen.

Die Aufgabenstellung klingt im ersten Moment recht umfangreich und eher abstrakt. Lassen Sie sich dadurch jedoch nicht verunsichern.

Viel mehr sollten Sie versuchen, durch sinnvolle Analysen eine Lösung zu erarbeiten. Zu diesem Zweck bietet es sich an, zunächst Ihre Vorgehensweise zu strukturieren:

Schritt 1: Vorgehensweise

Zwischenfrage 1: Wie würden Sie vorgehen? Entwickeln Sie eine eigene Struktur zur Vorgehensweise.

Ihr Ansatz:

Bei diesem Case geht es zunächst darum, sich einen Überblick über den Reifenmarkt zu verschaffen. Anschließend sollten Sie diese Branche einer ersten Analyse unterziehen. Wenn Sie so ein mögliches Zielunternehmen (Target) identifizieren konnten, sollten Sie als nächstes die Vor- und Nachteile dieser Akquisition gegeneinander abwägen. Diese Schritte lassen sich am einfachsten im Rahmen einer Analyse anhand »Porter´s Five Forces« und der SWOT-Methode bearbeiten. In einem letzten Schritt sollten Sie nun durch eine kurze, indikative Unternehmensbewertung die Frage klären, welcher Kaufpreis für das Target gerechtfertigt ist. Mit Hilfe der so gewonnen Ergebnisse können Sie eine Handlungsempfehlung für den CFO der Wälzlager KG aussprechen.

Zusammenfassung der Struktur:

1) Marktanalyse – Identifizierung möglicher Targets (Porter)
2) Due Dilligence und Analyse des Targets (SWOT)
3) Ermittlung des Kaufpreises – Unternehmensbewertung
4) Handlungsempfehlung

Schritt 2: Analyse der Automobilzuliefererbranche und des Reifenmarktes

Zunächst einmal ist die (gesamte) Automobilbranche eine große und für die deutsche Volkswirtschaft sehr wichtige Branche. Die Zuliefererbranche ist jedoch recht stark fragmentiert; einige große Unternehmen sind in dem Markt tätig. Hinzu kommen noch zahlreiche kleine und mittelständische Firmen, darunter auch einige Weltmarktführer (so genannte »Hidden Champions«).

Ihr »Klient«, die Wälzlager KG, gehört zu den weltweit führenden Unternehmen im Bereich der Wälzlager. Im Rahmen Ihres »Beratungsauftrages« sollen Sie nun die Chancen und Risiken eines Einstieges der Wälzlager KG in den Reifenmarkt prüfen.

Da es für Sie im Rahmen dieser Case Study unmöglich ist, alle Player im Reifenmarkt in Ihre Analysen mit einzubeziehen, teilt Ihnen der Interviewer mit, dass Sie sich im Weiteren auf die fünf wichtigsten Firmen im Markt, gemessen am Marktanteil, beschränken können. Auf Ihre Nachfrage gibt er Ihnen die Informationen über besagte Unternehmen:

	1	**2**	**3**	**4**	**5**
Name:	Schmitz Reifen GmbH	Reifen Meier GbR	Reifen AG	Tyres Ltd.	Mustermann Reifen KG
Marktanteil:	8%	4%	15%	28%	5%

Schritt 3: Wettbewerbsanalyse – Identifizierung möglicher Targets

Zwischenfrage 2: Was wäre eine geeignete Struktur oder ein Framework, um die Marktattraktivität zu analysieren?

Ihr Ansatz:

Mit diesen Informationen können Sie sich nun daran machen, die Wettbewerbsintensität und Attraktivität der Reifenbranche zu bewerten. Hierfür gibt es mit »Porter's Five Forces« ein gängiges Analysewerkzeug, welches Sie an dieser Stelle zur Unterstützung der Strukturierung Ihres Lösungsansatzes anwenden können. Im Vordergrund steht dabei die ganzheitliche, systematische Betrachtung der Branche und nicht die Detailbewertung. Ein gesichertes Ergebnis der Analyse ist auf Basis dieser Informationen nicht wirklich lieferbar. Daher bietet es sich an, zumindest darauf hinzuweisen, welche Fragen zu stellen wären und wie Sie die Analyse strukturieren würden. Hier sind bewusst nur beispielhaft einige mögliche Fragen und Antworten dargestellt.

Rivalität innerhalb der Branche

Aufgrund der Ihnen zur Verfügung stehenden Daten sollten Sie als erstes die Anzahl und Marktmacht der Wettbewerber untersuchen. Eine Abschätzung der Konzentrationsrate gibt hier bereits eine gute

Basis für die Bewertung. Diese ist definiert als der kumulierte Marktanteil der größten Unternehmen am Markt und ergibt sich hier zu 60 % (8% + 4% + 15% + 28% + 5%). Dies entspricht einer mittleren Konzentration.

Verhandlungsmacht der Lieferanten / Verhandlungsmacht der Kunden
Nun sollten Sie kurz die Verhandlungsmacht der Lieferanten analysieren. Da Sie jedoch anhand der Ihnen zur Verfügung stehenden Informationen nicht soviel zu diesem Punkt sagen können, bietet es sich an, ihn gemeinsam mit dem nächsten Punkt - Verhandlungsmacht der Kunden - zu untersuchen.

Eine wichtige Besonderheit in der gesamten Automobilbranche (und somit auch dem Reifenmarkt) besteht in der Just-in-Time-Lieferung der Teile. Dies bezieht sich sowohl auf die Lieferanten, als auch auf die Kunden und setzt daher auf beiden Seiten eine enge Verknüpfung voraus. Die daraus zwangsläufig resultierende Abhängigkeit birgt ein gewisses Erpressungspotenzial in sich. Da Sie in diesem konkreten Fall jedoch nicht genug über die Strukturen der jeweiligen Beschaffungs- und Absatzmärkte wissen, können Sie es bei dieser Feststellung belassen und sich auf den nächsten Punkt konzentrieren.

Bedrohung durch neue Marktteilnehmer
Als nächstes gilt es, das Ausmaß der Bedrohung durch neue Marktteilnehmer zu bewerten. Hier könnten Sie beispielsweise ausführen, dass die langjährig gewachsenen Strukturen und die bereits oben beschriebenen Abhängigkeiten zwischen den Zulieferern und Herstellern als Eintrittsbarrieren fungieren und so schnellen Neueintritten entgegenwirken.

Bedrohung durch Substitute
Eine weitere Bedrohung besteht durch Substitute. Dies sind allgemein Produkte, die das Potenzial aufweisen, das bestehende Produkt physisch oder in Ihrer Funktion zu ersetzen. Auf Grund der kapitalintensiven und hochtechnologisierten Produktionssituation ist hier allerdings - zumindest mittelfristig - nicht damit zu rechnen, dass ein solches Produkt erfolgreich am Markt etabliert werden könnte. Langfristig gesehen ist es, auf Grund der stetigen Forschung und Entwicklung in der Automobilbranche als Ganzes, zwar nicht ausgeschlossen, dass neue, innovative Technologien die heutigen ersetzen, jedoch ist eine solche Entwicklung, im Falle der Reifen, zum jetzigen Zeitpunkt noch in keinster Weise absehbar. Aus diesem Grund können Sie festhalten, dass das Risiko aus Substituten als sehr gering einzustufen ist.

Ergebnis der Marktanalyse

Um ein die Analyse abschließen zu können, sollten Sie noch nach einer Reihe von grundsätzlichen Daten wie Marktgröße, Marktwachstum und Zukunftsperspektiven betrachten. Da Sie in diesem Case nur die grundsätzliche Vorgehensweise aufzeigen sollen, nicht aber zu einer abschließenden Bewertung kommen können, ist es ausreichend an dieser Stelle davon auszugehen, dass die Wälzlager AG die Analyse durchgeführt hat und zu einem positiven Ergebnis gekommen ist.

Schritt 4: Due Dilligence und SWOT-Analyse des Targets

Im nächsten Schritt gilt es nun, ein konkretes Target zu bestimmen und einerseits dessen spezifische Stärken und Schwächen, sowie andererseits die Chancen und Bedrohungen, die aus der Übernahme entstehen könnten, herauszuarbeiten und gegeneinander abzuwägen. Dieser Prozess findet in der Realität im Rahmen einer so genannten »Due Dilligence« statt. Der Due Dilligence-Prozess wird oft von Management-Beratungen begleitet.

SWOT

Es ist relativ selten, dass Sie in einer Interview-Situation gebeten werden, eine SWOT-Analyse durchzuführen, da das von Ihnen detaillierte Kenntnisse der handelnden Unternehmen erfordert. Allerdings ist es wichtig, das Tool zu kennen und eine Idee von den Fragestellungen zu haben, die in der Due Dilligence eines Akquisitionskandidaten wichtig sind.

Der Interviewer möchte Ihre Fähigkeit testen, sich in die gegebene Situation eines Unternehmenskaufes hineinzuversetzen und bittet Sie, die Ihrer Meinung nach wichtigsten Fragestellungen zur Bewertung eines Akquisitionskandidaten im Rahmen einer SWOT-Analyse aufzulisten.

Zwischenfrage 3: Was sind wesentliche Fragestellungen um ein Zielunternehmen zu analysieren?

Ihr Ansatz:

Als wesentliche Fragestellungen im Rahmen einer SWOT Analyse sind hier beispielhaft einige Bereiche genannt:

Allgemein

  - Industrie / Branche
  - Position im Produktlebenszyklus
  - Strategie
- Kundenanalyse
  - Größe der Kunden
  - Umsatzkonzentration auf einzelne Kunden (ABC-Analyse)
  - geographische Verteilung
  - Wachstum der Kunden
  - Distributionsstufen
  - Marktstellung
  - Synergiepotenziale
- Produkte und Produktion
  - technologische Alleinstellungsmerkmale
  - Patente
  - Effizienz der Produktionsprozesse
  - Kostenvorteile
  - Produktportfolio
  - Produktionsstätten
  - Synergiepotenziale
  - Wertschöpfungstiefe
- Finanzen
  - Umsatzrendite
  - Cash-Flow Prognose
  - Operative Margen
  - Aktionärsstruktur
  - Debt to Equity Ratio
  - Umsatzwachstum relativ zum Marktwachstum
- Mitarbeiter
  - Anzahl
  - Management
  - Know-how
  - Synergie-Potenziale

Machen Sie sich zur Übung Gedanken, wie Sie diese Punkte in ein SWOT-Schema einordnen können und welche weiteren Punkte wichtig sind.

Schritt 5: Unternehmensbewertung der Reifen AG

Zwischenfrage 4: Welche Methoden zur Bewertung des Unternehmenswertes eines Akquisitionszieles kennen Sie? Diskutieren Sie die Vor- und Nachteile.

Ihre Lösung:

Um einen angemessenen Kaufpreis zu bestimmen, müssen Sie nun also eine Bewertung der Reifen AG durchführen. An dieser Stelle bittet Sie Ihr Interviewer, die gängigsten Bewertungsmethoden aufzuzählen und sich anschließend – unter Angabe einer Begründung – für eine von diesen zu entscheiden. Zu nennen wären hier im Wesentlichen das Discounted-Cash-Flow (DCF)-Verfahren, sowie das Multiplikatorverfahren (bzw. »Multiples«-Verfahren), das man anhand vergleichbarer Unternehmen, als auch vergleichbarer Transaktionen, durchführen kann. Demgegenüber ist die Durchführung einer DCF-Rechnung zwar genauer, erfordert aber wesentlich mehr (und eben detailliertere) Informationen. In der Praxis wird der »wahre« Unternehmenswert bei Existenz von ausreichendem Datenmaterial fast ausschließlich durch eine Kombination beider Verfahren ermittelt.

Insider-Tipp

Case-Autor Ralph Razisberger: »Auch wenn Ihnen diese Bewertungsmethoden zu spezifisch für ein Bewerbungsgespräch erscheinen, so ist es doch nicht unüblich, dieses Wissen vorauszusetzen. Daher der dringende Appell an alle, die ein Interview mit einer strategischen Unternehmensberatung haben, sich solche Methoden noch mal anzusehen und die grundsätzlichen Inhalte einzuprägen.«

Bewertung durch das Multiplikatoren-Verfahren
Da uns keine Informationen über vergleichbare Transaktionen und nicht genügend Daten für eine DCF-Bewertung zur Verfügung stehen, führen wir eine relative Marktbewertung auf Basis vergleichbarer Unternehmen durch. Die Identifikation einer in allen Belangen möglichst homogenen Vergleichsgruppe ist dabei der wichtigste Schritt bei der Unternehmensbewertung mit Multiples. Hierzu werden ähnliche Faktoren wie in der SWOT-Analyse oben angewendet, die sich meist ganz grob in finanzielle und operative Kriterien aufteilen lassen. Wir gehen jetzt davon aus, dass wir dies schon gemacht hätten und übernehmen vereinfachend die oben genannten Übernahmekandidaten als unsere Peer Group.

Auf Ihre Nachfrage legt Ihnen Ihr Gesprächspartner eine Tabelle mit den folgenden Daten aus den Gewinn- und Verlustrechnungen der Vergleichsunternehmen vor und bittet Sie, anhand dieser Daten die Bewertung der Reifen AG durchzuführen. (In der Tabelle ist GK = Marktwert des Gesamtkapitals; und EK = Marktwert des Eigenkapitals)

Vergleichsunternehmen	Umsatz (in Mrd. Euro)	EBITDA (in Mrd. Euro)	EBIT (in Mrd. Euro)	Gewinn (in Mrd. Euro)	GK (in Mrd. Euro)	EK (in Mrd. Euro)
1. Tyres Ltd.	45,1	13,6	0,9	0,9	25,7	23,0
2. Schmitz Reifen GmbH	12,5	1,4	0,8	0,4	4,2	3,5
3. Reifen Meier GbR	6,3	0,4	0,2	0,1	1,1	0,8
4. Mustermann Reifen KG	8,8	1,3	0,6	0,3	5,0	4,4

Ermittlung der Multiples für die Peer Group

Der Interviewer bittet Sie, die entsprechenden Multiples zu berechnen und zu bewerten.

Zwischenfrage 5: Berechnen Sie zur Übung im Kopf einige der Multiples und füllen Sie die folgende Tabelle aus:

Vergleichsunternehmen	GK / Umsatz	GK / EBITDA	GK / EBIT	EK / Gewinn
1. Tyres Ltd.				
2. Schmitz Reifen GmbH				
3. Reifen Meier GbR				
4. Mustermann Reifen KG				

Ihr Interviewer wird Ihnen, nachdem Sie exemplarisch die ersten Multiples berechnet haben, die komplette folgende Tabelle zur Verfügung stellen, da alles andere den Zeitrahmen eines Interviews sprengen würde. Aufgrund dieser Zahlen ergeben sich die Multiples wie folgt:

Vergleichsunternehmen	GK / Umsatz	GK / EBITDA	GK / EBIT	EK / Gewinn
1. Tyres Ltd.	0,6	1,9	28,6	25,6
2. Schmitz Reifen GmbH	0,3	3,0	5,3	8,8
3. Reifen Meier GbR	0,2	2,8	5,5	8,0
4. Mustermann Reifen KG	0,6	3,8	8,3	14,7
Mittelwert	0,4	2,9	11,9	14,2
Median	0,5	2,9	6,9	11,8

Der Median berechnet sich hier (wegen der geraden Anzahl der Vergleichsunternehmen) als der Mittelwert der beiden mittleren Werte. Beispiel EBIT-Multiple: die beiden mittleren Werte sind 5,5 und 8,3; der Mittelwert ergibt sich also zu 6,9 = (5,5 + 8,3) / 2). Da der Median resistent gegen Ausreißer nach oben und unten ist, stellt er bei der Bewertung mit Multiples die einzig relevante Verdichtungsmethode dar.

Bewertung der Reifen AG

Mit Hilfe des Peer-Group-Vergleiches und entsprechenden Daten der Reifen AG (die Ihr Interviewer Ihnen an dieser Stelle zur Verfügung stellen wird), lässt sich nun exemplarisch die Reifen AG bewerten:

	Umsatz (in Mrd. Euro)	EBITDA (in Mrd. Euro)	EBIT (in Mrd. Euro)	Gewinn (in Mrd. Euro)
Reifen AG	23,9	2,8	1,7	0,5
x Multiple (Median)	0,5	2,9	6,9	11,8
Marktwert des Gesamtkapitals (Entity Value)	12,0	8,1	11,7	
- Nettofinanzverbindlichkeiten (Reifen AG)	5,5	5,5	5,5	
Marktwert des Eigenkapitals (Equity Value)	6,5	2,6	6,2	5,9

Zwischenfrage 6: Wie viel wären Sie maximal bereit für die Reifen AG zu bezahlen?

☐ a) 5 Mrd. Euro
☐ b) 8 Mrd. Euro
☐ c) 10 Mrd. Euro
☐ d) 12 Mrd. Euro

So ergibt sich eine Bewertungsspanne für den Unternehmensgesamtwert der Reifen AG von 8,1 bis 12,0 Mrd. Euro bzw. von 2,6 bis 6,5 Mrd. Euro für den Wert des Eigenkapitals. Der maximale Wert der

Übungscases

Reifen AG beträgt demnach 12 Milliarden Euro, was gleichzeitig die maximale Zahlungsbereitschaft darstellt.

Schritt 6: Fazit und Handlungsempfehlung

In der obigen Analyse wurde die Option einer Übernahme der Reifen AG betrachtet. Solange der Kaufpreis sich in der von Ihnen bestimmten Spanne befindet, sowie die Risiken (beispielsweise aus dem Konjunkturverlauf und der SWOT-Analyse) im Auge behalten werden, könnte sich diese Akquisition als sinnvoll für Ihren »Klienten« erweisen. Als nächsten Schritt könnten Sie also Ihr Beratungsunternehmen für die Durchführung der Due Dilligence ins Gespräch bringen.

Lösungen zu den Zwischenfragen

1 - 6: Siehe Musterlösung im Text

Kapitel 3: Cases zum Training zu zweit

Nichts trainiert die Case-Interview-Situation besser, als die Interaktion mit einem Übungspartner. Suchen Sie sich einen Bekannten, mit dem Sie trainieren können und der Ihnen ein direktes und persönliches Feedback gibt. Am Besten eignet sich hierfür natürlich ein Kommilitone, der sich im Zuge seiner Bewerbungen auch gerade auf Case Interviews vorbereitet.

Die folgenden drei Cases sind speziell für das Case Training zu zweit aufgebaut. Viele der vorangegangenen 27 Übungscases können Sie natürlich auch zu zweit oder im Team bearbeiten. Die folgenden Cases sind jedoch so gestaltet, dass wir ein Faktenblatt für den Interviewer vorbereitet haben, anhand dessen er oder sie das Case Interview mit dem »Bewerber« führen und bewerten kann.

Hierfür ist es natürlich essenziell, dass der »Bewerber« vorher noch nicht die Case-Lösung gelesen hat. Lassen Sie den »Interviewer« das Gespräch genau so führen, wie es in der Realität stattfinden würde. Die Übungscases in diesem Buch und die zahlreichen Hinweise in dem Hauptbuch »Das Insider-Dossier: Bewerbung bei Unternehmensberatungen« sollten Ihnen einen guten Überblick über den Ablauf des Case Interviews verschafft haben. Darüber hinaus sollten Sie und Ihr Übungspartner einen guten Eindruck davon haben, worauf ein »echter« Interviewer im Bewerbungsgespräch achtet und welche Eigenschaften er beim Bewerber überprüft. Vergegenwärtigen Sie sich hierzu nochmals die Kapitel 1 und 2 aus dem Hauptbuch.

Tipp

Viele Mitglieder der Karriere-Community squeaker.net nutzen das Online-Netzwerk um Case-Übungspartner in ihrer Stadt zu finden. Nutzen auch Sie diese Möglichkeit.

Vorgehen

Derjenige von Ihnen, der die Rolle des Interviewers annimmt, sollte den Case komplett durchgehen und dann die Aufgabenstellung vorlesen. Sie durchlaufen den Case dann wie in einem echten Case Interview. Der »Interviewer« gibt auf Rückfragen zusätzliche Informationen, der »Bewerber« erarbeitet die Lösung. Nehmen Sie sich rund 30 – 40 Minuten Zeit pro Case. Falls es zu einer Situation kommt, in der Sie beide ratlos sind – seien Sie beruhigt – das ist normal. Es ist unmöglich, mit einem Übungscase alle Eventualitäten abzudecken. Auch ein erfahrener Interviewer hat nicht immer eine 100 % richtige Antwort auf alle möglichen Rückfragen der Bewerber parat. Er improvisiert im sinnvollen Rahmen und lenkt den Bewerber wieder auf den relevanten Lösungsweg zurück.

Nutzen Sie den Bewertungsbogen aus Kapitel 1 dieses Buches, um die Leistung des Bewerbers zu evaluieren. Scheuen Sie nicht, direkt und offen Kritik zu üben, nur so kann sich ihr Übungspartner weiter entwickeln. Umgekehrt sollte derjenige, der in der Rolle des Bewerbers ist, die Situation absolut ernst nehmen und sich so verhalten, als ob sein Gegenüber ein erfahrener Unternehmensberater sei.

28. Restrukturierung eines Automobilzulieferers

(zur Verfügung gestellt von Roland Berger)

Grundlage für den folgenden Übungscase ist ein Beratungsprojekt von Roland Berger Strategy Consultants. Durch diesen Case können quantitative Fähigkeiten, der Transfer betriebswirtschaftlicher Kenntnisse in die Praxis und strukturiertes Vorgehen des Bewerbers geprüft und geübt werden.

Um diesen Case zum Training von Bewerbungssituationen zu verwenden benötigen Sie:

- einen Gesprächspartner, der die Rolle des Interviewers übernimmt
- Papier und Stift
- Grundkenntnisse der Betriebswirtschaft

ACHTUNG: Die folgenden Informationen sind nur für den Interviewer gedacht. Falls Sie als Bewerber den Case zur Übung von Bewerbungsgesprächen verwenden wollen, lesen Sie bitte nicht weiter. Stattdessen suchen Sie sich bitte einen Partner, der im Rollenspiel in die Rolle des Interviewers schlüpft.

Informationen für den Interviewer:
Bitte beginnen Sie den Case, indem Sie dem Bewerber folgendes Projektszenario schildern:

»Stellen Sie sich vor, Sie haben bei einem in Liquiditätsschwierigkeiten geratenen Automobilzulieferer den Pitch für ein Restrukturierungsprojekt gewonnen. Sie werden beauftragt, ein ganzheitliches Restrukturierungskonzept zu entwickeln – die auszuarbeitenden Lösungsansätze sollen die strategische, die operative und die finanzielle Restrukturierung des Unternehmens beschreiben.

Die Erwartungen des Managements und der Finanzierer an uns als Berater sind dabei sehr hoch. Dem Unternehmen steht nur noch für kurze Zeit Liquidität zur Verfügung.

An einem freundlichen Frühjahrsmorgen kommen Sie in der Zentrale des Kunden an. Der Vorstandschef und die weiteren Führungskräfte des Unternehmens sichern Ihnen jede nur mögliche Unterstützung zu, insbesondere bei der Datenbeschaffung und der Diskussion Ihrer Analyseergebnisse und Empfehlungen. Trotz der kooperativen Atmosphäre scheint eine gewisse Anspannung beim Kunden zu herrschen...«

Einige typische Themenstellungen zu diesem Projekt-Setup haben wir ausgewählt. Bitte beachten Sie, dass Sie dem »Kandidaten« ruhig Hinweise geben können. Die meisten Bewerber sind in der Bewerbungssituation unsicher, verstehen häufig durch ihre Nervosität die Frage nicht richtig oder schlagen voreilig einen falschen Lösungsweg ein. Geben Sie in diesem Fall dem Bewerber Hilfestellung durch zusätzliche Erläuterung der Fragestellung, inhaltliche Informationen aus der Musterlösung oder zum strukturierten Vorgehen.

Bitten starten Sie nun mit der ersten Frage und wenn diese zufrieden stellend gelöst wurde, gehen Sie zur nächsten über:

1. Wie schätzen Sie unter den o.g. Bedingungen die Ausgangssituation (Erwartungen und Vorbehalte des Kunden / Mitarbeiter etc.) für Ihr Projekt ein?
2. Bitte skizzieren Sie den groben Projektablauf für dieses Projekt.
3. Welche Erfolgsfaktoren sind für ein Projekt in dieser Umgebung wichtig?
4. Welche Daten benötigen Sie zur Analyse der Unternehmenssituation?
5. Definition operativer Restrukturierungsmaßnahmen
6. Bewertung der definierten Maßnahmen
7. Welche Ansätze sehen Sie zur strategischen Neuausrichtung des Automobilzulieferers?

Diese Fragen werden im Folgenden mit **Musterlösungen** und **Hinweisen** für Sie als Interviewer erläutert.

1. Wie schätzen Sie unter den o.g. Bedingungen die Ausgangssituation für Ihr Projekt ein?

Viele Bewerber sind an dieser Stelle unsicher, wie sie die Situation einschätzen sollen, deshalb geben Sie ruhig Hinweise aus der Musterlösung. Der Bewerber soll in den ersten Minuten des Cases Sicherheit gewinnen.

Musterlösung:
Auf Kundenseite herrscht bei der Geschäftsführung und bei den Mitarbeitern Unsicherheit über die Zukunft des Unternehmens. Die Erwartungen an das Berater-Team sind hoch: Unter hohem Zeitdruck müssen valide und gut kommunizierbare Lösungen entwickelt werden.

Herausforderung für den Berater ist dabei vor allem, Wesentliches von Unwesentlichem zu trennen und konsequent die Arbeiten am Sanierungskonzept voranzutreiben.

2. Bitte skizzieren Sie den groben Projektablauf für dieses Projekt: Die meisten Bewerber starten mit einem unstrukturierten Brainstorming, d.h. ihre Ideen sprudeln aus ihnen heraus. Achten Sie darauf, dass der Bewerber die relevanten Projektschritte und To-Dos strukturiert sammelt. Ggf. fordern Sie ihn zu einem schriftlichen Brainstorming auf. Falls der Bewerber seine Ergebnisse unstrukturiert präsentiert, weisen Sie ihn darauf hin. Am Ende sollen die Themen in der Reihenfolge dargestellt sein, die der Bewerber für den Projektablauf vorsieht.

Falls der Bewerber dies nicht von alleine macht, bitten Sie ihn, seine zeitlichen Vorstellungen für die Projektmodule (Wann Beginn? Wann Ende?) zu benennen.

Zuletzt fordern Sie Ihren Gesprächspartner auf, den Projektablauf zu skizzieren, um seine Argumentation zu unterstützen. Durch die Herleitung des Projektplans kann in Bewerbungsgesprächen geprüft werden, ob der Bewerber eine schnelle Auffassungsgabe hat, bei Wissenslücken nachfragt und seine Ergebnisse strukturiert darstellen kann.

Musterlösung:

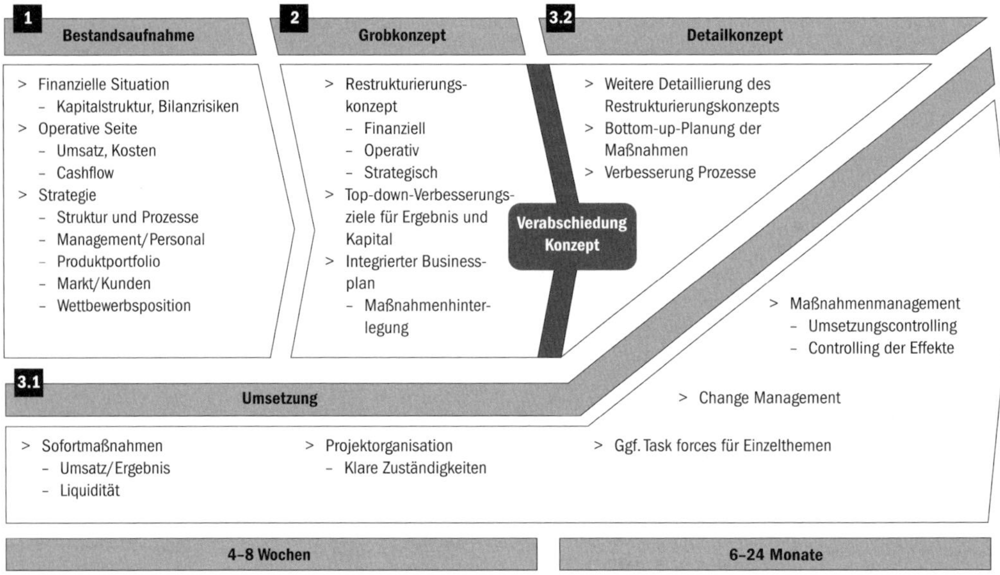

Wenn der Bewerber diese Aufgabe gut bewältig hat, spiegeln Sie ihm dies wider und gehen zur nächsten Frage über. Andernfalls weisen Sie ihn auf seine Schwachstellen hin und geben Sie im ggf. die Chance, das Ergebnis nachzubessern.

3. Welche Erfolgsfaktoren sind für ein Projekt in dieser Umgebung wichtig?

Musterlösung:

1) Schnell **transparente Daten** zur tatsächlichen Unternehmenssituation beschaffen und mit Blick auf **mögliche Krisenursachen** analysieren.
2) Ggf. **erste Sofortmaßnahmen** ergreifen, um unnötigen Liquiditätsabfluss zu vermeiden (bspw. nur unbedingt nötige Dienstreisen durchführen).
3) Zur Entwicklung von Restrukturierungsmaßnahmen **gemischte Teams** aus Kundenmitarbeitern und Beratern bilden – so kann sichergestellt werden, dass der Kunde sein unternehmensspezifisches Wissen einbringt und hinter den entwickelten Maßnahmen steht.
4) Alle Maßnahmen sollten mit ehrgeizigen **quantifizierten Zielen** bewertet werden – nur so kann später der Umsetzungserfolg konkret gemessen werden.
5) Auf Kundenseite müssen **Maßnahmenverantwortliche** benannt werden, die die Umsetzung intern vorantreiben – Restrukturierung ist kein »Hinterzimmerprojekt« im Elfenbeinturm! Sie brauchen direkte Ansprechpartner.

Achten Sie darauf, dass der Kandidat auch bei dieser Frage konsequent auf den Punkt kommt. Fordern Sie ihn notfalls auf, schlagwortartig einige Faktoren zu skizzieren und zu begründen, warum Sie in dieser Situation den Projekterfolg fördern.

Wenn er abschweift und sich im Detail verliert, weisen Sie ihn darauf hin und führen Sie ihn zurück zur Ausgangsfrage, den Erfolgsfaktoren. Um die Situation etwas zuzuspitzen und seine Entscheidungsfreude zu testen, bitten Sie ihn die drei wichtigsten Faktoren zu nennen:

- **Transparenz** in den Unternehmensdaten schaffen
- Erste **Sofortmaßnahmen** definieren
- Arbeiten in **gemischten Teams** eng zusammen mit dem Kunden

4. Welche Daten benötigen Sie zur Analyse der Unternehmenssituation?

Musterlösung:

- **Umsatz** (für das Gesamtunternehmen und je Unternehmensbereich, bspw. Profit Center, Werk oder Geschäftssegment und für weitere Analysezwecke auch aufgegliedert nach Produktgruppen, Regionen, Kunden)
- **EBIT** (für das Gesamtunternehmen und je Unternehmensbereich, bspw. Profit Center, Werk oder Geschäftssegment – achten Sie dabei auf Korrespondenz zu den Umsatzzahlen)

- **Investments** (Aufteilung analog Umsatz und EBIT)
- **Operating Cash Flow** (Aufteilung analog Umsatz und EBIT)
- **Net Bank Debt** (Aufteilung analog Umsatz und EBIT)

Falls der Bewerber die Frage gut gelöst hat, fragen Sie ihn nach dem Zeithorizont, den er für die Analyse zugrunde legen würde. Hier bietet sich an, die letzten fünf Jahre der Vergangenheit zu betrachten, um Trends zu erkennen. Zusätzlich ist es hilfreich, die Ist-Daten aus dem laufenden Geschäftsjahr sowie die Forecast- und Planzahlen für zukünftige Jahre anzunehmen.

Auf Rückfrage des Bewerbers können Sie diese Daten zur Verfügung stellen:

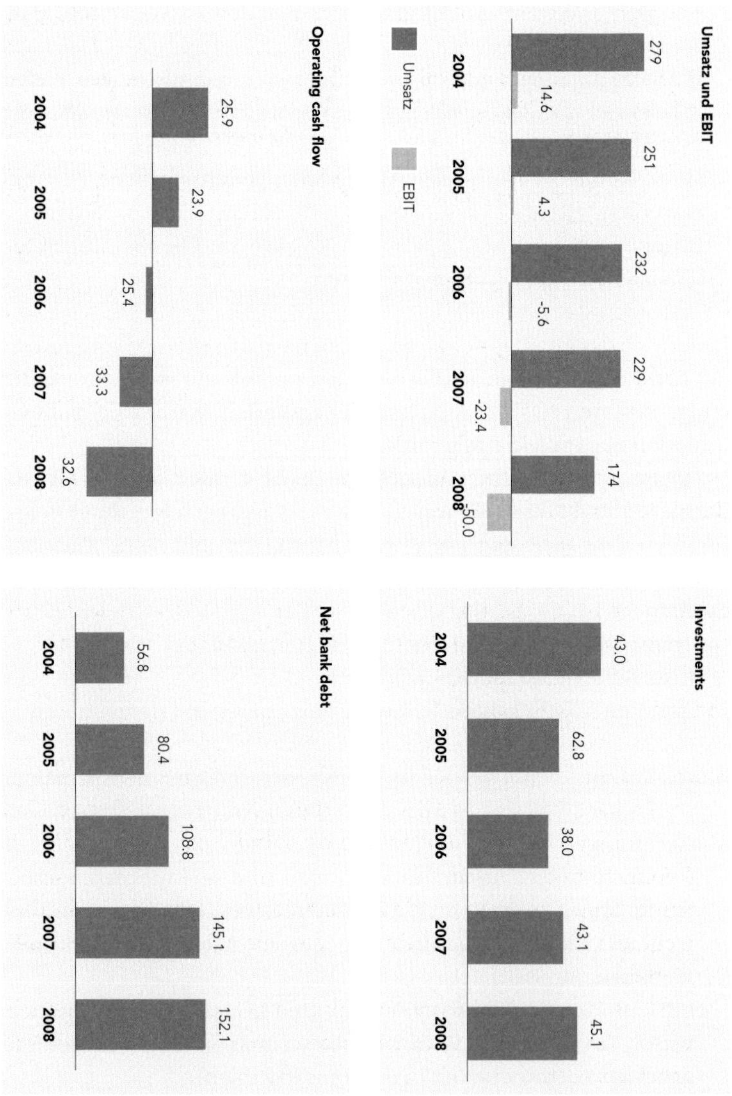

Unternehmenskennzahlen (Mio. Euro)

5. Definition operativer Restrukturierungsmaßnahmen – Wie kann die Liquidität und Profitabilität des Kunden möglichst zügig verbessert werden?

Musterlösung:

Liquidität

- **Reduktion der Investmenttätigkeit auf das Minimum** (nur notwendige Reparaturen/Ersatzinvestitionen)
- **Reduktion Lagerbestand**
  - Verringerung der Sicherheitsbestände
  - Aussonderung der Ladenhüter
  - Erhöhung der JIT-Lieferung
- **Reduktion Forderungsbestand**
  - Verbesserung des Forderungsmanagements
  - Beschleunigung von Schlichtungen
  - Verkürzung der Zahlungsziele bzw. durch Vereinbarung von Vorauszahlung
- **Verkauf von Vermögensgütern**
  - Grundstücke
  - Maschinenpark
  - Beteiligungen

Operative Restrukturierung

Profitabilität

- **Sales-up-Programm**
  - Preiserhöhung soweit möglich
  - Fokussierung der Verkaufsbemühungen auf A-Kunden und entsprechende Vertriebskanäle
  - Vorziehung von Produkt-Launches
- **Reduktion Einkaufskosten**
  - Geringere Material- und Servicestandards
  - Nachverhandlung mit Lieferanten
  - Wechsel der Lieferanten
- **Reduktion Personalkosten**
  - Personalabbau/Teilzeit
  - Lohn- und Gehaltskürzung
  - Einstellungsstopp
  - Abbau Überstunden
- **Reduktion Overheadkosten**
  - Anpassung Reisekosten
  - Kürzung freiwilliger Leistungen
  - Verhandlung von Zinsnachlässen

Wenn der Bewerber diese Aufgabe gut gelöst hat, fordern Sie ihn auf, die Maßnahmen zu bewerten.

6. Bewertung der definierten Maßnahmen

Fordern Sie für die Lösung den Bewerber auf, zu den einzelnen Maßnahmenblöcken Zahlen anzunehmen. Halten Sie die vom Bewerber genannte Größenordnung für absolut unrealistisch, korrigieren Sie ihn auf ein realistisches Maß.

Musterlösung:

- Im Einkauf können 20 Mio. Euro durch Nachverhandlungen mit Lieferanten, Preissenkungen und die Bündelung von Einkaufsvolumina gespart werden.
- Um 20 Mio. Euro können die Personalkosten durch Sanierungsbeiträge der Unternehmensführung und der Arbeitnehmer gesenkt werden.
- Im sonstigen betrieblichen Aufwand sind Sie ebenfalls erfolgreich: Durch konsequente Sparmaßnahmen werden weitere 20 Mio. Euro erbracht.

Bitten Sie den Bewerber zusätzlich **strategische Maßnahmen** zu erarbeiten:

- Durch eine Werksschließung (Umsatz 100 Mio. Euro, Kostenvolumen 85 Mio. Euro) und die Verlagerung der verbleibenden Produktion in ein anderes Werk (dafür entstehen Restrukturierungskosten in Höhe von 10 Mio. Euro) kann das bisher unterausgelastete Werk voll ausgelastet werden.
- Der Verkauf von Verlustbringern reduziert den Lagerbestand um 25 Mio. Euro (Buchwert). Die Waren sind jedoch bilanziell bereits stark abgewertet worden, so dass sich am Markt noch insgesamt 40 Mio. Euro erlösen lassen.

Eine interessante Frage ist der EBIT-Effekt dieser Maßnahmen – bitten Sie den Kandidaten den EBIT-Effekt kurz graphisch auf einer Seite darzustellen. Dabei soll er eine Darstellung ausgehend vom Verlust im Jahr vor der Sanierung (50 Mio. Euro Verlust) wählen.

An dieser Stelle versuchen viele Bewerber durch graphische Kreativität den Interviewer zu überzeugen. Sollte Ihr Kandidat dazugehören, unterbrechen Sie in notfalls und bitten Sie ihn bei einer sachlichen Darstellung zu bleiben. Erinnern Sie ihn daran, dass der EBIT-Effekt dieser Maßnahmen stringent auf einer Seite dargestellt werden soll. Eine Darstellungsmöglichkeit ist die Folgende:

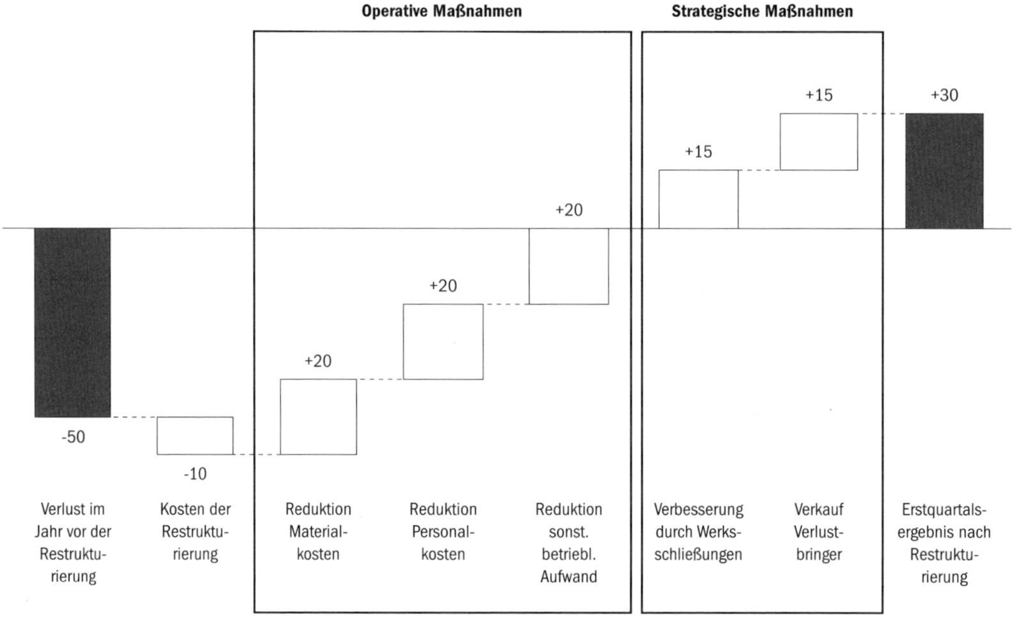

Nachdem operative Maßnahmen entwickelt und Effekte quantifiziert sind, kann nun die Stärke im strategischen Denken geprüft werden.

7. Welche Ansätze sehen Sie zur strategischen Neuausrichtung des Automobilzulieferers?

Auch hier geht es weniger um das Ausarbeiten von strategischen Ansätzen bis ins Detail - vielmehr steht das Testen der Fähigkeit, schnell und strukturiert Problemlösungen zu erarbeiten, im Vordergrund.

Mögliche Handlungsfelder:

Produktportfolio

- **> Neudefinition Produktmix**
- **> Reduktion Komplexitätskosten**
  - Eliminierung unprofitabler Produkte
  - Reduktion der Produktvielfalt
  - Einführung Baukastensystem

Zielmärkte

- **> Identifikation von zusätzlichem Umsatz- und Ertragspotenzial**
  - Fokus auf Qualität der Kundenbearbeitung
  - Eintritt in Komplementärmärkte
- **> Außergewöhnliche Markteintritts- oder Marktaustrittsstrategie**

Geschäftsmodell

- **> Fokussierung auf die profitablen Elemente der Wertschöpfungskette**
- **> Entwicklung eines wertsteigernden Geschäftsmodells**
- **> Optimierung der Geschäftsbereiche und Abstoßen der Bereiche, die nicht zum Kerngeschäft gehören**

Wenn diese Frage ebenfalls befriedigend beantwortet wurde, bedanken Sie sich für das interessante Gespräch und verabschieden sich von dem Bewerber.

Über Roland Berger Strategy Consultants

Bei Roland Berger Strategy Consultants führen erfahrene und geschulte Berater diese Fachinterviews. Dieses Interview ist Bestandteil eines ganztägigen Auswahlverfahrens. Dabei löst der Bewerber zudem einen Analytiktest, führt ein weiteres Persönlichkeitsinterview und bearbeitet eine Fallstudie im Team. Am Ende des Tages erhalten alle Bewerber ein qualifiziertes Feedback über ihre Leistung an diesem Tag. Kandidaten, die den Recruiting-Tag erfolgreich bestanden haben, lernen anschließend ihren zukünftigen Mentor kennen.

Roland Berger Strategy Consultants, 1967 gegründet, ist eine der weltweit führenden Strategieberatungen. Mit 36 Büros in 25 Ländern ist das Unternehmen erfolgreich auf dem Weltmarkt aktiv. Rund 2.100 Mitarbeiter haben 2008 einen Umsatz von mehr als 670 Mio. Euro erwirtschaftet.

Roland Berger berät international führende Industrie- und Dienstleistungsunternehmen sowie öffentliche Institutionen. Das Beratungsangebot umfasst alle Fragen strategischer Unternehmensführung – von der Ausrichtung über die Einführung neuer Geschäftsmodelle und -prozesse sowie Organisationsstrukturen bis hin zur Technologiestrategie.

Weitere Informationen, Insider-Berichte und mehr zu Roland Berger unter squeaker.net/Roland-Berger

29. Taxibetrieb in einer Großstadt

Wie viele Taxis benötigt ein Taxibetreiber in einer Großstadt, um einen Jahresgewinn von 400.000 Euro vor Steuern zu erwirtschaften?

Klärung von Fragen zu den Rahmenbedingungen

Da es sich im vorliegenden Fall um ein verhältnismäßig simples und für den Kandidaten leicht nachvollziehbares Geschäftsmodell handelt, ist der Einstieg in den Case ohne Rückfragen möglich. Falls es doch zu Unklarheiten bei der Aufgabenstellung kommt, sollte der Interviewer diese mit gesundem Menschenverstand aus dem Weg räumen. Als Großstadt kann Köln oder München genannt werden - wobei der Stadtname oder die exakte Stadtgröße für die Lösung im Prinzip irrelevant ist.

> Bei Cases mit einem alltäglichen Geschäftsmodell, über das der Kandidat in der Regel bereits umfassend informiert ist, liegt die Schwierigkeit vor allem darin, die richtige Detailtiefe bei den Annahmen zu finden.

Vorgehen des Bewerbers

1) Struktur

- **Gut:** »Um die Anzahl der benötigten Taxis bestimmen zu können, muss zunächst der Gewinn eines einzelnen Taxis bestimmt werden. Da sich der Gewinn aus der Differenz von Umsatz zu Kosten ergibt, werde ich zunächst diese beiden Größen ermitteln. Steht der Gewinn pro Taxi fest, lässt sich die Frage über eine einfache Division (400.000 Euro Gesamtgewinn / Gewinn pro Taxi) beantworten. Ich werde nun mit der Kostenberechnung beginnen.«
- **Sehr gut:** Ein exzellenter Kandidat würde im Kern eine ähnliche Struktur wählen, dabei aber abwägender vorgehen. Er würde im ersten Schritt sicher stellen, dass er das richtige Verständnis vom Produkt hat. In diesem Fall würde er also klären, dass es sich um einen klassischen City-Taxi-Dienst handelt und beispielsweise keine Krankenfahrten oder Limousinen-Services angeboten werden. Außerdem würde er nachhaken, in welcher Zeit er zu einem Ergebnis kommen soll, um so abschätzen zu können, mit welchem Detailgrad er die Umsatz- und Kostenseite betrachten soll. Da in diesem Fall die Kostenseite aufgrund einer größeren Informationsbasis komplexer zu berechnen ist als die Umsatzseite, würde der Kandidat mit den Umsätzen beginnen.

Insider-Tipp

Case-Autor Jonas Seyfferth: »Es empfiehlt sich, die leichter zu berechnenden Komponenten einer Lösung stets zuerst anzugehen. Denn je länger Sie mit Ihrem Interviewer in Interaktion sind, desto mehr lernen Sie über seine individuellen Ansichten und bevorzugten Methoden. Frühe Erfolgserlebnisse machen Sie darüber hinaus selbstbewusster und entspannter. Beides sind wichtige Voraussetzungen dafür, den schwierigen Teil der Aufgabe gemäß den Erwartungen des Interviewers souverän lösen zu können.«

- **Schlecht:** Der Kandidat merkt an, dass er über einen Freund weiß, dass ein Taxi im Jahr 50.000 Euro Gewinn abwirft und daher 8 Taxis erforderlich sind. Oder er stochert mit ähnlichen, unbelegbaren Annahmen bzw. ohne eine Struktur für den Lösungsweg im Dunkeln.

2) Rechenteil

Generell gibt es eine Vielzahl an möglichen Annahmen und Ansätzen, um nun die Umsätze und die Kosten eines Taxis zu ermitteln. Es folgt daher nun zunächst eine Auflistung an grundsätzlichen Aspekten, die ein guter Kandidat berücksichtigen sollte.

Wichtige Aspekte bei der Umsatzberechnung

- Ein Taxi ist täglich 24 Stunden im Einsatz, da in Schichten gefahren wird (bspw. drei 8-Stunden-Schichten mit unterschiedlichen Fahrern).
- Es gibt Phasen, in denen mehr und in denen weniger Fahrten anfallen (bspw. kann man annehmen, dass die Nachtschicht ruhiger ist als die beiden Tagesschichten oder man geht davon aus, dass jede Schicht eine Peak-Phase und eine Ruhe-Phase hat).
- Alle Fahrten lassen sich nach ihrer Dauer in mehrere Klassen unterteilen (bspw. in Kurzstrecke und Langstrecke).

Beispiel-Kalkulation

- Die Fahrten lassen sich näherungsweise in Kurzfahrten à 8 Minuten zu 9 Euro und in Langstreckenfahrten à 15 Minuten zu 20 Euro unterteilen.
- In der Nachtschicht wird im Durchschnitt eine Kurzfahrt pro Stunde gefahren.
- In den beiden Tagesschichten wird neben einer Kurzfahrt pro Stunde noch alle zwei Stunden eine Langstreckenfahrt gefahren.
- Das ergibt Gesamt-Einnahmen pro Tag von: 24 x 9 Euro + 16 / 2 x 20 Euro = 216 + 160 = 376 Euro.
- Im Monat sind das etwa 380 x 30 = 11.400 Euro.

Ein sehr guter Kandidat zeigt dem Interviewer kurz vor der Berechnung, welche verschiedenen Einteilungsmöglichkeiten er bei den Parametern Fahrtenfrequenz und Fahrtenpreis sieht und entscheidet sich dann für ein gesundes Mittelmaß. Außerdem kalkuliert er den Gewinn auf Monatsbasis, da er antizipiert, dass die gleich anstehende Kostenberechnung am intuitivsten auf Monatsbasis durchzuführen ist.

Wichtige Aspekte bei der Kostenberechnung

- Da der im Case diskutierte Taxi-Betreiber eher klein ist, ist nicht zu erwarten, dass er einen eigenen Taxi-Ruf hat. Auch der Verwaltungsapparat ist eher zu vernachlässigen. Es kann folglich davon ausgegangen werden, dass Fixkosten nicht ins Gewicht fallen und vor allem die variablen Kosten zu betrachten sind.
- Bei einem Taxibetreiber fallen Kosten vor allem in drei Bereichen an: Fahrzeug, Personal und Gebühren.
  - Personal: Da die Fahrer häufig selbstständig sind, kann man vereinfachend die Personalkosten über einen direkten Stundenlohn berechnen.
  - Fahrzeug: Anschaffungskosten, Benzin, Reparaturen, Versicherung / Steuern
  - Gebühren: Die Hauptgebühren fallen für Taxi-Ruf-Mitgliedschaft sowie Konzession an und variieren mit der Zahl der eingesetzten Taxis.

Beispiel-Kalkulation

- Personal: Angenommen, die Fahrer werden auf Stundenbasis bezahlt, dann kann man in den Tagesschichten mit 7 Euro / Stunde und in der Spätschicht mit 9 Euro/Stunde rechnen: 7 x 16 + 9 x 8 = 112 + 72 = 184 Euro, das ergibt pro Monat etwa 190 x 30 = 5.700 Euro.

> Ein smarter Kandidat würde an diesem Punkt auch auf das Thema Trinkgeld zu sprechen kommen und erläutern, dass es zwar relevant ist um den niedrigen Stundenlohn der Fahrer zu plausibilisieren, aber für die weiteren Berechnungen keine Rolle spielt, da diese Einnahmen nicht dem Taxibetreiber zufließen. Auch die Berücksichtigung eines Wochenendzuschlags würde die Personalkostenkalkulation präzisieren, aber gleichzeitig aufwendiger machen.

- Anschaffungskosten: Da die Fahrzeuge häufig geleast werden, sollte man sich eine plausible Leasing-Rate herleiten. Da sich diese nach dem Wertverlust des Fahrzeugs richtet, kommt man über die Überlegung, dass ein Wagen neu 50.000 Euro kostet und nach 3 Jahren für 20.000 Euro verkauft wird, auf einen Wertverlust von 10.000 pro Jahr, dies lässt auf Leasing-Kosten von etwa 830 Euro pro Monat schließen.

- Benzin: Den Spritverbrauch kann man über die monatliche Fahrzeit des Wagens berechnen. Unter Berücksichtigung obiger Annahmen führt das zu einer täglichen Fahrzeit von 24 x 8 Min. + 16 / 2 x 15 Min. = 192 + 120 = 312 Min. / Tag, dies entspricht etwa 5 x 30 = 150 Stunden / Monat. Bei einer Durchschnittsgeschwindigkeit von 30 km / h und einem Spritverbrauch von 10 Liter / 100 km im Stadtverkehr werden also monatlich 150 x 30 x 0,1 = 450 Liter Benzin benötigt. Bei einem Spritpreis von 1,20 Euro / Liter entstehen Benzinkosten von 540 Euro / Monat.

Ein herausragender Kandidat würde an dieser Stelle einwerfen, dass die Taxifahrer oft auch Leerfahrten haben, wenn sie zu ihrem Wartepunkt zurückkehren. Die tatsächlichen Benzinkosten würden dann um den Anteil der Leerfahrten höher liegen (bei einer Annahme von 25 %, also 135 Euro)

Nachdem einige Kostenaspekte detailliert durchgerechnet wurden, sollte man Kontakt zum Interviewer aufnehmen und mit einem Blick auf die Zeit abklären, ob man für die letzten Kostenblöcken nicht mit vereinfachenden Schätzungen weiter arbeiten kann, um noch pünktlich zum Gesamtergebnis kommen zu können.

- Versicherung / Steuern: Für Versicherung / Steuer kann man bei einem gut-motorisierten Mercedes ca. 300 Euro monatlich ansetzen. Außerdem kann man annehmen, dass Reparaturen über eine Vollkasko Zusatzversicherung für ca. 200 Euro monatlich abgedeckt werden. Alternativ könnten die Reparaturen auch in der Leasingrate enthalten sein.
- Gebühren: Auch bei den Kosten für die Zulassungsgebühren kann man an dieser Stelle mit einer fundierten Schätzung zu einem zügigen Abschluss kommen. Bei einem zuvor ermittelten Monatsumsatz von 11.400 Euro scheinen knapp 5%, also rund 500 Euro, eine plausible Annahme zu sein.

Die Gesamtkosten betragen also (inklusive Leerfahrten) 5.700 + 830 + 675 + 300 + 200 + 500 = 8.205 Euro pro Monat. Dies führt zu einem monatlichen Gewinn von rund 3.200 Euro (11.400 – 8.070). Jährlich sind das 3.200 x 12 = 38.400. Um 400.000 Euro Gewinn zu erwirtschaften, benötigt man daher etwa 10 bis 11 Fahrzeuge (400.000 / 38.400 = 10,4).

Der Bewerber kann, basierend auf seinen Annahmen, natürlich auf einen anderen Wert kommen. Nur sollten die wesentlichen Kosten- und Umsatztreiber erkannt werden und die Größenordnung der Annahmen stimmen.

Bevor man großzügig aufrundet, sollte man in jedem Falle zumindest an einer Stelle gezeigt haben, dass man auch mit etwas »unbequemeren« Werten souverän rechnen kann.

Ein exzellenter Kandidat würde zum Schluss noch einmal prüfen, ob sein Ergebnis plausibel ist, indem er bspw. die Gewinnmarge berechnet. Im vorliegenden Fall kommt er auf eine Marge von rund 28 % (3.200 / 11.400), was nicht unplausibel ist.

Hauptfehlerquelle für ein weniger plausibles Ergebnis ist in diesem Case die angenommene Anzahl von Fahrten, die ein Taxi pro Stunde hat.

Um den Geschäftssinn des Kandidaten zu prüfen, könnten Sie nun noch fragen, welche Maßnahmen sinnvoll wären, um die Zahl der erforderlichen Taxis zu reduzieren. Folgende Ansätze sind denkbar:

- Umsatzsteigerung:
  - Optimierung der Wartestandorte
  - Anbindung an mehrere Taxi-Zentralen um mehr Aufträge zu erhalten
  - Ausweitung des Service-Spektrums auf Krankenfahrten
  - Aufbau eines VIP-Klientels für profitable Flughafenfahrten
- Kostensenkung:
  - Nutzung von spritsparenden Fahrzeugen
  - Reduzierung der Versicherungsprämie über eine Selbstbeteiligung der Fahrer
  - Kauf von Gebrauchtwagen statt Leasing

Ergänzende Fragen zum Training

- Wie viele Taxis gibt es in Ihrer Stadt?
- Warum sind in Deutschland die meisten Taxis Mercedes E-Klassen und in »Taxi-Gelb«?
- Warum ist dies in den meisten anderen Ländern nicht so?

30. Effekte eines Rabattes

Sie beraten den Vorstand einer nationalen Supermarktkette, deren Händler regelmäßig zeitlich beschränkte Rabattaktionen auf bestimmte Produkte einsetzen, um Umsatzziele am Monatsende zu erreichen.

1) Was sind die Effekte eines solchen Rabattes auf die GuV des Unternehmens?
2) Beurteilen Sie das Vorgehen und entwickeln Sie Vorschläge für Alternativen.

Klärung von Fragen zu den Rahmenbedingungen

Geben Sie auf Rückfragen folgende Antworten, um die Aufgabenstellung zu verdeutlichen. Beantworten Sie nur die Fragen, die vom Bewerber auch gestellt wurden. Erläutern Sie die restlichen Zusammenhänge ggf. am Ende des Cases.

- **Das Unternehmen:** Das Unternehmen ist eine nationale bekannte Supermarktkette mit einer Zentrale, Regionalleitungen und eigenverantwortlichen Einzelhändlern. Denken Sie an Unternehmen wie REWE, Real, Hit, Tengelmann, Edeka usw. Weitere Informationen sind nicht nötig.
- **Art der Rabatte:** Ein typisches Beispiel wäre ein für wenige Tage gültiger und allgemein beworbener 10 %-iger Preisnachlass auf den üblichen Preis einer Kiste Markenbier. Nutzen Sie dieses Beispiel, um die Wirkungen der Rabatte von dem Bewerber diskutieren zu lassen.
- **Warum Rabatte:** Die Rabattaktionen, von denen wir hier reden, sind typisch für den Lebensmitteleinzelhandel (LEH). Die Händler stehen unter erheblichem Druck durch monatliche Zielvorgaben. Kurzfristige Ziele sind oft an den Umsatz geknüpft, nicht an die Profitabilität. Um diese Ziele zu erreichen, werden oft Rabatte in Verbindung mit Werbeaktionen gestartet. Daneben gibt es von der nationalen oder regionalen Zentrale geplante Aktionen (Gewinnspiele, Punkte sammeln usw.) sowie Produktrabatte. Diese sind häufig durch die Hersteller der beworbenen Produkte subventioniert.
- **Subventionen von Herstellern für Rabatte:** Hersteller fördern Rabattaktionen häufig durch Werbezuschüsse oder günstigere Einkaufspreisen bei größeren Abnahmemengen. Diese Subventionen sind bei von der Zentrale geplanten Aktionen üblich, kommen bei den kurzfristigen Aktionen der Händler und Regionen aber praktisch nie vor.
- **Werbeaktionen der Händler:** Es werden für die Branche übliche Werbeaktionen gemacht (Beispiele sind Anzeigen in Wochenzeitschriften, Flyer, Poster im Laden, hervorgehobene Preisauszeichnung usw.). Die Kosten der Werbung fallen durch die regelmäßige Werbung zum Großteil sowieso an. Kurzfristige Rabattaktionen erhöhen die Werbekosten lediglich um ca. 3 % in den Monaten, in denen sie eingesetzt werden (für kurzfristige Änderung der Anzeigen, Drucken von Preisschildern, Koordinationskosten etc.).
- **Klärung der Fragestellung:** GuV = Gewinn und Verlustrechnung (auch: Income Statement, Profit & Loss Statement). Nachzulesen im Buch »Das Insider-Dossier: Bewerbung bei Unternehmensberatungen«. In der GuV tauchen (vereinfacht gesprochen) die jährlichen Umsätze und Kosten sowie der resultierende Jahresüberschuss des Einzelhändlers auf. Wie wirkt ein Rabatt auf Produkte auf die Zeilen der GuV (Umsatz, Kosten, Gewinnmarge, Gewinn)?

Weiteres Vorgehen: Lassen Sie den Bewerber strukturiert die Wirkungen des Rabattes auf die Zeilen der GuV diskutieren. Beobachten Sie, ob er hierbei strukturiert und logisch vorgeht und sich eigenständig in die Tiefe der Materie denken kann, um auf die erwähnten Effekte zu kommen.

Insider-Tipp

Case-Autor Stefan Menden:
»Ein solcher Case ist nicht unüblich, wenn der Interviewer in der Retail- oder Pricing-Practice der Unternehmensberatung tätig ist. Interviewer stellen gerne Fragen aus ihrem Fachbereich. Wenn Sie heraus finden können, aus welchem Fachbereich Ihre Interviewer kommen, können Sie sich entsprechend vorbereiten.«

Vorgehen des Bewerbers

1) Klärung:

- **Gut:** 1 – 2 gut überlegte, strukturierte und präzise Rückfragen zu den Rahmenbedingungen stellen.
- **Sehr gut:** Fragestellung noch mal in eigenen Worten klärend zusammenfassen. Hintergründe zu den Rabatten zielführend hinterfragen. Dann aber zügig zur Strukturierung der Lösung fortschreiten.
- **Schlecht:** Direkt ins Brainstorming einsteigen. Mit unpräzisen Fragen im Dunkeln nach Anhaltspunkten stochern. Nicht zielführende / irrelevante Fragen stellen, vorschnelle Hypothesen aufstellen oder in die Bewertung springen (»Rabatte sind grundsätzlich schlecht«), »philosophische« Diskussionen führen und nicht zügig auf die Beantwortung der beiden klar gestellten Fragen gehen.

2) Struktur:

- **Gut / sehr gut:** Einen Vorgehensplan geben, Hintergründe mit Fachbegriffen gezielt angeben, ohne sich im Detail zu Verrennen. Ein guter Vorgehensplan enthält:
  - **Trennung der Fragen:** »Erstens analysiere ich die Effekte eines Rabattes auf die GuV des Unternehmens. Zweitens komme ich zu der Beurteilung des Vorgehens und drittens werde ich Vorschläge für Alternativen entwickeln.«
  - **Strukturierung** der Wirkungen des Rabattes, nicht einfach »drauflos brainstormen«. Z.B. »Die von einem Rabatt betroffenen Stellen in der GuV sind der Umsatz – also das Produkt aus Preis und Menge, sowie die Kosten und schließlich als Ergebnis hieraus der Gewinn bzw. die Gewinnmarge. Ich werde anhand dieser Punkte die Wirkungen des Rabattes diskutieren. «

    Sehr gut ist, z.B. eine **Gewinngleichung oder eine verkürzte GuV** aufzustellen und z.B. als Grafik / Logikbaum oder Gleichung aufzuzeichnen und anhand dieser die Effekte des Rabattes auf die einzelnen Komponenten zu analysieren und deren Stelle in der GuV zu nennen.

    Gewinngleichung: Gewinn = Umsatz – Kosten. Weiterhin: Umsatz = Preis x Menge.

    Wichtig ist, dass es eine klare Struktur gibt und Sie als »Interviewer« der Lösung des »Bewerbers« immer folgen können.
- **Schlecht:** Keinen Vorgehensplan nennen. Sie merken, dass Sie selber der Lösung des Bewerbers nicht klar folgen können. Der Bewerber kommt zu Ergebnissen, ohne Zwischenschritte dargestellt zu haben. Der Bewerber geht auf irrelevante Details (wie die Werbekosten) ein.

3) Analyse:

- **Erstens: Analyse der Effekte auf die GuV**
  - **Gut: Umsatz – Preis-Komponente**
    Ein Rabatt reduziert den Preis. Dies hat zunächst eine negative Wirkung auf den Umsatz und somit auf den Gewinn und die Gewinnmarge.
  - **Gut: Umsatz – Mengenkomponente**
    Ein Rabatt führt aufgrund des niedrigeren Preises zu mehr Nachfrage. Dies erhöht den Umsatz und den Gewinn (sofern die Gewinnmarge positiv bleibt), reduziert aber die Gewinnmarge.
  - **Gut: Kosten**
    Die unmittelbaren Kosten des Rabattes bestehen in der GuV lediglich aus den zusätzlichen Werbemaßnahmen und erhalten somit Eingang in die Overheadkosten (Anm.: Hier wäre es gut, wenn der Bewerber sich rückversichert, dass diese zusätzlichen Kosten für Werbung gering sind).

Die rein oberflächliche Analyse der Gewinngleichung wie oben reicht noch nicht aus. Helfen Sie dem Bewerber, falls er nicht selber auf die Effekte kommt. Das Ergebnis sollte sein, dass Sie alle Effekte erarbeitet haben.

- **Sehr gut: Versteckte Effekte und »Kosten« eines Rabattes:** Ein Rabatt hat natürlich nicht nur die oben erwähnten kurzfristigen Effekte. Im Handel gibt es immer Verbundeffekte und es gilt, die Wirkung auf die jährliche GuV zu analysieren.
  - **Reduzierter Gewinn:** Bei Kunden, die das Produkt sowieso gekauft hätten, wird durch den geringeren Preis ein geringerer Deckungsbeitrag erwirtschaftet. Die Wirkung auf den Gewinn in der GuV ist negativ.
  - **Warenkorb:** Die Hoffnung im Handel ist, dass durch eine Rabattaktion Kunden in das Geschäft gelockt werden, die sonst nicht gekommen wären und diese dann neben den rabattierten Produkten einen Warenkorb an höhermargigen Produkten kaufen, die die verlorene Marge wettmachen. Bsp.: Zu dem Kasten Bier werden komplementäre Produkte (wie Chips, Wein) gekauft. Die Wirkung auf den Gewinn in der GuV kann bei gut abgestimmten Aktionen positiv sein.
  - **Vorratskäufe:** Kunden ziehen ihren Konsum vor und lagern das Produkt, wenn es günstiger erhältlich ist. Kurzfristig steigt der Umsatz. In der Folgeperiode sinkt er allerdings, da die Kunden mit dem Produkt »eingedeckt« sind. Somit kommen sie ggf. auch seltener in das Geschäft, was eine

zusätzliche negative Wirkung auf den Warenkorbeffekt haben könnte. Die Wirkung auf den Gewinn in der GuV ist negativ.

- **Substitution:** Kunden, die normalerweise an vergleichbares Produkt zum Normalpreis gekauft hätten (eine andere Marke Bier), wählen das rabattierte Produkt. Im schlimmsten Fall werden Kunden von anderen Märkten der selben Kette abgeworben und zum Einkauf bei dem »Rabatteinzelgänger« bewegt. Unter der Annahme, dass das rabattierte Produkt eine geringere Marge hat, ist die Wirkung auf den Gewinn in der GuV negativ.
- **Preisimage:** Kunden »lernen« das Rabattverhalten eines Händlers. Inkonsistente Rabattaktionen führen zu einem unklaren Preisimage. Im Ergebnis könnten Kunden angezogen werden, die nur auf Schnäppchen aus sind. Der erwähnte Warenkorbeffekt geht also verloren. Die Wirkung auf den Gewinn kann negativ sein.
- **Supply-Chain-Kosten:** Rabattaktionen führen oft zu großen Nachfrageschwankungen. Dies erschwert die Absatzplanung und kann zu kostspieligen Ineffizienzen in der Lieferkette führen. Wenn nicht alle Supply-Chain-Partner über die Aktion informiert werden, droht eine Fehlinterpretation der Nachfrage auf Produzentenseite, was in einer Überproduktion (sog. »Bullwhip-Effekt«) münden kann. Langfristig wird der Produzent diese Zusatzkosten auf die Händlerpreise abwälzen.

- **Sehr gut:** Der Bewerber kommt strukturiert, mit wenig Hilfe von Ihnen, auf die Punkte und diskutiert diese interessiert mit Ihnen. Er lässt sich nicht Punkte »aus der Nase ziehen«.

- **Zweitens: Bewertung der Rabattpraxis**
  - Gut: Der Bewerber stellt zusammenfassend noch einmal das Ergebnis der Analyse dar und kommt zu der Bewertung, dass Rabatte dieser Art zahlreiche negative Wirkungen auf die GuV haben können. Es wird erkannt, dass kurzfristige Aktionen, um Umsatzziele der Periode zu erreichen, langfristig für das Unternehmen schädlich sein können.
  - Sehr gut: Der Bewerber erkennt, dass das Problem in der Incentivierung / Steuerung / Governance der Handelsfilialen durch die Zentrale liegt.

- **Drittens: Vorschläge für ein alternatives Vorgehen**
  Hier sollte der Bewerber wieder eine klare Struktur vorschlagen und Ansätze zur Behebung des Problems aus Sicht der Handelskette vorschlagen und ihre Effektivität bewerten.

- Gut: Der Bewerber geht strukturiert bei der Sammlung von Lösungsvorschlägen vor. Ebenso bewertet er die Vorschläge strukturiert.
- Sehr gut: Der Bewerber führt Sie durch eine explizite Struktur und visualisiert diese. Er erkennt nicht nur Ansatzpunkte bei der Rabattgestaltung, sondern auch bei der Unternehmenssteuerung, Preisimage und Schulung von Filialleitern.
- Schlecht: Ein reines Brainstorming von unstrukturierten Ansätzen. Reiner Fokus auf die Art der Rabattaktionen oder der gänzliche Verzicht auf Rabattaktionen (richtig strukturierte Rabatte können ja durchaus sinnvoll und notwendig sein).

Musterlösung: Folgende Struktur ist eine mögliche Musterlösung. Die konkreten Ansätze und ihre Darstellung können jedoch abweichen.

- »Es gibt Probleme in zwei Bereichen: Erstens bei der Art der Rabattgestaltung. Hier werde ich Ansätze zu einer sinnvolleren Rabattpraxis diskutieren. Zweitens bei der Steuerung des Unternehmens. Die Handelskette hat ihre Anreize offenbar so gesetzt, dass sie ihre Handelsunternehmen dazu treibt, am Monatsende nur die Umsatzziele zu erreichen, anstatt den Gewinn für das gesamte Unternehmen zu optimieren. Auch hierzu werde ich Ansatzpunkte diskutieren.«

Beispielhafte Ansatzpunkte in den beiden Bereichen:

Optimierte Rabattgestaltung	Optimierte Unternehmenssteuerung
• Optimierung Preisimage: Reduzierung von kurzfristigen, ungeplanten Rabattaktionen zugunsten abgestimmter Aktionen und Aufbau eines klaren Preis- und Leistungsprofils • Beschränkung der Gültigkeit von Rabatten (z.B. auf Kundensegmente, bestimmte Zeitpunkte, Mengenlimitierung, Mindestwarenkorb etc.) • Gezielte Förderung von positiven Warenkorbeffekten (z.B. hochpreisige Chips neben rabattiertes Bier stellen) • Treueprogramm statt Einzelrabatte • Weniger margenwirksame Rabattarten (»Kauf drei für zwei«, kostenlose Zugabe etc.)	• Schulung von Filialleitern zu den Effekten von Rabatten • Softwaretool zur Berechnung der Rabatteffekte auf Filialebene • Stärkere Incentivierung nach Margengesichtspunkten, nicht nur nach Umsatz • Durchgängige Information und Transparenz über Preisgestaltung in Filialen • Freigabe von einzelnen Aktionen • Regionale Abstimmung zu konzertierten Aktionen • Abstimmung der Aktion mit den anderen Supply-Chain-Partnern • …

4) Fazit

- Gut: Der Bewerber zieht ein Schlussfazit, stellt die Erkenntnisse noch einmal zusammenfassend dar, reflektiert diese kurz und kommt zu einer klaren Empfehlung.
- Schlecht: Der Bewerber zieht kein Schlussfazit, der Case endet im Nirgendwo.

Insider-Tipp

Case-Autor Stefan Menden:
»In rund zwei Drittel aller Cases – vor allem in der ersten Interviewrunde – wird ein Rechenteil vorkommen. Oft wird dieser in den Case eingebunden oder am Ende gestellt. Eine Frage wie die nebenstehende Aufgabe ist durchaus üblich.«

Diskutieren Sie diese und andere Ergänzungsfragen und Ihre Ansätze für die Übungscases dieses Buches mit anderen Mitgliedern der squeaker.net-Community im Consulting-Forum.

Ergänzende Fragen zum Training

- **Berechnung der Gewinnwirkung:** Ein Kasten Bier kostet normal 12,90 Euro. Im Einkauf kostet der Kasten 9,05 Euro. Um wie viel Prozent ändert sich der Gewinn, wenn ein 10 %-iger Rabatt gegeben wird? (Kein Taschenrechner)
  Lösung:
  - Gewinn vorher: 3,85 Euro (12,90 – 9,05) bzw. 30 % Gewinnmarge (3,85 / 12,90)
  - Gewinn nachher: 2,56 Euro (Verkaufspreis nach 10 % Rabatt: 11,61 Euro; 11,61 – 9,05 = 2,56) bzw. 22% Gewinnmarge (2,56 / 11,61)
  - Der Gewinn reduziert sich bei einem 10 %-igen Preisnachlass in diesem Fall also um ca. 34% ((3,85 – 2,56) / 3,85 = 0,335)
- Warum ist bei Supermärkten die Fleischtheke ganz hinten?
- Warum sind bei Kaufhäusern die Luxusartikel am Eingang, die Lebensmittelabteilung im Keller und das Restaurant in der obersten Etage?

Über squeaker.net

squeaker.net ist ein im Jahr 2000 gegründetes Online-Karriere-Netzwerk (www.squeaker.net), in dem sich über 70.000 Studenten und junge Berufstätige über Karrierethemen austauschen. Dabei stehen Insider-Informationen wie Erfahrungsberichte über Praktika und Bewerbungsgespräche im Vordergrund. Die Community verfügt über die umfassendste deutschsprachige Erfahrungsberichte-Datenbank zu namhaften Unternehmen und zahlreiche Möglichkeiten, Kontakte zu anderen Mitgliedern und attraktiven Arbeitgebern zu knüpfen. Ebenfalls zur squeaker.net-Gruppe gehören die themenspezifischen Karriere-Seiten consulting-insider.com, finance-insider.com, accounting-insider.com, nicube.com und mba-insider.de.

Zur vertiefenden Vorbereitung auf Ihr Bewerbungsgespräch empfehlen wir Ihnen folgende Titel aus der Insider-Dossier-Reihe:

Bewerbung bei Unternehmensberatungen

Die »Bewerber-Bibel« für angehende Unternehmensberater erläutert die wichtigsten Grundlagen und Konzepte der BWL für das Lösen von Fallstudien und übt deren Einsatz im Consulting Interview. Darüber hinaus trainiert es typische Analytik-, Mathe- und Wissenstests, Brainteaser-Aufgaben sowie Personal-Fit-Fragen. Abgerundet wird das Buch durch ein umfassendes Branchen-Portrait, zahlreiche Experten-Tipps, Erfahrungsberichte und Profile der wichtigsten Player der Branche.

ISBN: 978-3-940345-080

Brainteaser im Bewerbungsgespräch

Wie schwer ist eigentlich Manhattan? Um Jobanwärter im Einstellungsgespräch und Assessment Center auf logisches Denken und Kreativität zu prüfen, setzen Personaler immer häufiger sogenannte Brainteaser-Aufgaben ein. »Wer sich auf die Fragen vorbereitet und in die Struktur der Brainteaser eingearbeitet hat, kann wesentlich entspannter in das Einstellungsgespräch gehen«, sagt Stefan Menden, Gründer des Karriere-Netzwerks squeaker.net und Herausgeber des Buches. »Das Insider-Dossier: Brainteaser im Bewerbungsgespräch - Die 120 häufigsten Aufgaben gelöst« bereitet ideal auf Jobinterviews vor.

ISBN: 978-3-940345-011

Einstellungstests bei Top-Unternehmen

Immer mehr Arbeitgeber greifen auf standardisierte Einstellungstests in ihren Bewerbungsverfahren zurück, da es kein anderes Auswahlinstrument gibt, das den späteren Berufserfolg so präzise misst. Mit guter Vorbereitung kann man die Unwägbarkeiten dieser Tests minimieren und seine Chancen auf eine Einstellung deutlich erhöhen. Die Lektüre des Insider-Dossiers »Einstellungstests bei Top-Unternehmen« bereitet gezielt auf die Online-Assessments, Logiktests, Intelligenz- und Persönlichkeitstests vor.

ISBN: 978-3-940345-059